THÉORIE

DES

MACHINES SIMPLES.

IMPRIMERIE DE HUZARD-COURCIER, RUE DU JARDINET, N° 12.

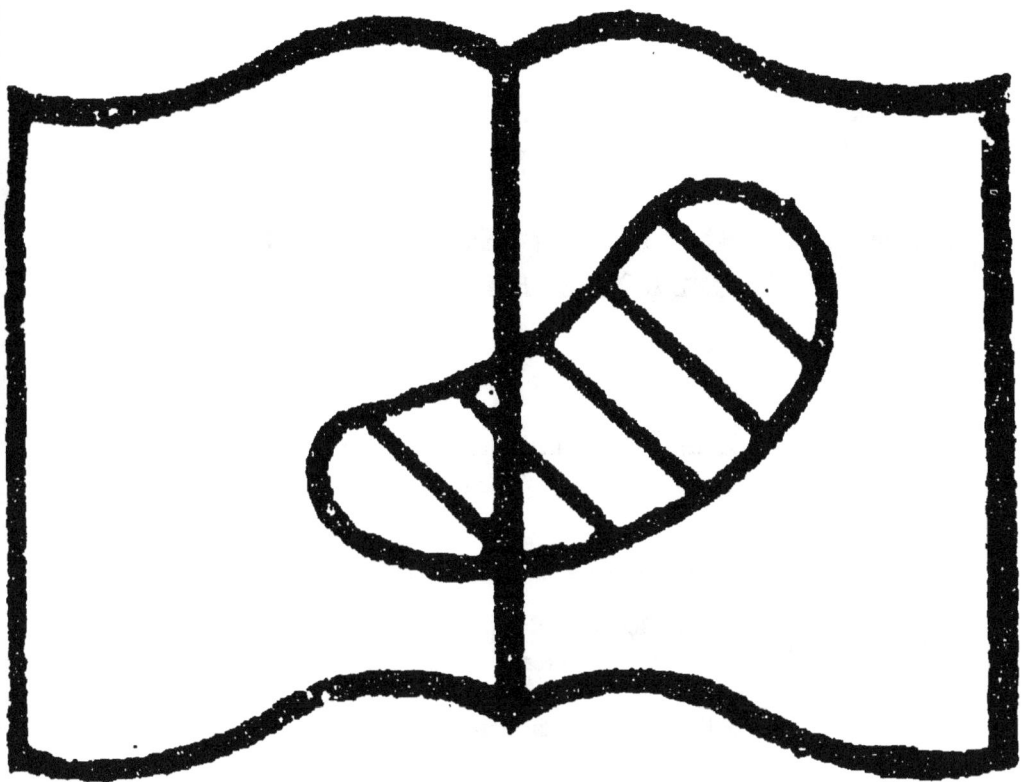

Illisibilité partielle

THÉORIE

DES

MACHINES SIMPLES,

EN AYANT ÉGARD AU FROTTEMENT DE LEURS PARTIES
ET A LA ROIDEUR DES CORDAGES;

Par C. A. COULOMB,

Chevalier de Saint-Louis, Capitaine du Génie, de l'Institut de France,
Membre de la Légion-d'Honneur, etc.

NOUVELLE ÉDITION,

A laquelle on a ajouté les Mémoires du même auteur, 1°. sur le frottement de
la pointe des pivots; 2°. sur la force de torsion et sur l'élasticité des fils de
métal; 3°. sur la force des hommes, ou les quantités d'action qu'ils peuvent fournir;
4°. sur l'effet des moulins à vent et la figure de leurs ailes; 5°. sur les murs de
revêtemens et l'équilibre des voûtes.

PARIS,

BACHELIER, LIBRAIRE, QUAI DES AUGUSTINS.

1821.

AVERTISSEMENT.

Parmi les hommes qui se sont distingués à la fin du dernier siècle, par des recherches et des découvertes importantes, Coulomb occupe sans contredit l'un des premiers rangs ; ses travaux sur la Mécanique, sur l'Électricité et le Magnétisme, intéressent les savans et les artistes qui cultivent ces branches importantes de nos connaissances, et l'on regrettait que les ouvrages dans lesquels cet homme célèbre a su réunir un si grand nombre de vérités utiles aux sciences et aux arts, ne se trouvassent que dans la collection des Mémoires de l'Académie des Sciences (*).

Tout se tient, dans le développement de l'esprit humain ; si les sciences font des progrès, les arts et l'industrie se perfectionnent ; c'est ce que l'on a observé en France, surtout depuis environ trente ans, et Coulomb a puissamment contribué à cette amélioration, par les Mémoires dans lesquels il a exposé ses recherches : on y trouve de nombreuses expériences, décrites avec tous les détails nécessaires pour convaincre de l'exactitude des résultats qu'il a obtenus, et généralisées par l'analyse ; cette dernière partie exige, pour être entendue, la connaissance des Mathématiques, mais les artistes peu versés

---

(*) Ayant acquis, il y a environ 10 ans, la propriété du fonds de ces Mémoires, j'annonçai que je vendrais séparément ceux qui se trouvaient dans un grand nombre de volumes dépareillés : celui de Coulomb, sur la *Théorie des Machines simples*, de plusieurs autres du même auteur étant épuisés, les demandes nombreuses que j'ai reçues, m'ont engagé à publier cette nouvelle édition.

dans ces sciences, pourront étudier avec fruit toute la partie expérimentale.

C'est en étudiant les ouvrages des grands hommes, que nous parvenons à développer notre intelligence; ceux qui négligent cette étude et qui la croient peu utile, ne parviennent pas à acquérir la théorie de l'art qu'ils exercent, et si avec des talens, d'heureuses dispositions et des circonstances favorables, quelques-uns s'élèvent par leurs propres moyens, au-dessus de ceux qui suivent la même carrière, c'est que par de longs tâtonnemens ils sont parvenus à inventer eux-mêmes une théorie qui les guide, pour ainsi dire, à leur insu; cet inconvénient n'existe pas pour les artistes qui ont acquis l'habitude de lire et d'étudier les ouvrages des savans qui ont écrit sur les arts; c'est à cette classe d'artistes que les Mémoires de Coulomb, contenus dans ce volume, peuvent être d'une grande utilité; ils y verront les moyens ingénieux inventés par l'auteur, pour donner à ses expériences toute la précision dont elles étaient susceptibles, et les précautions qu'il prenait, dans les expériences en grand, pour éviter les accidens qu'auraient pu éprouver les hommes qui travaillaient sous ses ordres.

Le premier de ces Mémoires, connu sous le titre de *Théorie des Machines simples*, a remporté le prix que l'Académie avait proposé pour l'année 1779, et qu'elle doubla en le prorogeant jusqu'à l'année 1781; ce Mémoire renferme les belles expériences de Coulomb sur le frottement des surfaces planes, sur la force nécessaire pour plier les cordes, le frottement des rouleaux et le frottement des axes dans la poulie et dans les autres machines de rotation.

Le *frottement de la pointe des pivots* est l'objet d'un second Mémoire, qui est la suite du premier, et qui a été présenté à l'Académie des Sciences en 1790. Presque tous les auteurs qui ont écrit sur la Mécanique, depuis la publication de ces deux Mémoires, ont adopté les résultats des expériences de Coulomb.

Dans le Mémoire suivant, lu à l'Académie des Sciences en 1784, il s'est proposé de chercher le moyen de mesurer la *force de torsion et l'élasticité des fils de métal*; il fait connaître la Balance de torsion, dont il est l'inventeur, instrument précieux connu de tous les physiciens, et qui sert à mesurer les plus petites forces qu'il nous soit possible d'apprécier.

Le quatrième Mémoire renferme ses *Recherches sur la force des hommes*; on y trouve un grand nombre de faits intéressans sur les quantités d'action que les hommes peuvent produire, dans les divers travaux auxquels ils sont journellement employés.

Le cinquième Mémoire contient ses *Observations théoriques et expérimentales sur l'effet des moulins à vent et sur la figure de leurs ailes.*

Le sixième et dernier Mémoire a pour objet l'application des règles de *maximis* et *minimis* à quelques problèmes de Statique, relatifs à l'Architecture.

En publiant ce Recueil des ouvrages de Coulomb sur la Mécanique, on a suivi exactement le texte de l'auteur, tel qu'il se trouve dans les Mémoires de l'Académie des Sciences et dans ceux de l'Institut; la partie mathématique a été revue par M. *Lanz*, qui a refait les calculs, dans lesquels il a corrigé un assez grand nombre de fautes ; il a également fait plusieurs corrections importantes sur les planches, qui ont été regravées.

Les savans et les artistes verront peut-être avec plaisir que rien n'a été épargné pour rendre cette édition digne de l'accueil que méritent les ouvrages de l'un des savans les plus distingués que la France ait produits.

ERRATA.

Pag. 5, lig. 19, le madrier CC'dd'......... *lisez* le madrier *dd'*

16, 3, $\dfrac{1660}{750}$ .... $\dfrac{1650}{756}$

19, 12, du ....,.... au

35, 9 *en remontant,* $\dfrac{1560}{166\frac{1}{2}}$ .... $\dfrac{1650}{166\frac{1}{2}}$

Ibid. 10 *en remontant ,* $\dfrac{450}{40\frac{1}{2}}$ .... $\dfrac{450}{46\frac{1}{2}}$

43, 7 *en remontant,* $5\frac{447}{36}$ 12,4.. $4\frac{447}{37}$ 12,0

Ibid. 10 *en remontant ,* $\dfrac{447}{49}$ 9,1.. $\dfrac{447}{47}$ 9,5

102, 20, tous.................... toutes

132, 20, 15ᵉ fig. du côté P+Π; la corde 15ᵉ fig. ; du côté P+Π, la corde

175, 8, P+P'r'.................... (P + P')r'

208, 14, Bfbφ..................... Bfb

328, 6 *en remontant,* hhq......... hh'q

338, 2, $\dfrac{dA}{dx} = \dfrac{\left(\frac{a}{2n}+\delta\right)\cdot\left(aa-\frac{2ax}{2}xx\right)}{\left(x+\frac{a}{n}\right)^2}=0$ $\dfrac{dA}{dx} = \dfrac{\left(\frac{ga}{2n}+\delta\right)\cdot\left(a^2-x^2-\frac{2ax}{n}\right)}{\left(x+\frac{a}{n}\right)^2}$

Ibid. 7—8 *en remontan ,* CBI CB*l*'.. CB*l* CB'*l'*

353, 3 *en remontant ,* CD...... GD.

THÉORIE

DES

MACHINES SIMPLES,

EN AYANT ÉGARD AU FROTTEMENT DE LEURS PARTIES ET A LA
ROIDEUR DES CORDAGES.

1. **M.** Amontons, dans les Mémoires de l'Académie des Sciences pour 1699, paraît être le premier auteur qui ait cherché à évaluer le frottement et la roideur des cordes dans le calcul des machines. Il crut trouver, par ses expériences, que l'étendue des surfaces n'entrait pour rien dans les frottemens, dont la mesure dépendait uniquement de la pression des parties en contact : il en conclut que, dans tous les cas, le frottement est proportionnel aux pressions.

La plupart des mécaniciens suivirent les résultats de M. Amontons; cependant M. Muschembroek trouva, dans plusieurs expériences, que les frottemens ne dépendaient pas uniquement de la pression, et que l'étendue des surfaces y influait. M. de Camus, dans son Traité des forces mouvantes, et Désaguilliers, dans son Cours de Physique, s'aperçurent que le frottement d'un corps ébranlé était moins considérable que celui d'un corps que l'on voulait sortir de l'état de repos : mais ni l'un ni l'autre ne cherchèrent à déterminer le rapport qui pouvait exister entre ces deux espèces de frottement. M. l'abbé Bossut, dans son excellent Traité de Mécanique, penche pour le système de M. Amontons, qui donne une grande facilité dans les calculs, et qui suffit dans la plupart des cas de pratique; pourvu que l'on ait soin de distinguer le frottement dans les surfaces en mouvement, d'avec la force qu'il faut employer pour détacher ces mêmes surfaces après un certain temps de repos. L'on voit, de plus, par les réflexions qui précèdent le calcul du frottement des machines dans la mécanique de M. l'abbé Bossut, que ce célèbre auteur a prévu, comme l'on pourra s'en convaincre par nos expériences, ce qui arriverait relativement à l'étendue des surfaces, aux pressions et aux vitesses dans les expériences qui restaient encore à faire.

Des essais faits en petit, dans un cabinet de Physique, ne peuvent pas suffire pour nous diriger dans le calcul des machines destinées à soulever plusieurs milliers; parce que la moindre inégalité, le plus faible obstacle placé entre les surfaces, la cohérence de quelques parties plus ou moins homogènes, jettent la plus grande irrégularité dans les résultats. L'on exécute tous les jours dans nos ports une manœuvre qui montre combien peuvent être fautives des conclusions sur le frottement, tirées des expériences faites en petit; c'est celle de lancer les vaisseaux à l'eau, sur un plan incliné de 10 ou 12 lignes par pied, ce qui indique que le frottement n'est pas, dans cette opération, le quatorzième de la pression; tandis qu'en faisant glisser, sous de petites pressions, un madrier de chêne sur un autre madrier du même bois, on avait cru qu'il était le tiers de la pression.

M. Amontons avait aussi cherché à évaluer la roideur des cordes. Le moyen ingénieux qu'il a employé dans ses expériences, a été depuis mis encore en usage par Désaguilliers, et par plusieurs autres physiciens; mais le travail de ces différens auteurs a le même inconvénient que celui fait jusques à présent sur les frottemens : ce sont plutôt des ficelles que des cordes, qui ont été soumises aux épreuves, avec des tractions de soixante livres, au plus, et sur des rouleaux dont le plus grand n'était que de 18 lignes de diamètre.

L'Académie voulant un travail qui puisse diriger dans le calcul des machines, exige « que les lois du frottement et l'exa-» men des effets résultans de la roideur des cordages soient » déterminés d'après des expériences nouvelles et faites en » grand; elle exige de plus, que les expériences soient appli-» cables aux machines usitées dans la marine, telles que la » poulie, le cabestan et le plan incliné. » Je ne me flatte pas d'avoir rempli les vues aussi vastes qu'utiles de cette illustre compagnie; mais je crois avoir fait quelques pas dans la carrière qu'elle a ouverte.

Ce Mémoire sera divisé en deux parties; dans la première, nous chercherons le frottement des surfaces qui glissent l'une sur l'autre, tel que celui d'une surface qui glisse le long d'un plan incliné.

Dans la deuxième partie, nous chercherons à évaluer la roideur des cordages : nous examinerons aussi le frottement dans les mouvemens de rotation.

PREMIÈRE PARTIE.

DU FROTTEMENT DES SURFACES PLANES QUI GLISSENT L'UNE SUR L'AUTRE.

2. Le frottement, dans ce genre de mouvement, peut être envisagé sous deux points de vue, ou lorsque les plans sont posés l'un sur l'autre depuis un certain temps, et que, par une traction dans la direction du plan de contact, l'on veut les détacher, ou lorsque ces plans ont déjà un certain degré de vitesse uniforme, et que l'on cherche le frottement sous ce degré de vitesse.

3. Dans le premier cas où l'on veut faire glisser une surface sur une autre, en la sortant de l'état de repos, le frottement peut dépendre de quatre causes.

1°. De la nature des matières en contact, et de leurs enduits.

2°. De l'étendue des surfaces.

3°. De la pression que ces surfaces éprouvent.

4°. De la longueur du temps écoulé depuis que les surfaces sont en contact.

A ces quatre causes, l'on pourrait en ajouter peut-être une cinquième, c'est la situation humide ou sèche de l'atmosphère. L'on conçoit en effet que les particules humides contenues dans l'air, s'attachant aux surfaces en contact, y forment un enduit qui les dénature. Mais comme cette dernière cause ne paraît pas devoir influer d'une manière sensible dans les résultats, nous n'y avons point eu égard dans nos épreuves.

4. Lorsque les surfaces glissent l'une sur l'autre avec un certain degré de vitesse, pour lors le frottement peut encore dépendre des trois premières causes, rapportées à l'article qui précède, et en outre de la vitesse plus ou moins grande des plans en contact.

5. La cause physique de la résistance opposée, par le frottement, au mouvement des surfaces qui glissent l'une sur l'autre, ne peut être expliquée, ou que par l'engrenage des aspérités des surfaces, qui ne peuvent se dégager qu'en se pliant, qu'en se rompant, qu'en s'élevant à la sommité les unes des autres; ou bien il faut supposer que les molécules des surfaces des deux plans en contact contractent, par leur proximité, une cohérence qu'il faut vaincre pour produire le mouvement : l'expérience seule pourra nous décider sur la réalité de ces différentes causes.

Établissement pour exécuter les Expériences.

6. Nous avons fait construire (*fig.* 1) une table très solide, dont chaque pilier montant était accoré par des jambes de forces. Le madrier 🔲🔲 *dd'* qui forme la table, à 3 pouces d'épaisseur, 8 pieds de longueur et 2 pieds de largeur. Sur cette table, l'on a posé deux pièces de bois de chêne AB, A'B' de 12 pieds de longueur et de 8 pouces de grosseur : ces deux pièces de bois sont posées suivant la longueur de la table, et à trois pouces de distance l'une de l'autre; à l'extrémité BB' des pièces de bois, l'on a placé, dans le vide qui les sépare, une poulie *h* de bois de gaïac d'un pied de diamètre, tournant sur un axe de chêne vert de 10 lignes de diamètre : sous cette poulie l'on a creusé un puits de 4 pieds de profondeur.

A l'autre extrémité AA' des pièces de bois, l'on a placé, à angle droit, un petit treuil horizontal. L'on a fortement attaché sur les deux pièces de bois un madrier de chêne aa', bb' de 8 pieds de longueur, 16 pouces de largeur et 3 pouces d'épaisseur; son plan supérieur aa', bb' posé de niveau, avait été dressé à la varlope avec beaucoup de soin, et poli ensuite avec une peau de chien de mer.

L'on a fait successivement glisser sur ce madrier plusieurs traîneaux dont voici la construction : ABCD (*fig.* 2, n°s 1 *et* 2), est un madrier de 18 pouces de largeur et de différentes longueurs, comme il sera détaillé aux expériences. Sous ce madrier, n° 1, l'on a cloué des deux côtés deux petits liteaux, Am'Cm, BDnn'; en sorte que le traîneau posé sur le madrier dormant, est retenu des deux côtés par ces liteaux avec un jeu de 2 ou 3 lignes, pour qu'il suive, sans être gêné, la direction du madrier.

Lorsqu'on veut diminuer les surfaces de contact, l'on cloue sous le traîneau des règles de différentes largeurs, dont on arrondit les extrémités pour y placer les clous, afin qu'ils ne portent pas contre le madrier dormant. Des deux crochets, n° 2, fixés aux deux extrémités du traîneau, l'un sert (*fig.* 1) à attacher la corde qui passe sur la poulie h, et porte le plateau P; à l'autre est attachée une corde qui enveloppe le treuil, et sert à rappeler le traîneau du côté AA'.

CHAPITRE PREMIER.

Du premier effort nécessaire pour vaincre le frottement, ou pour faire glisser une surface après un temps de repos donné.

7. Nous avons dit que, dans le frottement, il fallait distinguer avec soin la force nécessaire pour le vaincre lorsque les surfaces sont posées l'une sur l'autre depuis un certain temps, de la force nécessaire pour entretenir une vitesse uniforme lorsque les surfaces ont un mouvement respectif. Ce Chapitre est destiné à déterminer la résistance du frottement après un certain temps de repos.

8. Comme, dans les expériences de ce Chapitre, il faut avoir le frottement des surfaces posées l'une sur l'autre depuis un temps donné souvent très court, et que, sous les grandes pressions, ce frottement devient considérable, la manoeuvre lente de charger et de décharger le plateau P, pour augmenter et diminuer les tractions, ne peut pas convenir à la recherche actuelle, et nous y avons substitué le moyen suivant.

Nous avons fait faire (*fig.* 3) une espèce de romaine *ab* de 7 pieds de longueur; à l'extrémité est fixé un axe de fer taillé en couteau, qui sert de point de rotation, et qui porte librement contre deux petites plaques de fer attachées sous les extrémités BB′ des deux pièces de bois de la *première figure*. En C, est un anneau que l'on attache à la corde du traîneau qui passe sur la poulie *h* : au moyen d'un poids P que l'on fait glisser peu à peu le long de la romaine *ab*, l'on mesure la tension de la corde fixée au point C, et lorsque le levier commence à emporter le traîneau, cette tension est la mesure du frottement du traîneau. L'on a eu soin d'ajouter à la tension produite par le poids P, celle qui répondait au poids du levier, et à la distance de son centre de gravité au point de rotation.

SECTION PREMIÈRE.

Des frottemens des surfaces qui glissent à sec l'une sur l'autre, suivant le fil du bois, sans aucune espèce d'enduit, mais seulement avec le degré de poli que l'art peut leur donner.

Bois de chêne sur bois de chêne.

9. Le traîneau (*fig.* 2) a 2 pieds 3 pouces de longueur; le madrier dormant, sur lequel porte le traîneau, a 1 pied 4 pouces de large, ce qui donne une surface de contact de 3 pieds carrés. L'on veut déterminer le frottement après un certain temps de repos, sous différentes pressions.

PREMIÈRE EXPÉRIENCE.

Le traîneau, sans être chargé d'aucun poids, pesant 74 liv., le frottement a augmenté d'une manière irrégulière pendant les 30 premières secondes; mais il a fallu indistinctement, au bout d'une minute et de dix minutes de repos, une traction de 30 liv. pour vaincre le frottement.

II° EXPÉRIENCE.

Le traîneau chargé, son propre poids compris, de 874 liv.

Le mouvement a été incertain, mais a augmenté pendant les dix premières secondes; après une minute et une heure de repos, l'on a eu indistinctement. . . . . 406 liv.

IIIᵉ EXPÉRIENCE.

Le traîneau chargé, son poids compris, de 2474 liv.

Après ½ʺ de repos, le frottement a été trouvé de   586 liv.

Il a augmenté pendant deux secondes, où on l'a trouvé de. 1106

Après une minute et deux heures de repos, l'on a eu également. 1116

Observations sur ces trois expériences.

10. (*) Nous avons constamment observé, dans les trois expériences qui précèdent, que la résistance du frottement était moindre après une seconde de repos qu'après une ou deux minutes; mais qu'après une ou deux minutes, le frottement avait acquis toute l'augmentation dont il paraît susceptible. Nous avons, d'après cette observation, cherché à déterminer le rapport de la pression au frottement, lorsque ce dernier est parvenu à sa limite ou au *maximum* de son accroissement; nous avons pour ce rapport :

$$\text{Iʳᵉ EXPÉRIENCE} \ldots \ldots \frac{74}{30} \ldots \ldots 2,46.$$

$$\text{IIᵉ EXP} \ldots \ldots \ldots \frac{874}{406} \ldots \ldots 2,16.$$

$$\text{IIIᵉ EXP} \ldots \ldots \ldots \frac{2474}{1116} \ldots \ldots 2,21.$$

Comme ces trois expériences donnent, pour le rapport de la pression au frottement, une quantité à peu près constante, malgré la grande différence qui se trouve dans les pressions, j'ai voulu voir si, en diminuant, autant qu'il est possible, les surfaces de contact, ce rapport se trouverait encore le même.

(*) Le frottement de la poulie *h* peut être négligé dans toutes ces expériences; il n'est guère ici, comme nous le trouverons en déterminant le frottement des axes, que la cent-cinquantième partie du frottement du traîneau.

11. Sous un traîneau de 15 pouces de longueur, j'ai fait clouer deux petits prismes triangulaires de bois de chêne de 15 pouces de longueur, mais dont l'angle qui portait sur le madrier dormant était arrondi : la *fig.* 4 représente une section transversale du traîneau et des deux petites règles prismatiques sur lesquelles il porte.

IVᵉ EXPÉRIENCE.

Le traîneau chargé, son poids compris, de 250 liv.

Après un quart de seconde de repos, après une minute et une heure, l'on trouve indistinctement que la traction nécessaire pour vaincre le frottement est de. . . . . . . 106 liv.

Vᵉ EXPÉRIENCE.

Le traîneau chargé, son poids compris, de 450 liv.

Après un quart de seconde et une heure, la résistance due au frottement a été trouvée indistinctement de. . . 186 liv.

VIᵉ EXPÉRIENCE.

Le traîneau chargé, son poids compris, de 856 liv.

Après un quart de seconde et une heure, le frottement a été trouvé également de. . . . . 356 liv.

Observations sur les trois expériences qui précèdent.

12. Si l'on veut déterminer, d'après les trois dernières expériences, le rapport de la pression au frottement, l'on observera d'abord que lorsque les points de contact sont réduits aux plus petites dimensions possibles, comme ils le sont ici, le frottement parvient, dans un temps très court, à son *maximum* : car il ne m'a jamais été possible, dans les trois dernières expériences, quelque court qu'ait été le temps de repos, de faire varier le frottement, et de le trouver moindre que la quantité qui représente ici sa limite. Le rapport de la pression

au frottement, tiré des trois dernières expériences, donne :

$$\text{IV}^e \text{ EXPÉRIENCE} \dots \dots \frac{250}{106} \dots \dots 2,36.$$

$$\text{V}^e \text{ EXP} \dots \dots \dots \frac{450}{186} \dots \dots 2,42.$$

$$\text{VI}^e \text{ EXP} \dots \dots \dots \frac{856}{356} \dots \dots 2,40.$$

L'on trouve donc que lorsque les surfaces de contact sont réduites aux plus petites dimensions possibles, comme elles le sont ici, puisque notre traîneau ne porte que par des angles arrondis, le rapport de la pression au frottement est représenté par une quantité constante; que ce rapport d'ailleurs diffère très peu de celui que nous avons trouvé dans les trois premières expériences, puisque le rapport moyen de la pression au frottement donné par les trois premières expériences, est de 2,28, et qu'il est dans les trois dernières 2,39; quantités qui ne diffèrent pas d'un vingt-troisième, quoique l'étendue des surfaces soient entre elles dans un rapport presque infini. Ainsi, il résulte certainement des expériences qui précèdent, que lorsque les surfaces de bois de chêne glissent l'une sur l'autre sans aucun enduit, le rapport de la pression au frottement est toujours une quantité constante, et que la grandeur des surfaces n'y influe que d'une manière insensible. Il y a cependant une remarque à faire; c'est que lorsque les surfaces en contact ont beaucoup d'étendue, et qu'elles n'éprouvent que de petites pressions, le frottement varie d'une manière très irrégulière, suivant les positions où se trouve le traîneau. Ainsi, dans la première expérience, lorsque la pression était seulement de 74 livres, et la surface en contact de 3 pieds carrés; quoique j'aie trouvé moyennement le frottement de 30 livres, je l'ai aussi trouvé quelquefois, après un temps très long, au-dessous de 3o livres, et après un temps très court, au-dessus de 3o livres, et une fois de 55 livres, sans que je puisse attribuer ces différences à d'autres causes qu'à la cohésion, et qu'au plus ou moins d'homogénéité des parties en contact; mais lorsque les pressions sont de plusieurs quintaux, comme dans les cinq dernières expériences, ces irrégularités cessent d'avoir lieu, ou au moins, étant probablement indépendantes des pressions, elles cessent d'être sensibles. C'est là la raison pour laquelle nous avons toujours trouvé plus d'exactitude dans les essais des trois dernières expériences où la surface de contact est très petite, que dans ceux des trois premières où la surface de contact est de 3 pieds; c'est ce qui, jusqu'à présent, a dû jeter de l'incertitude sur les essais faits en petit.

Frottement du chêne et du sapin.

13. L'on a fixé, sous un traîneau de 15 pouces de longueur, deux règles de sapin de 2 pouces de largeur; ces règles étaient arrondies à leur extrémité, en sorte que les clous enfoncés dans ces arrondissemens pour fixer les règles au traîneau, ne pouvaient ni toucher ni écorcher le madrier dormant; la surface de contact était de 48 pouces.

VIIe EXPÉRIENCE.

Le traîneau chargé, son poids compris, de 5o liv.

Après $\frac{1}{2}''$ de repos, le frottement a été trouvé de	25 liv.
Après 2″ de repos.	3o
Après 10″ et une heure.	36

VIIIe EXPÉRIENCE.

Le traîneau chargé, son poids compris, de 45o liv.

Après $\frac{1}{2}''$ de repos.	256 liv.
Après 2″ de repos.	286
Après une minute et une heure.	284

IXᵉ EXPÉRIENCE.

Le traîneau chargé, son poids compris, de 850 liv.

Après $\frac{1}{2}''$ et une heure de repos. . . . . 560 liv.

Observations sur ces trois expériences.

14. Le frottement du sapin contre le chêne nous donne des résultats analogues à ceux que nous venons de trouver pour le frottement du chêne contre le chêne : moins les pressions sont grandes, plus il faut de temps pour que le frottement atteigne sa limite. Dans la septième expérience, où la charge du traîneau n'est que 50 livres, on voit le frottement croître sensiblement pendant quatre ou cinq secondes. Dans la neuvième expérience, où la charge est de 850 livres, il parvient à son *maximum* dans une demi-seconde : en déterminant le rapport de la pression au frottement, l'on trouve :

VIIᵉ EXPÉRIENCE. . . . . . $\dfrac{50}{36}$ . . . . 1,39.

VIIIᵉ.EXP. . . . . $\dfrac{450}{286}$ . . . . 1,58.

IXᵉ EXP. . . . . $\dfrac{850}{560}$ . . . . 1,52.

Ces quantités peuvent être regardées comme absolument égales entre elles, et donnent 1,50 pour le rapport moyen de la pression au frottement, lorsqu'il est parvenu à sa limite.

Frottement du sapin contre le sapin.

15. L'on a fixé sur le madrier dormant deux règles de sapin, et l'on a fait glisser sur ces règles le traîneau qui avait servi dans les trois dernières expériences ; la surface de contact était de 48 pouces.

Xᵉ EXPÉRIENCE.

Le traîneau chargé, son poids compris, de 5o liv.

Après ½″ de repos. . . . .   2o liv.

Après 3″ et une heure.   27

XIᵉ EXPÉRIENCE.

Le traîneau chargé, son poids compris, de 25o liv.

Après 2″ de repos et une heure. . . . .   145 liv.

XIIᵉ EXPÉRIENCE.

Le traîneau chargé, son poids compris, de 85o liv.

Après 2″ et une heure de repos. . . . .   48o liv.

Observations sur ces trois expériences.

16. Le frottement du sapin contre le sapin a acquis son *maximum* dans aussi peu de temps, et suivant les mêmes lois que le chêne glissant sur le sapin : l'on trouve encore ici le rapport de la pression au frottement constant sous tous les degrés de pression.

$$\text{Xᵉ EXPÉRIENCE......} \quad \frac{5o}{27} \text{........ } 1,85.$$

$$\text{XIᵉ EXP...........} \quad \frac{25o}{145} \text{........ } 1,72.$$

$$\text{XIIᵉ EXP...........} \quad \frac{85o}{48o} \text{........ } 1,77.$$

pour le rapport moyen de la pression au frottement, l'on aura. . . . . 1,78.

Frottement du bois d'orme contre lui-même.

17. L'on a substitué aux deux règles de sapin placées sur le madrier dormant, ainsi qu'à celles clouées sous le traîneau, des règles de bois d'orme des mêmes dimensions, en sorte que la surface de contact était de 48 pouces.

XIIIe EXPÉRIENCE.

Le traîneau chargé, son poids compris, de 45 liv.

Après un repos de $\frac{1}{2}''$, le frottement a été trouvé de   6 liv.

Après un repos de 3''. 10

Après un repos de 60''. 19

Le frottement a paru encore augmenter pendant deux ou trois minutes; sa limite, après une heure de repos, a été trouvée de. 21

XIVe EXPÉRIENCE.

Le traîneau chargé, son poids compris, de 450 liv.

Après un repos de $\frac{1}{2}''$. . . . . 100 liv.

Après un repos de 3''. 160

Après une minute et une heure. 207

XVe EXPÉRIENCE.

Le traîneau chargé, son poids compris, de 1650 liv.

Après un repos de $\frac{1}{2}''$. 356

Après un repos de 2''. 556

Après un repos de 10'', d'une minute et d'une heure. 756

Observations sur ces trois expériences.

18. Le bois d'orme, qui au toucher paraît doux et velouté, s'engrène beaucoup plus lentement que les autres bois. L'accroissement du frottement est sensible pendant quelques secondes, et ne parvient à son *maximum*, sous une pression de 45 livres, qu'après un repos de plus d'une minute. Si l'on cherche, en comparant les trois expériences, le rapport de la pression au frottement, lorsque ce frottement a atteint son *maximum*, l'on trouve :

XIIIe EXPÉRIENCE...... $\dfrac{45}{21}$........ 2,14.

XIVe EXP............ $\dfrac{450}{207}$......... 2,18.

XVe EXP............ $\dfrac{1660}{756}$........ 2,18.

Ainsi le rapport de la pression au frottement, lorsqu'il cesse de prendre des accroissemens, est une quantité constante pour le bois d'orme, comme pour les autres bois.

CONCLUSION GÉNÉRALE.

19. L'on peut conclure des expériences qui précèdent, que dans les bois posés l'un sur l'autre sans aucune espèce d'enduit, la résistance due au frottement croît pendant quelques secondes; mais qu'elle atteint sa limite après une ou deux minutes de repos, et que le frottement parvenu à sa limite est toujours proportionnel à la pression : en rassemblant ici les rapports de la pression au frottement, après quelques minutes de repos, nous trouvons :

Chêne contre chêne............ 2,34.
Chêne contre sapin............ 1,50.
Sapin contre sapin............ 1,78.
Orme contre orme............ 2,18.

REMARQUE.

20. Dans toutes les expériences qui précèdent, le frottement se faisait suivant le fil du bois. L'on a essayé de déterminer le frottement, en posant les règles attachées au traîneau par le travers du traîneau; en sorte que, dans le mouvement du traîneau, le fil du bois des règles se trouve former un angle droit avec le fil du bois du madrier dormant : il a résulté de ces expériences, qu'à égalité de pression et de surface, le frottement parvenait à sa limite dans un temps plus long que lorsque les bois glissaient suivant leur fil, et que, parvenu à

sa limite, il se trouvait moindre que dans le premier cas, mais cependant toujours proportionnel à la pression. Voici deux expériences qui ont été faites avec beaucoup de soin, dans lesquelles le traîneau était porté, comme on le voit *fig.* 5, qui représente le traîneau coupé dans le sens de sa longueur, par deux règles de chêne taillées en coin, et touchant le madrier dormant par un angle arrondi.

XVIᵉ EXPÉRIENCE.

Le traîneau chargé, son poids compris, de 50 liv.

Après une seconde et une minute de repos, il a fallu également, pour vaincre le frottement, une traction de.. 13 liv.

XVIIᵉ EXPÉRIENCE.

Le traîneau chargé, son poids compris, de 1650 liv.

Il a fallu pour vaincre le frottement. . . . . . . 450 liv.

Ces deux expériences donnent pour le rapport de la pression au frottement parvenu à son *maximum*,

XVIᵉ EXPÉRIENCE. . . . . . $\dfrac{50}{13}$ . . . . 3,85.

XVIIᵉ EXP. . . . . $\dfrac{1650}{450}$ . . . . 3,67.

quantités qui sont presque égales, malgré la grande différence qui se trouve entre les pressions.

Ces deux expériences répétées avec des surfaces de contact de 48 pouces, ont donné le rapport qui précède sous tous les degrés de pression : nous avons seulement remarqué que sous les pressions de 50 livres, il fallait un repos de plus de dix secondes avant que le frottement eût atteint son *maximum*. Nous trouvons en prenant une moyenne dans les deux dernières expériences, et en la comparant avec celle qui résulte des quatrième, cinquième et sixième expériences, que le frot-

3

tement du chêne, lorsque le fil du bois se recroise, est au frottement suivant le fil du bois, comme 2,34 est à 3,76.

Du frottement entre les bois et les métaux, après un certain temps de repos.

21. L'accroissement des frottemens, relativement aux temps de repos, marche ici très lentement : les variations sont quelquefois a peine sensibles après quatre ou cinq secondes; il est rare que le frottement ait acquis son *maximum* avant quatre ou cinq heures de repos, quelquefois même il n'y est pas parvenu après cinq ou six jours.

Fer sur bois de chêne.

22. Le traîneau de 15 pouces de longueur a été garni (comme on le voit *fig.* 6, qui représente une section suivant sa longueur) de deux lames de fer, recourbées à leurs extrémités pour saisir le traîneau. Ces lames, posées des deux côtés du traîneau, glissaient sur le madrier dormant suivant le fil du bois; la surface de contact était de 45 pouces.

XVIIIe EXPÉRIENCE.

Le traîneau chargé, son poids compris, de 53 liv.

Après un repos de $\frac{1}{2}''$, le frottement a été trouvé de. . 5 liv.

Après un repos de 30''. . . . . 5 $\frac{1}{4}$

Après un repos de 60''. . . . . 6 $\frac{1}{2}$

Après une heure de repos. 9

Après quatre jours. 10

XIXe EXPÉRIENCE.

Le traîneau chargé, son poids compris, de 1650 liv.

Après un repos de $\frac{1}{2}''$, le frottement a été trouvé de.. 125 liv.

Après un repos de 10''. 130

Après un repos de 80''. 145

Après 4 heures de repos. . . . . 200 liv.

Après 16 heures. 280

Après 4 jours. 340

Observations sur ces deux expériences.

23. Ces deux expériences nous apprennent que des surfaces hétérogènes, telles que les bois et les métaux, n'acquièrent la limite de leur frottement qu'après un repos très long; elles nous apprennent que les accroissemens dus à trois ou quatre secondes de repos, sont insensibles. Si nous voulons déterminer la limite du frottement, en le supposant parvenu à son *maximum*, après quatre jours de repos, nous trouvons le rapport de la pression du frottement.

$$\text{XVIII}^e \text{ EXPÉRIENCE} \ldots \ldots \frac{53}{10} \ldots \ldots 5,30.$$

$$\text{XIX}^e \text{ EXP} \ldots \ldots \frac{1650}{340} \ldots \ldots 4,86.$$

REMARQUE.

24. Le cuivre glissant sans enduit sur le chêne, donne des résultats analogues à ceux du fer glissant sur le même bois. Il paraît même que les accroissemens du frottement, relativement aux temps de repos, marchent plus lentement pour le cuivre que pour le fer : parvenu à son *maximum*, le rapport de la pression au frottement est à peu près comme $5\frac{1}{2}$ à 1.

Du frottement entre les métaux après un certain temps de repos.

25. L'on a cloué et fixé solidement sur le madrier dormant de notre table (*fig*. 7), deux règles de fer qui ont été dressées et polies avec le plus grand soin; elles avaient 4 pieds de longueur, 3 pouces de largeur et 3 lignes d'épaisseur; elles étaient placées à 10 pouces de distance l'une de l'autre, et elles

répondaient, lorsque le traîneau était posé et emboîtait le madrier dormant, aux deux règles de fer attachées sous le traîneau : l'on a arrondi toutes les arêtes pour qu'elles n'influassent point sur les frottemens. Les règles de fer attachées au traîneau avaient 18 lignes de largeur, 15 pouces de longueur; la surface de contact était de 45 pouces.

Fer contre fer.

XXe EXPÉRIENCE.

Le traîneau chargé, son poids compris, de 51 liv.

Après $\frac{1}{2}''$ de repos, ou après un temps plus long, l'on a également trouvé pour le frottement. . . . . 15 liv.

XXIe EXPÉRIENCE.

Le traîneau chargé, son poids compris, de 450 liv.

Le frottement acquiert dans cette expérience, comme dans celle qui précède, toute son intensité dans un instant; on le trouve de. . . . . 124 liv.

Observations sur ces deux expériences.

26. Il ne m'a pas été possible de continuer les expériences du frottement pour le fer glissant sans enduit sur lui-même, sous des pressions plus considérables que celles de 450 livres. Sous de plus grandes pressions, le fer se rayait, et les résultats devenaient incertains, le frottement augmentant très considérablement; c'est ce qui est arrivé deux fois en répétant la vingt-unième expérience : mais une remarque qui a été constamment faite pour les métaux glissant à sec l'un sur l'autre, c'est que la longueur du temps de repos n'augmente point le frottement. Nous verrons même, dans le chapitre suivant, qu'en général, lorsque les métaux glissent sans enduit l'un sur l'autre, le frottement se trouve absolument le

même pour les surfaces en mouvement, et pour celles que l'on veut sortir de l'état de repos : en cherchant le rapport de la pression au frottement, dans les expériences qui précèdent, nous trouverons :

$$\text{XX}^e \text{ EXPÉRIENCE} \ldots \ldots \frac{51}{15} \ldots \ldots \ldots 3,40.$$

$$\text{XXI}^e \text{ EXP}. \ldots \ldots \ldots \frac{450}{124} \ldots \ldots \ldots 3,63.$$

Ces deux expériences, quoique faites sous des pressions qui sont entre elles comme 9 est à 1, donnent, pour le rapport de la pression au frottement, une mesure qui est à peu près la même. Ainsi, lorsque les surfaces de fer glissent à sec l'une sur l'autre, le frottement est proportionnel aux pressions.

Fer contre cuivre jaune.

27. L'on a remplacé les deux règles de fer clouées au traîneau par deux règles de cuivre jaune, exactement des mêmes dimensions que les premières. Ces règles avaient été dressées avec beaucoup de soin, et polies avec une pierre à aiguiser, d'un grain très fin; la surface de contact est de 45 pouces.

XXII° EXPÉRIENCE.

Le traîneau chargé, son poids compris, de 50 liv.

Le frottement acquiert dans un instant toute son intensité, et on le trouve de. 14 liv.

XXIII° EXPÉRIENCE.

Le traîneau chargé, son poids compris, de 450 liv.

Le frottement a été toujours le même, sans être augmenté par la longueur du temps de repos, et il a été trouvé de 112 liv.

OBSERVATIONS.

L'on a fait ici la même remarque que dans les expériences qui précèdent. En recommençant trois fois la vingt-troisième expérience, les règles de cuivre se sont rayées, et il n'a pas été possible d'augmenter les pressions. Si l'on détermine, comme dans les articles qui précèdent, le rapport de la pression au frottement, l'on trouve :

$$\text{XXII}^e \text{ EXPÉRIENCE} \dots\dots \frac{5o}{14} \dots\dots 3,6.$$

$$\text{XXIII}^e \text{ EXP} \dots\dots\dots \frac{45o}{112} \dots\dots 4,o.$$

Ces deux quantités ne diffèrent entre elles que d'un dixième ; ainsi l'on peut les regarder comme égales, et en tirer des conclusions analogues à celles des articles qui précèdent.

Frottement du fer et du cuivre jaune, en réduisant les surfaces de contact aux plus petites dimensions possibles.

28. Comme il était intéressant de savoir si le rapport de la pression au frottement pour le fer et le cuivre suivait la même loi lorsque les surfaces étaient réduites à quelques points de contact, j'ai ôté les deux règles placées sous le traîneau dans l'article qui précède, et, à leur place, j'ai substitué quatre clous de cuivre qui, enfoncés dans le traîneau, portaient, au moyen de leur tête sphérique, sur les deux grandes règles de fer attachées au madrier dormant; par-là les surfaces de contact qui, dans les dernières épreuves, se trouvaient de 45 pouces, étaient réduites ici à quatre points de surface dont les dimensions étaient insensibles.

XXIV° EXPÉRIENCE.

Le traîneau chargé, son poids compris, de 47 liv.
L'on a eu constamment, pour vaincre le frottement, une traction de. . . . . 8 liv.

XXV° EXPÉRIENCE.

Le traîneau chargé, son poids compris, de 85o liv.
Le frottement a été trouvé de. . . . . 14o liv.

OBSERVATIONS.

29. En comparant ici ces deux expériences, l'on trouve pour le rapport de la pression au frottement :

XXIVe EXPÉRIENCE...... $\frac{47}{8}$........ 5,9.

XXVe EXP............. $\frac{850}{140}$....... 6,0.

Les pressions sont, dans ces expériences, comme 18 est à 1, et les rapports de la pression au frottement sont égaux. Ainsi, toutes les fois que les surfaces de contact entre le fer et le cuivre jaune se trouvent réduites à des petites dimensions, le rapport de la pression au frottement se trouvera indistinctement sous tous les degrés de pression, comme 6 est à 1 : nous trouverons, dans le dernier Livre, le même rapport, lorsque nous chercherons à déterminer par l'expérience le frottement des axes de fer dans des chapes de cuivre. Quoique nous serons obligés d'examiner de nouveau le frottement du cuivre et du fer lorsque nous chercherons le frottement des surfaces, et celui des axes en mouvement, nous ne pouvons pas quitter cet article sans quelques remarques relatives aux différences des frottemens que nous venons de trouver sous les mêmes degrés de pression pour une surface de 45 pouces, comme dans les expériences 22 et 23, et pour les surfaces de dimensions nulles, comme les deux dernières. Cette différence ne peut être attribuée qu'à l'imperfection du poli, c'est au moins, ce me semble, ce qui suit de quelques expériences dont je vais rapporter les résultats. Lorsqu'on a fait glisser les premières fois les quatre têtes de clous de cuivre qui portent le traîneau sur les règles de fer, elles ont donné le rapport de la pression au frottement moindre que celui de 5 à 1. Ce rapport a ensuite augmenté à mesure que les expériences se sont multipliées; en sorte que lorsque ces mêmes clous de cuivre ont eu parcouru sept à huit fois, sous des pressions de cinq ou six quintaux, toute la longueur des règles de fer, pour lors, le frottement, sous tous les degrés de pression, a été constamment le sixième de la pression, et ce rapport n'a plus varié : il suit de là, que les pierres, les poudres et tous les instrumens dont on se sert pour donner le poli, ne plient et ne rompent qu'imparfaitement les aspérités dont les surfaces sont hérissées, mais qu'elles disparaissent par l'usé, sous les grandes pressions, dans le mouvement rapide des machines.

Voici encore une expérience qui vient à l'appui de la remarque qui précède : pour adoucir, dans la vingt-troisième expérience, le frottement des règles de cuivre qui se rayaient sous une pression de 450 livres, nous avons mis sur ces règles un enduit d'huile, et nous avons fait parcourir au traîneau une vingtaine de fois la longueur des règles de fer; pour lors les règles de cuivre, quoique sous des pressions plus considérables que 450 livres, ont cessé de se rayer, et elles sont devenues luisantes et très polies : soit ensuite que l'on laissât l'enduit d'huile, soit qu'on l'essuyât avec le plus grand soin, le frottement, après quelques secondes de repos, était, dans les deux cas, le sixième de la pression; il paraît, par cette expérience, que, par le mouvement du traîneau, toutes les aspérités dues à l'imperfection du poli étaient détruites, puisque le frottement se trouvait le même que dans les surfaces de contact réduites aux plus petites dimensions.

L'on ne peut pas croire ici que ce soient les particules d'huile qui, en pénétrant dans les pores du cuivre et du fer, adoucissent le frottement : car si, au lieu des règles de cuivre, l'on fait glisser, sans essuyer l'huile, le traîneau portant par les quatre têtes des clous de cuivre sur les règles de fer, l'on trouvera que l'enduit diminue bien un peu le frottement de la surface une fois en mouvement; mais qu'il ne change rien à l'intensité de ce frottement après une ou deux secondes de repos, et qu'il se trouve le sixième de la pression, comme lorsque l'on faisait glisser les mêmes clous à sec sur les règles de fer.

SECTION DEUXIÈME.

Du frottement des surfaces garnies d'un enduit, et du premier degré de force nécessaire pour les faire glisser l'une sur l'autre après un certain temps de repos.

29. Lorsque les surfaces sont garnies d'un enduit, le temps de repos nécessaire pour que la force qui doit vaincre la résistance de la ténacité due au frottement parvienne à sa limite, est un temps long, mais variable. Il dépend de la dureté de l'enduit; il est plus long avec un enduit de suif qu'avec un enduit de vieux oing; il dépend encore de la nature et de l'étendue des surfaces de contact : si ces surfaces sont réduites à de très petites dimensions, le frottement arrive à sa limite dans très peu de secondes. Les expériences suivantes ont été faites avec des enduits de suif très pur.

Du frottement du bois de chêne, lorsque les surfaces sont enduites de nouveau suif à chaque opération.

30. Le traîneau de 15 pouces de longueur a été posé sur le madrier dormant, enduit d'une couche de suif d'une demi-ligne d'épaisseur; le madrier dormant, ainsi que le traîneau, avaient acquis le plus grand poli, par des expériences antérieures qui duraient depuis un mois : le suif, dans ces expériences, avait pénétré dans les pores du bois à plus de deux

lignes de profondeur. Comme l'on avait été obligé de creuser de quelques lignes, sur quatre pouces de largeur, le milieu du madrier dans toute sa longueur, pour faire sauter un nœud qui donnait quelques variétés dans les frottemens, la surface de contact se trouvait, dans les expériences qui suivent, de 180 pouces.

XXVIᵉ EXPÉRIENCE.

Le traîneau chargé, son poids compris, de 47 liv.

Lorsqu'on ébranle le traîneau, en lui donnant un mouvement insensible, il continue à se mouvoir sous une traction de. . . . . 6 liv. ½

Après un repos de 4′, le frottement a été trouvé de. 8

Après un repos de 2 heures. 9

XXVIIᵉ EXPÉRIENCE.

Le traîneau chargé, son poids compris, de 1650 liv.

Lorsque le temps du repos est nul, et que l'on donne une vitesse insensible, le traîneau continue à se mouvoir sous une traction de. . . . . 64 liv.

Après un repos de 3″, le frottement a été trouvé de. 160

Après un repos de 15″. 209

Après un repos de 60″. 280

Après un repos de 240″. 318

Après un repos de 2 heures. 452

Après un repos de 6 jours. 622

XXVIIIᵉ EXPÉRIENCE.

Le traîneau chargé, son poids compris, de 3250 liv.

Lorsque le temps de repos est nul, et que l'on imprime une

vitesse insensible; le traîneau continue à se mouvoir sous une traction de. . . . . 120 liv.

Après un repos de 3″, l'on a trouvé le frottement de. 320

Après un repos de 15″. 355

Après un repos de 60″. 413

Après un repos de 240″. 593

Après une heure de repos. 880

Après deux heures de repos. 920

Après cinq jours, une fois 1220 liv.; une autre fois. 1554

Observations sur ces trois expériences.

31. L'on voit, par ces expériences, que lorsque les bois sont enduits de suif, le frottement parvient à sa limite beaucoup plus lentement que lorsque les surfaces glissent à sec l'une sur l'autre : nous ne sommes pas sûrs, dans les expériences actuelles, que le frottement ait atteint sa limite après un repos de cinq ou six jours; au lieu que huit ou dix secondes suffisaient, lorsque les corps glissaient à sec, pour que le frottement parvînt à son *maximum*. Dans les essais où les surfaces ont de l'étendue relativement à leurs pressions, les résultats varient, et la cohésion paraît augmenter de beaucoup le frottement : il s'en faut bien que la vingt-sixième expérience, où la pression n'était que de 47 livres, soit aussi exacte que les deux suivantes. Les trois expériences ont été répétées deux fois; les valeurs moyennes, surtout de la dernière, ont été très rapprochées; mais celles de la vingt-sixième ont souvent différé entre elles d'un tiers. L'on doit remarquer que si les surfaces sont réduites à de très petites dimensions, pour lors le frottement parvient à son *maximum*

dans très peu de temps : lorsque nous avons voulu faire porter le traîneau sur deux petites règles, et que les surfaces de contact n'étaient que de 45 pouces sous une pression de 900 livres, le frottement avait atteint son *maximum*; dans moins d'une minute, il était à peu près le même que lorsque les bois n'étaient point enduits.

Le vieux oing très mou ralentit très peu l'accroissement du frottement qui parvient à son *maximum* avec une surface de contact d'un pied carré, sous une pression de 1600 livres, presque en aussi peu de temps que si les bois glissaient à sec l'un sur l'autre. L'on observe de plus, qu'avec ce genre d'enduit, le frottement parvenu à son *maximum*, est quelquefois plus considérable que lorsque les bois glissent à sec l'un sur l'autre : il semble qu'outre l'engrenage des surfaces qui se fait ici presque aussi librement, à cause du peu de consistance du vieux oing, que s'il n'y avait point d'enduit, il y a encore une cohérence entre les surfaces, augmentée par l'intermède de l'enduit qui occasione une résistance étrangère au frottement.

Du frottement du bois de chêne, lorsque l'enduit de suif est usé par des opérations antérieures.

32. Dans les expériences qui précèdent, l'enduit était absolument neuf, et renouvelé à chaque opération ; il arrivait de là qu'il était assez inégalement répandu sur les surfaces, d'où il pouvait résulter quelques differences dans les observations. Dans les essais qui vont suivre, l'enduit était posé depuis huit jours, et l'on avait fait plus de cinquante opérations sans le renouveler : le traîneau, dans chaque expérience, avait parcouru toute la longueur du madrier ; par là, l'enduit s'était répandu partout d'une manière très uniforme, il paraissait homogène ; mais sa consistance avait changé, et il avait beau-

coup perdu de son onctuosité : l'accroissement du frottement, relativement au temps de repos, se faisait très lentement, et je pouvais espérer d'avoir une loi suivie dans les observations. Je puis assurer que les deux expériences qui suivent, la dernière surtout, ont été faites avec toute la patience et toute l'attention possibles. Le traîneau avait 4 pieds et demi de longueur, et la surface de contact, à cause du petit enfoncement pratiqué tout du long du madrier pour les raisons que nous venons d'expliquer, se trouvait réduite à 4 pieds et demi.

XXIXe EXPÉRIENCE.

Le traîneau chargé, son poids compris, de 2310 liv.

Lorsque le temps du repos est nul, et que l'on imprime au traîneau une vitesse insensible, l'on trouve qu'il continue à se mouvoir sous une traction de. . . . . 187 liv.

Après 2′ de repos. 392

Après 60′ de repos. 451

Après 16 heures de repos. 514

XXXe EXPÉRIENCE.

Le traîneau chargé, son poids compris, de 5810 liv.

En imprimant au traîneau une vitesse insensible, l'on trouve qu'il continue à se mouvoir sous une traction de 502 liv.

Après un repos de 2′. 790

Après un repos de 4′. 866

Après un repos de 9′. 925

Après un repos de 26′. 1036

Après un repos de 60′. 1186

Après 16 heures de repos. 1535

Observations sur ces deux expériences.

33. En comparant l'une à l'autre les deux expériences qui

précèdent, il paraît qu'avec des surfaces de contact de 4 ou 5
pieds carrés, les frottemens, après un même temps de repos,
sont, pour différentes pressions, proportionnels aux pressions : l'on sent, cependant, d'après les observations de l'article qui précède, que lorsque les pressions deviendront énormes, ou, ce qui revient au même, les surfaces de contact très
petites, relativement aux pressions, les frottemens arriveront
à leur limite en très peu de temps; conséquemment que cette
loi ne sera pas suivie.

Si l'on cherche, d'après la trentième expérience qui a été
faite avec le plus grand soin, la marche que suit l'accroissement des frottemens, relativement au temps de repos, l'on
remarquera que, pour une vitesse insensible, c'est-à-dire,
lorsque le temps de repos est nul, le frottement est déjà une
quantité finie et donnée. Ainsi, en nommant F le frottement,
si l'on veut chercher la fonction du temps qui doit représenter
cette quantité F, il faudra d'abord, dans cette fonction, que
le temps devenant zéro, cette fonction devienne une quantité
constante égale au frottement des surfaces mues d'un mouvement insensible. Ainsi l'expression la plus simple que l'on
puisse imaginer pour représenter F, sera $F = A + mT^\mu$, où
A est le poids égal au frottement sous une vitesse insensible;
m est un coefficient constant, et T^μ le temps de repos qui a
précédé l'expérience, élevé à la puissance μ. Si nous comparons cette formule avec notre dernière expérience, il est clair
qu'il faudra faire $A = 502$ livres, et que pour avoir mT^μ, il
faudra retrancher la quantité A du frottement trouvé à chaque
observation, ce qui donnera la petite table suivante :

	T	$A + mT^\mu$	mT^μ
Ire OBSERVATION.	0′	A = 502	0
IIe	2	790	288
IIIe	4	866	364
IVe	9	925	423
V^e	26	1036	534
VIe	60	1186	684
VIIe	960	1535	1033

En prenant pour module l'observation troisième, faite après un repos de 4 minutes, parce que les variations croissent très rapidement dans un temps plus court, et que quelques secondes d'erreur dans l'observation en produiraient de très grandes dans les frottemens correspondans, nous aurons :

IIIe et IIe OBSERVATION, $\mu = \dfrac{\log\left(\frac{288}{364}\right)}{\log\left(\frac{1}{2}\right)} = \dfrac{34}{100}$

IIIe et IVe . . . . $\dfrac{19}{100}$

IIIe et V^e . . . . $\dfrac{20}{100}$

IIIe et VIe . . . . $\dfrac{23}{100}$

IIIe et VIIe . . . . $\dfrac{19}{100}$

Les quatre dernières valeurs de μ sont à peu près égales; la première diffère des autres : mais comme les frottemens croissent rapidement dans les premiers instans de repos, la moindre erreur dans les observations a pu produire cette différence. Ainsi, il paraîtrait d'après notre expérience, que . . . . $F = 502 + mT^{\frac{1}{5}}$; le coefficient m sera facile à déterminer dans cette formule, en la comparant avec une des observations.

Si l'on prend la troisième qui nous a servi de module pour découvrir la valeur de μ, nous trouverons $mT^{\frac{1}{5}} = 364$ livres, et comme $T = 4'$, l'on aura $m = \dfrac{364 \text{ liv.}}{(4')^{\frac{1}{5}}}$

Quoique la quantité μ se trouve, d'après quatre observations, assez bien représentée par la même quantité, cependant nous ne pouvons regarder notre formule que comme propre à déterminer par approximation le frottement après un repos assez court; l'on sent en effet que si F pouvait être exactement exprimée par la formule $A + mT^{\mu}$, quelque petite que fût la quantité μ, lorsque T serait infini, F deviendrait infini : or c'est ce qui n'est pas, puisque le frottement atteint sa limite au bout de quelques jours de repos dans les surfaces qui sont enduites, et au bout de quelques secondes dans celles qui ne le sont pas. L'on satisferait facilement à cette nouvelle condition, en supposant $F = \dfrac{A + mT^{\mu}}{C + T^{\mu}}$, lorsque $T = 0$, pour lors $F = \dfrac{A}{C}$, quantité qui doit être égale au frottement lorsque le temps du repos est nul, ou que la vitesse est insensible. Si T est infiniment grand, pour lors $F = m$; ainsi cette dernière quantité m doit être égale à la limite connue du frottement : au moyen de ces deux conditions et de deux expériences, l'on déterminera les quatre constantes qui entrent dans la formule. Il ne nous a pas été possible de nous occuper en détail de cette théorie, parce que nous n'avions pas le temps de rassembler un assez grand nombre de faits pour assurer notre marche : des expériences de ce genre sont longues à faire; elles demandaient souvent cinq ou six jours pour une seule observation. Pendant tout ce temps, il ne fallait ni ébranler ni faire aucun usage de notre chantier : d'ailleurs, ces opérations qui, pour être complètes, exigeraient des années de patience et de travail, n'avaient qu'un rapport indirect avec le frottement des machines qui doivent être considérées dans leur état de mouvement. Nous allons terminer ce Chapitre, en rendant compte de quelques expériences destinées à faire connaître le frottement des lames de cuivre sur les lames de fer enduites de suif, que l'on veut ébranler après un certain temps de repos.

Du frottement des lames de cuivre sur des lames de fer enduites de suif neuf.

33. L'on a attaché et fixé sous un traîneau de 15 pouces de longueur (*fig*. 7), les deux règles de cuivre de 15 pouces de longueur et de 18 lignes de largeur; l'on a attaché les deux grandes règles de fer sur le madrier dormant : l'on y a mis un enduit de suif d'une demi-ligne à peu près d'épaisseur, la surface de contact était de 45 pouces.

XXXI° EXPÉRIENCE.

Le traîneau chargé, son poids compris, de 50 liv.

En imprimant au traîneau une vitesse insensible, il continue à se mouvoir sous une traction de. . . . . 6 liv.

Après un repos de 4 et de 30 minutes. 7

XXXII° EXPÉRIENCE.

Le traîneau chargé, son poids compris, de 450 liv.

En imprimant au traîneau une vitesse insensible, il continue à se mouvoir sous une traction de. . . . . . . 42 liv.

Après un repos de 4 minutes et de deux heures 48

XXXIII° EXPÉRIENCE.

Le traîneau chargé, son poids compris, de 1650 liv.

En imprimant au traîneau une vitesse insensible, il a continué à se mouvoir d'un mouvement lent à raison d'un pouce.

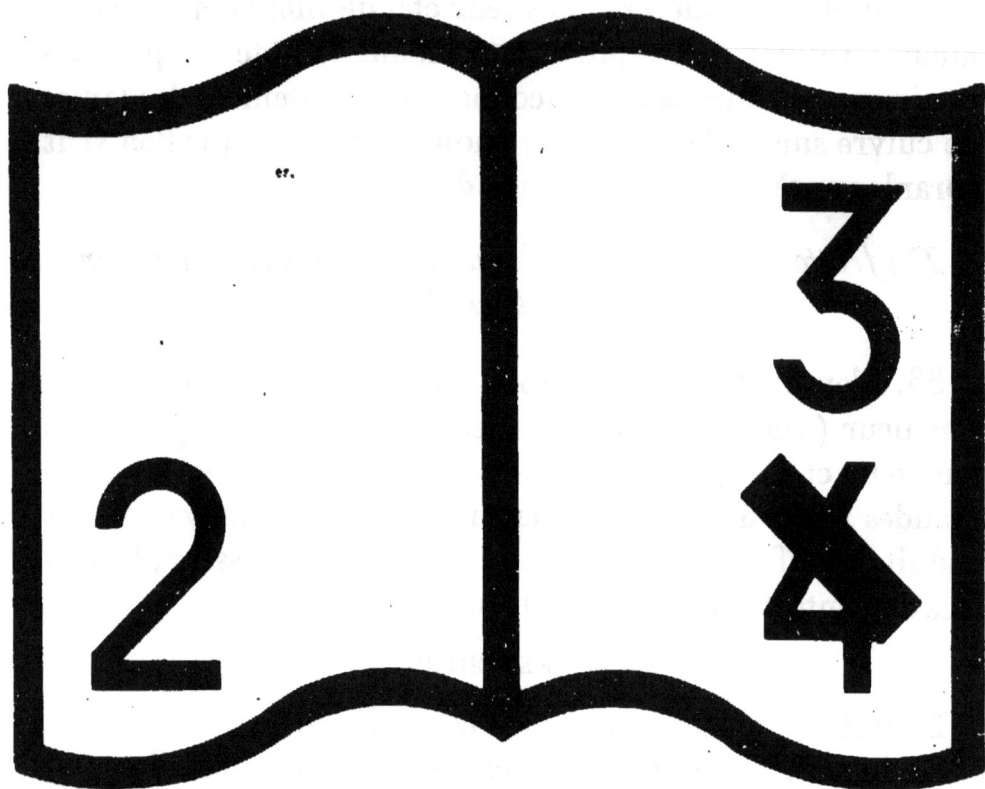

Pagination incorrecte

NF Z 43-120-12

En 10″, sous une traction de. . . . . 150 liv.

Après 3′ de repos. 158

Après 4 heures et 4 jours. 168

Observations sur ces trois expériences.

34. Dans le frottement du fer et du cuivre enduits de suif, l'on observe un accroissement pendant les premiers momens de repos; mais le temps de cet accroissement est court, et l'accroissement peu considérable. Si nous cherchons à déterminer le frottement lorsque la vitesse est insensible, ou lorsque le temps du repos est nul, nous aurons :

XXXIᵉ EXPÉRIENCE. . . . . . $\frac{50}{6}$ 8,33,

XXXIIᵉ EXP. . . . . $\frac{450}{42}$ . . . . 10,7.

XXXIIIᵉ EXP. . . . . $\frac{1650}{150}$ . . . . 11,0.

Dans les deux dernières expériences, quoique les pressions soient entre elles dans un rapport plus grand que celui de 3 $\frac{1}{2}$ à 1, le rapport de la pression au frottement est presque exactement le même. Quant à la différence que l'on trouve entre ce résultat et celui de la trente-unième expérience, où la pression n'est que de 50 livres, elle ne peut être attribuée, comme nous le verrons encore mieux dans la suite, qu'à la cohérence que contractent entre elles les deux surfaces en contact, qui sont ici de 45 pouces carrés. Cette cohérence qui dépend de la nature du suif et de l'étendue des surfaces, se trouve ici d'une livre et demie; elle est constante dans les trois expériences où la surface ne varie pas; ainsi en la retranchant du frottement, l'on trouve :

$$\text{XXXI}^e \text{ EXPÉRIENCE corrigée...} \quad \frac{50}{4\frac{1}{2}} \dots\dots \text{ 11,1.}$$

$$\text{XXXII}^e \text{ EXP.} \dots\dots\dots \quad \frac{450}{40\frac{1}{2}} \dots\dots \text{ 11,1.}$$

$$\text{XXXIII}^e \text{ EXP.} \dots\dots\dots \quad \frac{1650}{148\frac{1}{2}} \dots\dots \text{ 11.}$$

Le rapport de la pression au frottement est donc exactement le même, et l'étendue des surfaces n'y influe nullement; c'est ce que nous trouverons confirmé par toutes les expériences que nous détaillerons dans la suite, et même par celles sur le frottement des axes, dans lesquelles nous verrons que, quoique les surfaces de contact soient réduites aux plus petites dimensions possibles, le rapport de la pression au frottement y est comme ici de 11 à 1.

35. Si l'on cherche, d'après nos trois dernières expériences, le rapport de la pression au frottement, lorsque ce dernier est parvenu, par le repos, à sa limite, en retranchant une livre et demie pour la cohérence, comme nous avons fait à la fin de l'article précédent, nous aurons pour ce rapport :

$$\text{XXXI}^e \text{ EXPÉRIENCE corrigée...} \quad \frac{50}{5\frac{1}{2}} \dots\dots \text{ 9,1.}$$

$$\text{XXXII}^e \text{ EXP.} \dots\dots\dots \quad \frac{450}{40\frac{1}{2}} \dots\dots \text{ 9,6.}$$

$$\text{XXXIII}^e \text{ EXP.} \dots\dots\dots \quad \frac{1550}{166\frac{1}{2}} \dots\dots \text{ 9,9.}$$

Les différences que l'on trouve ici entre les trois résultats précédens, sont trop peu considérables pour nous empêcher de conclure que, lorsqu'après un temps de repos suffisant, le frottement a atteint sa limite, il est toujours proportionnel à la pression : ces différences d'ailleurs peuvent dépendre de l'imperfection des opérations; car les forces de traction dans les trente-deux et trente-troisième expériences répétées, ont varié de 5 à 6 livres.

36. Lorsque l'on essuie avec beaucoup de soin les lames de fer et celles de cuivre, et que l'on y met un enduit abondant d'huile d'olive, le frottement paraît atteindre son *maximum* après un instant de repos trop court pour être observé. Il se trouve constamment égal au sixième de la pression : le frottement est moindre dans les mouvemens insensibles, suivant que le suif que l'on a essuyé a pénétré plus ou moins profondément dans les pores du métal.

Lorsqu'au lieu d'huile on se sert d'un enduit de vieux oing, le frottement arrive aussi très rapidement à son *maximum;* il est rarement moindre que le septième de la pression; il augmente en s'approchant du sixième de la pression, à mesure que la consistance du vieux oing diminue.

CHAPITRE II.

Du frottement des surfaces en mouvement.

37. Dans le Chapitre qui précède, nous avons cherché à déterminer la résistance due aux frottemens, lorsque les surfaces ont été en contact pendant quelque temps, et que l'on fait effort pour les tirer de l'état de repos : nous allons actuellement chercher à déterminer le frottement, lorsque les surfaces se meuvent avec une vitesse quelconque.

Nous nous sommes servis ici du même établissement que nous avons décrit dans le Chapitre précédent. L'on doit se rappeler (*fig.* 1 *et* 2) que le madrier dormant sur lequel glisse le traîneau, est de 8 pieds de longueur; que sous la poulie *h*, où est suspendu le plateau de balance qui entraîne le traîneau, nous avons creusé un puits pour que ce plateau pût descendre de 7 à 8 pieds de hauteur. Nous avions d'abord voulu, pour augmenter la course du traîneau, nous servir d'un madrier de 12 pieds de longueur; mais outre la difficulté d'en trouver un de cette dimension, qui n'eût ni nœud ni défaut, nous nous sommes aperçus que le traîneau, chargé de plusieurs milliers, acquérait, dans une course aussi longue, des vitesses, et produisait des chocs qui auraient exigé les plus grandes précautions pour la sûreté des observateurs. L'on verra d'ailleurs que, dans une course de 6 pieds, notre traîneau a eu presque toujours des vitesses plus grandes que celles de toutes les machines qui sont en usage : nous avons même réduit cette course à 4 pieds dans la plupart de nos opérations.

Voici la manière dont les expériences ont été conduites lorsque le traîneau était placé sur le madrier dormant, et qu'il était chargé du poids sous lequel on voulait l'éprouver; l'on chargeait successivement le plateau P de différens poids, et l'on ébranlait le traîneau à petits coups de marteau, ou en le pressant par derrière, au moyen d'un levier qui portait contre un taquet attaché à l'extrémité *ab* du madrier dormant. L'on avait divisé de pouce en pouce, avec beaucoup d'exactitude, le côté du madrier; et l'extrémité du traîneau, dans son mouvement, tenait lieu d'index, et mesurait les espaces parcourus : la durée des mouvemens s'observait au moyen d'un pendule qui battait les demi-secondes. Les ouvriers que j'employais furent bientôt stylés, l'un à compter les vibrations du pendule, l'autre à annoncer par un cri le passage du traîneau à chaque division, tandis que j'écrivais la correspondance des deux mesures.

SECTION PREMIÈRE.

*Du frottement des surfaces en mouvement, glissant l'une
sur l'autre sans aucun enduit.*

Frottement du bois de chêne.

38. Le traîneau de bois de chêne dont je me suis servi
dans les trois expériences suivantes, avait 3 pieds de longueur; on l'avait fait glisser une vingtaine de fois sur le
madrier dormant, sous une pression de 10 quintaux, pour
augmenter le poli du bois; la surface de contact était de
3 pieds carrés, ou de 432 pouces.

PREMIÈRE EXPÉRIENCE.

Le traîneau chargé, son poids compris, de 74 liv.

Premier Essai. Le traîneau est mené d'un mouvement
lent mais incertain, s'accélérant et s'arrêtant quelquefois
sous une traction de. . . . . 12 liv.

IIᵉ Essai. Avec une traction de 14 livres, il a parcouru les
deux premiers pieds en $\frac{7}{2}''$, les deux derniers en $\frac{5}{2}''$.

IIᵉ EXPÉRIENCE.

Le traîneau chargé, son poids compris, de 874 liv.

Iᵉʳ Essai. Sous une traction de 94 livres, le traîneau ébranlé
prend un mouvement lent et incertain; l'on a eu une fois les
deux premiers pieds en $\frac{2\,9}{2}''$, les deux autres en $\frac{1\,9}{2}''$.

IIᵉ Essai. Sous une traction de 105 livres, les deux premiers pieds en $\frac{6}{2}''$, les deux suivans en $\frac{3}{2}''$.

IIIᵉ EXPÉRIENCE.

Le traîneau chargé, son poids compris, de 2474 liv.

Iᵉʳ Essai. Le mouvement commence en ébranlant le traîneau avec une traction de 250 livres; mais il est lent et incertain.

IIe Essai. Avec une traction de 270 livres, les deux premiers pieds en $\frac{8}{2}''$, les deux autres en $\frac{5}{4}''$.

Continuation des mêmes expériences pour une surface de contact de 36 pouces.

39. Dans les trois expériences qui vont suivre, l'on a cherché à réduire les surfaces de contact à de plus petites dimensions que dans les précédentes : l'on s'est servi d'un traîneau de 15 pouces de longueur, sous lequel l'on a cloué deux règles de 15 lignes de large, arrondies aux extrémités pour y placer les clous. La surface de contact était de 36 pouces carrés.

IVe EXPÉRIENCE.

Le traîneau chargé, son poids compris, de 47 liv.

Ier Essai. Le traîneau a été mené par une traction de 5 liv., d'un mouvement lent, mais à peu près uniforme. L'on a observé la marche du traîneau pendant 2′, à raison de 6 pouces en 25″.

IIe Essai. Il y a eu des variétés dans le mouvement sous tous les degrés de traction au-dessous de 9 livres; mais avec une traction de 9 livres, le traîneau a parcouru les deux premiers pieds en $\frac{\cdot}{2}''$, les deux suivans en $\frac{1}{2}''$.

Ve EXPÉRIENCE.

Le traîneau chargé, son poids compris, de 447 liv.

Ier Essai. Avec une traction de 45 livres, si l'on imprime une vitesse d'un pied par seconde au traîneau, il continue à se mouvoir, et même s'accélère; mais sous une moindre vitesse il s'arrête, s'ébranle; il ne commence à se mouvoir qu'avec une traction de 50 livres.

IIe Essai. Seulement ébranlé avec 54 livres de traction, il parcourt les deux premiers pieds en $\frac{6}{2}''$, les deux autres en $\frac{3}{2}''$.

VIe EXPÉRIENCE.

Le traîneau chargé, son poids compris, de 1647 liv.

Ier Essai. Ébranlé sous une traction de 166 livres, les deux premiers pieds en $\frac{11}{2}''$, les deux autres en $\frac{5}{2}''$.

IIe Essai. Avec une traction de 172 livres, 2 pieds en $\frac{9}{2}''$, 2 pieds en $\frac{4}{2}''$.

Continuation des mêmes expériences; les surfaces de contact réduites aux plus petites dimensions possibles.

40. L'on a voulu, dans les expériences qui vont suivre, déterminer le frottement pour les surfaces réduites aux plus petites dimensions possibles; l'on a en conséquence taillé en angle un peu arrondi le dessous des règles qui portaient le traîneau (*fig.* 4) dans l'article précédent; en sorte que la surface de contact se trouvait réduite à un angle qui s'aplatissait un peu sous les pressions.

VIIe EXPÉRIENCE.

Le traîneau chargé, son poids compris, de 47 liv.

Ier Essai. Avec une traction de 4 livres et demie, les deux premiers pieds ont été parcourus en $\frac{15}{2}''$, les deux autres en $\frac{6}{2}''$.

IIe Essai. Avec une traction de 6 livres et demie, les deux premiers pieds ont été parcourus en $\frac{3}{2}''$, les deux autres en $\frac{2}{2}''$.

VIIIe EXPÉRIENCE.

Le traîneau chargé, son poids compris, de 447 liv.

Ier Essai. Avec une force de traction de 36 livres, si l'on donne au traîneau un mouvement primitif de 5 ou 6 pouces par seconde, il continue à se mouvoir, et même paraît s'accélérer; si on lui donne une vitesse moindre, il s'arrête.

IIe EssAI. Avec une traction de 41 livres et un simple ébranlement, le traîneau parcourt les deux premiers pieds en $\frac{8}{2}''$, les deux suivans en $\frac{3}{2}''$.

IXe EXPÉRIENCE.

Le traîneau chargé, son poids compris, de 847 liv.

Ier EssAI. Avec une traction de 60 livres, le traîneau continue à se mouvoir; si on lui donne une vitesse primitive de 7 à 8 pouces par seconde, il s'arrête sous de moindres vitesses.

IIe EssAI. Si l'on ne fait qu'ébranler ou que donner une vitesse insensible au traîneau, il parcourt, avec une traction de 68 livres, les deux premiers pieds en $\frac{8}{2}''$, les deux autres en $\frac{2}{2}''$.

Observations sur ces expériences.

41. Dans les neuf expériences qui précèdent, après avoir ébranlé ou seulement imprimé une vitesse insensible au traîneau, l'on a toujours eu soin d'observer le mouvement pendant une course de 4 pieds de longueur, divisée en deux parties égales de 2 pieds chacune : dans ce mouvement, il a paru qu'en général les deux premiers pieds ont été parcourus dans un temps un peu plus que double des deux derniers. Or, lorsqu'un corps est mis en mouvement par une puissance constante, et que le mouvement est uniformément accéléré, deux espaces égaux sont consécutivement parcourus dans des temps qui sont entre eux à peu près comme 100 est à 42; ainsi, notre traîneau a parcouru sa course de 4 pieds, d'un mouvement à peu près uniformément accéléré; ainsi, comme il était mené par un poids constant, il fallait que la force retardatrice du frottement fût aussi une quantité constante : conséquem-

6

ment elle est à peu près la même sous tous les degrés de vitesse.

42. Il y a cependant deux remarques à faire : lorsque les surfaces sont très étendues relativement aux pressions, pour lors le frottement paraît augmenter avec les vitesses. Mais, lorsque les surfaces sont très petites relativement aux pressions, le frottement diminue à mesure que les vitesses augmentent; c'est ainsi que, dans la dernière expérience, il fallait une moindre force de traction pour continuer à faire mouvoir le traîneau, lorsqu'en le poussant on lui avait imprimé une vitesse de 7 à 8 pouces par seconde, que lorsqu'on s'était contenté de l'ébranler; mais comme le poids que l'on trouve pour vaincre le frottement, lorsque le traîneau a déjà une vitesse de 7 pouces par seconde, diffère très peu de celui qui est nécessaire pour lui faire continuer son mouvement, lorsqu'on ne fait que l'ébranler, il paraît que, dans tous les cas de pratique, l'on peut regarder le frottement comme étant indépendant du degré de vitesse. Pour confirmer cette remarque, nous allons calculer le frottement dans le traîneau en mouvement, d'après le deuxième essai de chacune des expériences qui précèdent, en regardant le frottement comme une quantité constante.

43. Soit la force qui tire le traîneau, ou, ce qui revient au même, le poids dans le plateau de la balance, le plateau compris. . . . . **A.**

Soit la résistance due au frottement. . . . . **F.**

Le temps observé pendant que le traîneau parcourt les quatre pieds. . . . . **T.**

La force de la gravité. . . . . $g = \dfrac{30 \text{ pieds}}{1''}$.

Les poids du traîneau et du plateau de balance réunis. . . . . **M.**

Puisque la force de traction est constante, si l'on suppose le frottement indépendant de la vitesse, nous aurons. . . . . $A - F = \dfrac{2.4 \, \text{pieds} \, M}{30. \, T^2}$.

Il faut, dans l'usage de cette formule, ajouter à la quantité M un poids de 7 livres, pour représenter la partie de la résistance due à l'accélération du mouvement de rotation de la poulie, qui a 12 pouces de diamètre, et qui pèse 14 livres. En comparant cette formule avec le deuxième essai de chacune de nos expériences, nous trouverons, en négligeant les fractions de livres,

SURFACE DE CONTACT, 3 pieds.	Iʳᵉ EXPÉRIENCE. IIᵉ ESSAI. A—F=	1 liv.	d'où $\dfrac{\text{Pression}}{\text{Frottement}}$	$\dfrac{74}{13}$ =	5,7.
	IIᵉ EXP.	13		$\dfrac{874}{92}$ …	9,50.
	IIIᵉ EXP.	17		$\dfrac{2474}{253}$ …	9,77.
SURFACE DE CONTACT, 36 pouces.	IVᵉ EXP.	4		$\dfrac{47}{5}$ …	9,4.
	Vᵉ EXP.	7		$\dfrac{447}{49}$ …	9,1.
	VIᵉ EXP.	12		$\dfrac{1647}{160}$ …	10,3.
SURFACE DE CONTACT, nulle.	VIIᵉ EXP.	2		$\dfrac{47}{4\frac{1}{2}}$ …	10,4.
	VIIIᵉ EXP.	5		$\dfrac{447}{36}$ …	12,4.
	IXᵉ EXP.	10		$\dfrac{847}{58}$ …	14,6.

Pour pouvoir présenter sous le même point de vue les six premières expériences, il faut réduire les surfaces comprimées à une surface moyenne d'un pied carré, dont chaque point éprouverait la même compression qu'il éprouve dans les expériences; ainsi, comme dans les trois premières la surface de contact est de 3 pieds carrés, chaque pied n'éprouve que le tiers de la pression : dans les trois expériences suivantes, la surface de contact est de 36 pouces carrés, ou d'un quart de pied; ainsi, un pied carré dont chaque pouce ou chaque partie égale serait comprimé comme dans ces expériences, devrait être chargé d'un poids quadruple.

Frottement d'une surface d'un pied carré, chargé des pressions suivantes.

	Pression	
Ire EXPÉRIENCE. IIe ESSAI. Pression. 25 liv.	$\frac{\text{Pression}}{\text{Frottement}}$	5,7.
IVe EXP............................. 188	....	9,4.
IIe EXP............................. 291	....	9,5.
III$_c$ EXP............................. 825	....	9,4.
V$_e$ EXP............................. 1788	....	9,2.
VIe EXP............................. 6588	....	10,4.

44. Les tables qui précèdent nous présentent plusieurs remarques qui doivent nous diriger dans l'évaluation du frottement du chêne glissant sur lui-même.

Première remarque. Si nous comparons le frottement calculé d'après le deuxième essai de chaque expérience, nous trouverons qu'à 2 ou 3 livres près, il est le même que celui que nous avons eu dans le premier essai, en imprimant une vitesse insensible au traîneau. Dans le deuxième essai, le traîneau a souvent parcouru sa course de 4 pieds en 4 ou 5 secondes, mouvement plus rapide que celui des points de contact de toutes les machines en usage : ainsi, puisque le frottement, calculé d'après ce degré de mouvement, se trouve le même que celui qui a été observé lorsque la vitesse était insensible; puisque, d'ailleurs, nous avons observé que le traîneau se meut d'un mouvement uniformément accéléré, nous pouvons conclure que la vitesse n'influe point sur le frottement, et qu'il est, dans tous les cas, une quantité constante.

Deuxième remarque. Si l'on examine la table qui précède, l'on trouvera que, depuis 188 jusqu'à 1788 livres de pression sur un pied carré, le frottement se trouve constamment un peu plus du neuvième de la pression, quoique les pressions soient très différentes : si l'on compare même la quatrième et la sixième expérience, l'on ne trouvera qu'un dixième de différence pour les nombres qui expriment, dans ces deux expériences, le rapport de la pression au frottement; quoique les pressions soient entre elles comme 35 est à 1. Ainsi, toutes les fois que, dans la pratique, un pied carré de chêne éprouvera une pression depuis deux quintaux jusqu'à quatre ou cinq milliers, l'on pourra prendre $9\frac{1}{2}$ à 1 pour le rapport de la pression au frottement.

Troisième remarque. Lorsque la pression n'est que de 25 livres pour un pied carré, pour lors la pression est au frottement comme 5,7 est à 1, et la vitesse croissant, le frottement augmente. Ces deux variétés ne peuvent venir que d'une cause étrangère au frottement, et dépendante de l'étendue des surfaces : les surfaces, par leur rapprochement, ou peuvent contracter une cohérence entre elles, ou, ce qui est plus probable, elles sont couvertes d'un duvet qui se pénètre avec la plus grande facilité, mais qu'il faut plier ensuite dans le mouvement des surfaces : la résistance produite par ce duvet est indépendante des cavités et des pointes solides qui s'engrènent mutuellement, et qui occasionnent les frottemens proportionnels aux pressions. Il y a donc une résistance, dans le frottement des surfaces, indépendante du degré de pression, et proportionnelle à l'étendue du duvet ou à l'étendue des surfaces : si c'est là en effet ce qui augmente la loi du frottement sous de petites pressions, il doit arriver que la vitesse augmentant, le frottement doit aussi augmenter, puisque, sous une grande vitesse, l'on pliera un plus grand nombre de ces parties : or, c'est ce que l'expérience confirme; il sera très facile de trouver pour combien l'étendue des surfaces entre dans les frottemens. L'expérience première donne, pour une surface de 3 pieds carrés, pressée de 74 livres, un frottement de 13 livres; or, si le frottement avait été le $9^e \frac{1}{2}$ de la pression, comme dans les expériences qui suivent, nous aurions dû trouver à peu près 8 livres au lieu de 13 livres : ainsi, les cinq livres de différence sont dues à l'étendue des surfaces; et la résistance qui vient, soit de la cohérence des surfaces, soit, ce qui est plus probable, d'un petit duvet qui les couvre, est une quantité indépendante des pressions, et égale à 1 livre $\frac{2}{3}$ par pied carré : cette petite quantité constante, qui augmente le frottement dans la première expérience, n'est pas sensible dans les autres.

Quatrième remarque. (*) Lorsque les surfaces de contact sont réduites, comme dans les expériences 7, 8 et 9, aux plus petites dimensions possibles, et que le traîneau ne porte que par deux angles comprimés sur le madrier dormant, l'on trouve pour lors que le frottement diminue relativement aux pressions à mesure que l'on augmente les pressions : l'on

---

(*) Lorsque nous disons que les surfaces de contact sont réduites aux plus petites dimensions, il ne faut pas les croire nulles. Dans les bois qui sont très compressibles, les surfaces de contact s'étendent proportionnellement à une loi des pressions. En mesurant l'empreinte laissée par le mouvement du traîneau sur le madrier dormant, nous l'avons trouvée, pour une pression de 2000 livres, de $5\frac{1}{2}$ lignes de largeur, ce qui donne, pour la longueur du traîneau, près de 12 pouces carrés de surface de contact. Nous l'avons trouvée de 3 lignes pour une pression de 500 livres; en général, il nous a paru que ces surfaces sont comme la racine carrée des pressions.

trouve aussi que le frottement diminue à mesure que l'on augmente les vitesses : voici, ce me semble, l'explication de ce phénomène. Tant que les cavités de la surface du bois sont assez grandes pour recevoir librement les pointes dont la surface correspondante est hérissée, le rapport de la pression au frottement est une quantité constante qui se mesure par l'inclinaison mutuelle des parties qui n'ont pas encore changé de figure; c'est le cas de nos cinq premières expériences. Mais, dès que les pressions deviennent énormes, les surfaces se dénaturent, les cavités diminuent, les pointes deviennent plus obtuses, et ne pénètrent plus que difficilement dans les cavités : l'inclinaison des parties changeant à mesure que l'on augmente les pressions, et le diamètre des cavités devenant moindre que celui des pointes, il doit en arriver une diminution de frottement relativement à l'augmentation de pression et à l'augmentation de vitesse. Toute cette théorie sera développée plus en détail à la fin de cette première partie, lorsque nous chercherons à déterminer la cause des variétés que l'on éprouve dans les différens genres de frottemens.

Du frottement des bois de chêne glissant à sec, et le fil du bois se recoupant à angle droit.

45. Au lieu d'attacher, comme dans les expériences précédentes, deux règles de chêne de 18 lignes de largeur suivant la longueur du traîneau, on les attache en travers aux extrémités de ce traîneau : le recoupement de chaque règle avec le madrier dormant était d'un pied de longueur, et la surface de contact se trouvait de 36 pouces carrés.

Surface de contact de 36 pouces.

Xᵉ EXPÉRIENCE.

Le traîneau chargé, son poids compris, de 47 liv.

Ier Essai. Le traîneau, tiré par un poids de 5 livres, a parcouru les deux premiers pieds en $\frac{8}{2}''$, les deux autres en $\frac{4}{2}''$.

XIe EXPÉRIENCE.

Le traîneau chargé, son poids compris, de 147 liv.

Ier Essai. Tiré par un poids de 15 livres, le traîneau a parcouru les deux premiers pieds en $\frac{9}{2}''$, les deux autres en $\frac{5}{2}''$.

XIIe EXPÉRIENCE.

Le traîneau chargé, son poids compris, de 447 liv.

Ier Essai. Le traîneau, tiré par un poids de 51 livres, a parcouru les deux premiers pieds en $\frac{6}{2}''$, les autres en $\frac{4}{2}''$.

XIIIe EXPÉRIENCE.

Le traîneau chargé, son poids compris, de 847 liv.

Ier Essai. Tiré par un poids de 97 livres, les deux premiers pieds ont été parcourus en $\frac{7}{2}''$, les deux derniers en $\frac{3}{2}''$.

Continuation des mêmes expériences pour une surface de contact nulle.

46. L'on a taillé en coin, en arrondissant un peu l'angle, le dessous des deux règles fixées au traîneau dans les quatre dernières expériences; en sorte que la surface de contact se trouvait réduite à des angles arrondis.

XIVe EXPÉRIENCE.

Le traîneau chargé, son poids compris, de 47 liv.

Ier Essai. Le traîneau tiré par un poids de 5 livres, les deux premiers pieds en $\frac{9}{2}''$, les deux autres en $\frac{5}{2}''$.

XVe EXPÉRIENCE.

Le traîneau chargé, son poids compris, de 447 liv.

Ier Essai. Le traîneau, mené par une traction de 48 livres, deux pieds en $\frac{21}{2}''$, les deux derniers pieds en $\frac{10}{2}''$.

IIe Essai. Mené par une traction de 58 livres, deux pieds en $\frac{5}{2}''$, les deux suivans en $\frac{2}{2}''$.

XVIe EXPÉRIENCE.

Le traîneau chargé, son poids compris, de 1647 liv.

Ier Essai. Le traîneau mené par 160 livres, les deux premiers pieds en $\frac{20}{2}''$, les deux suivans en $\frac{14}{2}''$.

IIe Essai. Mené par 172 livres, deux pieds en $\frac{8}{2}''$, les deux suivans en $\frac{5}{2}''$.

Observations sur ces expériences.

46. Les résultats de ces six expériences sont analogues à ceux que nous avons trouvés, en déterminant le frottement du chêne glissant suivant son fil de bois : les deux premiers pieds de la course du traîneau sont encore parcourus ici dans un temps à peu près double des deux derniers; conséquemment, puisque la force qui accélère le traîneau est une quantité constante, la force retardatrice du frottement sera aussi une quantité constante, et le plus ou moins de vitesse n'influera pas sur cette force. Si nous comparons le deuxième essai de chaque expérience, avec la formule $A - F = \frac{8}{30} \cdot \frac{M}{T^2}$ que nous avons expliquée dans les articles qui précèdent, nous pourrons former la table suivante.

Table du frottement calculé d'après le deuxième essai de chaque expérience.

	Frottement calculé.		Pression / Frottement	
SURFACE DE CONTACT, de 36 pouces. { Xe EXPÉRIENCE......		4 liv. $\frac{1}{2}$		$\frac{47}{4\frac{1}{2}}$ = 10,4.
XIe EXP................ 14			....	$\frac{147}{14}$... 10,5.
XIIe EXP................ 46			....	$\frac{447}{46}$... 9,9.
XIIIe EXP................ 87			....	$\frac{847}{87}$... 9,8.

7

SURFACE de dimension linéaire.		Frottement calculé.		Pression / Frottement		
	XIVe EXPÉRIENCE......	4 liv. $\frac{1}{2}$			$\frac{47}{4\frac{1}{2}} = 10,4.$	
	XVe EXP.................	47	....		$\frac{447}{47}$ ...	9,5.
	XVIe EXP...............	161	....		$\frac{1647}{161}$ ...	10,2.

47. Dans la table qui précède, les quatre premières expériences ont été exécutées avec des surfaces de 36 pouces carrés. Dans les trois suivantes, le traîneau portait sur deux angles arrondis, et la surface de contact était réduite aux plus petites dimensions possibles : les pressions ont varié, dans ces différentes expériences, à peu près comme 35 à 1. Malgré cette différence de pression, l'on a toujours trouvé, pour le module qui mesure le rapport de la pression au frottement, une quantité constante égale moyennement à 10. Ce module ne diffère que très peu de $9\frac{4}{10}$ que nous avons trouvé pour le rapport de la pression au frottement, lorsque le chêne glissait suivant son fil de bois, et que les surfaces de contact n'étaient point dénaturées par des pressions énormes.

48. Mais il y a ici deux remarques bien intéressantes à faire, qui distinguent parfaitement le frottement des bois glissant dans le sens de leur fil, d'avec ce frottement, lorsque, dans le mouvement du traîneau, le fil du bois est posé à angle droit. Nous avons vu, *article* 44, que le rapport de la pression au frottement est une quantité constante, lorsque le bois glisse suivant son fil, tant que les pressions ne sont point énormes relativement à l'étendue des surfaces de contact; mais nous avons trouvé en même temps que lorsque la surface de contact est réduite à un angle arrondi, non-seulement le frottement diminue sensiblement, relativement aux pressions, mais qu'il diminue aussi très sensiblement en augmentant les vitesses. Ces deux effets n'ont pas

lieu lorsque les bois glissent l'un sur l'autre, le fil du bois se recroisant à angle droit, quoique la surface de contact soit réduite à des dimensions angulaires. Les sept expériences qui précèdent nous montrent clairement que, quelque différence qu'il y eût entre les pressions et entre l'étendue des surfaces, le nombre qui mesure le rapport de la pression au frottement a toujours resté une quantité constante; d'un autre côté, j'ai constamment éprouvé, dans les trois dernières expériences où le traîneau portait sur deux angles, que quelque vitesse primitive qu'on lui imprimât, si le poids qui le tire n'est pas égal à celui qui est nécessaire pour lui donner un mouvement continu lorsqu'on lui imprime une vitesse insensible, cette vitesse primitive diminue rapidement, et le traîneau s'arrête : cette différence entre ces deux espèces de frottement qui, au premier coup-d'œil, peut paraître embarrassante, s'explique cependant très facilement. Lorsque les règles taillées en coin glissent selon le fil du bois, chaque point du madrier dormant, saisi par l'extrémité des règles, reste comprimé ensuite tout le temps que le traîneau emploie à parcourir sa longueur : comme le traîneau a 15 pouces de longueur, si le mouvement est, par exemple, de 15 pouces en 4 secondes, chaque point du madrier sera comprimé pendant 4 secondes. Ainsi, quoique les inégalités des surfaces, à cause de leur cohérence mutuelle, opposent une certaine résistance au changement de figure que leur fait prendre la compression, ce temps de 4 secondes est suffisant pour dénaturer et condenser en partie ces surfaces; par conséquent, lorsque le traîneau, soutenu sur des angles arrondis, glissera selon le fil du bois, le frottement sera proportionnellement moindre sous les grandes que sous les petites pressions : mais lorsque les règles taillées en coin sont posées (*fig.* 5) par le travers du traîneau, pour lors le traîneau étant en mouvement, chaque point du madrier dormant ne reste comprimé qu'un instant, qui est celui du passage de l'angle. Cet instant n'est pas assez long pour fléchir sensiblement les inégalités des surfaces ; le frottement doit donc se trouver le même ici que lorsque les surfaces ont une étendue finie, puisque, dans l'un et l'autre cas, les inégalités ne changeant de figure que d'une quantité insensible, elles doivent se pénétrer librement.

Nous allons actuellement passer aux frottemens de quelques autres espèces de bois, pour les comparer avec le chêne.

Des frottemens de différentes espèces de bois glissant suivant le fil du bois.

49. Nous ne répéterons pas ici des détails où nous sommes déjà entrés pour déterminer le frottement du chêne sur lui-même : dans les expériences qui vont suivre, la surface de contact était de 48 pouces.

Chêne et sapin.

XVIIᵉ EXPÉRIENCE.

Le traîneau chargé, son poids compris, de 47 liv.

Ébranlé, ne commence à se mouvoir d'un mouvement lent que sous une traction de. . . . . 7 liv. $\frac{1}{2}$

XVIIIᵉ EXPÉRIENCE.

Le traîneau chargé, son poids compris, de 447 liv.

Ébranlé, ne commence à se mouvoir que sous une traction de. . . . . 72 liv.

XIXᵉ EXPÉRIENCE.

Le traîneau chargé, son poids compris, de 847 liv.

Ébranlé, n'a commencé à se mouvoir que sous une traction de. . . . . 130 liv.

OBSERVATIONS.

50. Pour peu que l'on augmente les tractions rapportées dans les expériences qui précèdent, le traîneau prend un mouvement uniformément accéléré, dû à l'augmentation de traction ; ainsi, le frottement est constant et ne dépend point de la vitesse. Si, d'après les trois expériences qui précèdent, nous cherchons le rapport de la pression au frottement, nous trouverons :

	Pression.	Frottement.	Rapport de la pression au frottement.
XVIIᵉ EXPÉRIENCE......	47..........	7 liv. ½..........	6,3.
XVIIIᵉ EXP.............	447..........	72	6,2.
XIXᵉ EXP.............	847..........	130	6,5.

Le rapport donné, dans ces trois expériences, de la pression au frottement, se trouvant constamment le même, nous en tirerons des conséquences analogues à celles des articles qui précèdent.

51. Par beaucoup d'expériences du même genre, qu'il est inutile de détailler, nous avons trouvé le rapport de la pression au frottement :

> Pour le sapin contre sapin. . . . . 6 à 1.
> Pour l'orme contre l'orme. . . . . 10 à 1.

L'on a fait une remarque en faisant glisser le bois d'orme sur lui-même : c'est que ce bois, qui paraît au tact très velouté, donne, sous les petites pressions, un frottement qui augmente sensiblement avec les vitesses ; ainsi, en soumettant à l'expérience une surface de 48 pouces carrés, l'on trouve qu'avec une pression de 47 livres, une traction de 5 livres produit une vitesse constamment uniforme d'un pied en 25″ ; qu'avec 6 livres de traction, la vitesse devient uniforme d'un pied en 15″ ; mais avec une traction de 9 livres, les espaces parcourus paraissent s'accélérer uniformément, les deux premiers pieds en $\frac{6}{2}''$, les deux autres en $\frac{3}{2}''$: sous une pression de 1647 livres, l'on ne peut produire que rarement de petites vitesses uniformes, et le rapport de la pression au frottement est constamment sous tous les degrés de vitesse, comme 10 à 1. La nature de l'orme, qui paraît au toucher très velouté, lui fait produire ici avec une surface de 48 pouces de contact un effet qui n'est sensible, dans le frottement des bois de chêne, qu'avec des surfaces de plusieurs pieds carrés.

Du frottement des bois et des métaux.

52. Dans les expériences qui précèdent, nous venons de voir que le rapport de la pression au frottemment est toujours à peu près une quantité constante, et que le plus ou moins de vitesse ne l'augmente ni le diminue. La nature paraît ici suivre une autre marche, et le frottement augmente avec la vitesse de la manière la plus sensible.

Frottement du fer et du chêne.

53. Sous le traîneau de 15 pouces de longueur, l'on a placé (*fig.* 6) deux règles de fer de 18 lignes de largeur, et de 15 pouces de longueur, saisissant le traîneau à leurs extrémités par des retours d'équerre. Tous les angles et arêtes ont été arrondis pour qu'elles n'écorchassent point les bois : l'on a fait ensuite glisser le traîneau armé de deux règles de fer le long du madrier dormant, et l'on a remarqué les temps successifs de sa marche; mais comme l'on s'est aperçu tout de suite que, soit que le traîneau glisse naturellement, soit qu'on lui imprime une grande vitesse, après un ou deux pieds de marche, il prend une vitesse uniforme, l'on s'est contenté d'observer le mouvement lorsqu'il a été réduit à l'uniformité : la surface de contact est de 45 pouces.

XXe EXPÉRIENCE.

Le traîneau chargé, son poids compris, de 53 liv.

Ier Essai. Le traîneau ne commence à se mouvoir que sous une traction de 4 liv. $\frac{1}{2}$, et il prend une vitesse uniforme d'un pied en 264″.

IIe Essai. Avec une traction de 6 liv. $\frac{1}{2}$, il parcourt uniformément un pied en $\frac{6″}{2}$.

IIIe Essai. Traction, 9 liv., il parcourt uniformément un pied en $\frac{3″}{4}$.

XXIe EXPÉRIENCE.

Le traîneau chargé, son poids compris, de 453 liv.

Ier ESSAI. 35 liv. de traction, il parcourt un pied d'un mouv. uniforme en $\frac{264″}{2}$.

IIe ESSAI. 44 .... $\frac{24}{2}$.

IIIe ESSAI. 53 .... $\frac{13}{2}$.

IVe ESSAI. 65 .... $\frac{5}{2}$.

Ve ESSAI. 78 .... $\frac{2}{2}$.

XXIIe EXPÉRIENCE.

Le traîneau chargé, son poids compris, de 853 liv.

Un pied parcouru uniformément.

Ier ESSAI. Traction...... 67 liv. dans un temps lent et incertain.

IIe ESSAI.............. 80 .... $\frac{80″}{2}$.

IIIe ESSAI.............. 105 .... $\frac{20}{2}$.

IVe ESSAI.............. 130 .... $\frac{5}{2}$.

Ve ESSAI.............. 155 .... $\frac{2}{2}$.

XXIII⁰ EXPÉRIENCE.

Le traîneau chargé, son poids compris, de 1653 liv.

Un pied parcouru uniformément.

Iᵉʳ ESSAI. Force de traction. 125 liv.	dans un temps lent et incertain.	
IIᵉ ESSAI................. 135	....	1320″.
IIIᵉ ESSAI............... 160	....	$\frac{148}{2}$.
IVᶜ ESSAI............... 185	....	$\frac{44}{2}$.
Vᵉ ESSAI............... 210	....	$\frac{18}{2}$.
VIᵉ ESSAI............... 235	....	$\frac{5}{2}$.
VIIᵉ ESSAI............... 260	....	$\frac{2}{2}$.

Continuation des mêmes expériences.

54. L'on a voulu voir si, en mettant le fil du bois en travers, et réduisant aux plus petites dimensions possibles les surfaces de contact, l'on trouverait le même résultat que dans l'expérience qui précède. L'on a ôté les deux règles de fer de dessous le traîneau, l'on y a substitué deux règles de chêne taillées en coin et attachées aux extrémités du traîneau, comme à la (*fig.* 5), le fil du bois se recoupant à angle droit : l'on a ensuite attaché sur le madrier dormant deux grandes règles de fer dressées et polies avec le plus grand soin; alors l'on a fait glisser le traîneau, qui ne portait sur les règles de fer que par les angles arrondis des règles de chêne.

XXIVᵉ EXPÉRIENCE.

Le traîneau est chargé, tout compris, de 1653 liv.

Un pied parcouru uniformément.

1ᵉʳ ESSAI. Force de traction. 115 liv. dans......... 476″.

IIᵉ ESSAI............... 135 .... $\frac{440}{2}$.

IIIᵉ ESSAI............... 160 .... $\frac{260}{2}$.

IVᵉ ESSAI............... 185 .... $\frac{96}{2}$.

Vᵉ ESSAI............... 210 .... $\frac{30}{2}$.

VIᵉ ESSAI............... 235 .... $\frac{13}{2}$.

VIIᵉ ESSAI............... 260 .... $\frac{5}{2}$.

Frottement du cuivre glissant sans enduit sur le bois de chêne, suivant le fil du bois.

55. L'on a fixé, sous le madrier de 15 pouces de longueur, deux règles de cuivre des mêmes dimensions que les règles de fer (*fig.* 6) des expériences 20, 21. L'on a fait ensuite glisser le traîneau sur le madrier dormant de la même manière que dans ces expériences : la surface de contact était de 45 pouces.

XXVᵉ EXPÉRIENCE.

Le traîneau est chargé, tout compris, de 50 liv.

Un pied parcouru uniformément.

1ᵉʳ ESSAI. Force de traction. 2 liv.½ dans......... 288″.

IIᵉ ESSAI............... 3 ½ .... 88.

IIIᵉ ESSAI............... 4 ½ .... 28.

IVᵉ ESSAI............... 6 ½ .... $\frac{5}{2}$.

Vᵉ ESSAI............... 9 ½ .... $\frac{4}{6}$.

8

XXVIe EXPÉRIENCE.

Le traîneau chargé, tout compris, de 450 liv.

Un pied parcouru uniformément.

Ier ESSAI. Force de traction. 23 liv. dans............	1440″.
IIe ESSAI............... 28	....	360.
IIIe ESSAI............... 33	....	200.
IVe ESSAI............... 43	....	$\frac{80}{2}$.
Ve ESSAI............... 53	....	$\frac{16}{2}$.
VIe ESSAI............... 65	....	$\frac{3}{2}$.
VIIe ESSAI............... 78	....	$\frac{5}{6}$.

XXVIIe EXPÉRIENCE.

Le traîneau chargé, tout compris, de 850 liv.

Un pied parcouru uniformément.

Ier ESSAI. Force de traction....... 42 liv. dans un temps lent et incertain.
IIe ESSAI............... 67	....	180″.
IIIe ESSAI............... 80	....	$\frac{128}{2}$.
IVe ESSAI............... 105	....	$\frac{24}{2}$.
Ve ESSAI............... 130	....	$\frac{6}{2}$.
VIe ESSAI............... 155	....	$\frac{5}{6}$.

OBSERVATIONS.

56. Nous avons à comparer ici les frottemens sous différentes pressions et sous différens degrés de vitesse. Nous allons commencer par les essais où la vitesse était insensible : dans les expériences (20, 21, 22 et 23), où les lames de fer glissent à sec, suivant le fil du bois, sur le madrier dormant, la surface de contact étant de 45 pouces, nous avons, pour les vitesses insensibles, le rapport de la pression au frottement :

	Pression.	Frottement.	Rapport de la pression au frottement avec vitesse insensible.
XXe EXP. Ier ESSAI.	53 liv.	4 liv. $\frac{1}{2}$	$\frac{53}{4\frac{1}{2}}$ .... 11,8.
XXIe. EXP. Ier ESSAI.	453	35	$\frac{453}{35}$ .... 12,9.
XXIIe EXP. Ier ESSAI.	853	67	$\frac{853}{67}$ .... 12,7.
XXIIIe EXP. Ier ESSAI.	1653	125	$\frac{1653}{125}$ .... 13,2.

Le rapport de la pression au frottement, donné dans ces quatre expériences, est une quantité qui augmente très peu, malgré les différences considérables des pressions; il paraît donc certain, d'après ces expériences, que, pour le premier degré de vitesse, le frottement du bois de chêne et des lames de fer est à peu près le treizième de la pression.

57. Si l'on cherche actuellement à déterminer le rapport de la pression au frottement sous d'autres degrés de vitesse, il faudra comparer entre eux les essais qui, avec différentes pressions, ont donné le même degré de vitesse : or, l'on voit dans le dernier essai de chaque expérience, que la vitesse était, à peu de chose près, d'un pied par seconde; ainsi, nous pouvons connaître le rapport de la pression au frottement, qui répond à une vitesse d'un pied par seconde.

	Pression.	Frottement.	Rapport de la pression au frottement avec une vitesse d'un pied par seconde.
XXe EXP. IIIe ESSAI.	53 liv.	9 liv.	$\frac{53}{9}$ .... 5,9.
XXIe EXP. Ve ESSAI.	453	78	$\frac{453}{78}$ .... 5,8.
XXIIe EXP. Ve ESSAI.	853	155	$\frac{853}{155}$ .... 5,5.
XXIIIe EXP. VIIe ESSAI.	1653	260	$\frac{1653}{260}$ .... 6,4.

Le peu de variété qui règne dans les résultats précédens,

nous apprend que pour un même degré de vitesse, quelle que soit la pression, elle sera toujours dans un rapport constant avec le frottement.

58. Il semblerait que l'on pourrait conclure de la vingt-troisième expérience, comparée avec la vingt-quatrième, que l'étendue des surfaces de contact ni la position du fil du bois n'ont aucune influence sur le frottement. Dans la vingt-troisième expérience, une surface de 45 pouces carrés est comprimée par un poids de 1653 livres; le frottement se fait suivant le fil du bois. Dans la vingt-quatrième expérience, la charge est de 1650 livres; la surface de contact est nulle, ou au moins est formée par la compression d'un angle arrondi; le fil du bois est placé à angle droit avec la direction de la marche du traîneau; et, malgré ces différences, le résultat des deux expériences se trouve à peu près le même : il faut cependant prévenir que cette augmentation de frottement qui, d'après les expériences qui précèdent, suit progressivement l'augmentation de vitesse, n'a lieu pour les petites surfaces de contact comprimées par des poids considérables, que lorsque les bois sortent des mains de l'ouvrier, et qu'après un frottement de plusieurs heures, la vitesse cesse presque en entier d'influer sur le frottement.

59. Il ne reste, pour compléter la théorie du frottement des métaux glissant sans enduit sur les bois, que de chercher suivant quelles lois les augmentations de traction font croître les vitesses : prenons la vingt-troisième expérience, dans laquelle la pression est de 1653 livres, elle fournit un assez grand nombre d'essais; nous y remarquerons qu'à chaque essai les forces de traction étant augmentées de 25 livres, chaque vitesse est à peu près triple de celle qui la précède.

Présentons ici notre expérience de manière à rendre sensible la loi de cette progression.

Récapitulation de la vingt-troisième expérience, pour déterminer la loi des vitesses.

	Traction.		Vitesse éprouvée.	Vitesse calculée d'après le troisième essai.
IIᵉ ESSAI.....	135 liv.	....	1320″	
IIIᵉ ESSAI.....	160	....	$\dfrac{148}{2}$	148″.
IVᵉ ESSAI.....	160	+ 25....	$\dfrac{44}{2}$	$\dfrac{493}{2}$.
Vᵉ ESSAI.....	160	+ 2×25....	$\dfrac{18}{2}$	$\dfrac{164}{2}$.
VIᵉ ESSAI.....	160	+ 3×25....	$\dfrac{5}{2}$	$\dfrac{55}{2}$.
VIIᵉ ESSAI.....	160	+ 4×25....	$\dfrac{2}{2}$	$\dfrac{18}{2}$.

L'on voit par cette table que, depuis le troisième essai jusqu'au septième, les tractions étant augmentées de 25 livres à chaque essai, la vitesse correspondante est toujours à peu près le tiers de la précédente; c'est ce qui résulte évidemment de la dernière colonne calculée d'après le troisième essai, et comparée avec l'avant dernière colonne qui représente les vitesses observées. Ainsi, les tractions croissant suivant une progression arithmétique, les vitesses croissent suivant une progression géométrique.

60. Il sera facile, d'après tout ce que nous venons de dire, de trouver une formule qui exprime, dans ce genre de frottement, la loi des tractions et des vitesses. Voici les données que nous avons pour établir cette formule : dans la vingt-troisième expérience, où la pression est de 1653 livres, nous trouvons qu'au-dessous de 125 livres de traction, l'on ne peut produire aucun mouvement; que la vitesse va ensuite en augmentant

suivant une progression géométrique, à mesure que les forces
de traction augmentent suivant une progression arithmétique,
en sorte que 260 livres, ou une augmentation de traction de
135 livres, produit une vitesse d'un pied par seconde.

Nous remarquons ensuite, en comparant entre elles les
différentes expériences, que l'étendue des surfaces n'influe pas
sensiblement sur les résistances que produit le frottement; en
sorte que, sous les mêmes pressions et avec les mêmes degrés
de vitesse, le frottement est à peu près le même pour les grandes
et les petites surfaces.

Ces remarques seraient suffisantes pour établir, à l'aide de
quelques expériences, la formule générale qui indiquerait la
marche du traîneau. Mais il faut prévenir, comme nous l'a-
vons déjà fait à la fin de l'article 58, que l'on ne pourra
regarder une pareille formule que comme un à peu près qui
ne doit déterminer les lois des frottemens relativement à la
vitesse, que pendant les premières heures où l'on soumet le
traîneau aux expériences; qu'ensuite les frottemens ne croissent plus dans une aussi grande proportion relativement aux
vitesses; qu'il arrive même qu'après que le mouvement d'une
très petite surface a été continué pendant long-temps sous de
très grandes pressions, la vitesse cesse en entier d'avoir de
l'influence sur le frottement; c'est de quoi nous trouverons
plusieurs exemples dans la suite de ce Mémoire.

SECTION DEUXIÈME.

*Des surfaces qui glissent l'une sur l'autre, garnies d'un
enduit.*

61. Les seuls enduits qui puissent convenir pour diminuer
le frottement des bois, sont le suif et le vieux oing; l'huile ne

peut être employée que dans les métaux : comme les enduits sont des corps mous, ils n'adoucissent le frottement des surfaces que parce qu'ils remplissent les cavités; et qu'interposés entre les surfaces, ils les soutiennent à une certaine distance l'une de l'autre : de là il arrive que, sous les grandes pressions, les enduits les plus mous sont toujours les plus mauvais; que sous les grandes pressions, lorsque les surfaces de contact sont réduites à des angles arrondis, les enduits diminuent très peu le frottement du traîneau : l'on remarque encore que lorsque le traîneau, ayant une grande surface de contact, a passé deux ou trois fois sur le même suif, le suif s'applique sur le madrier, pénètre dans ses pores, et ne s'oppose plus qu'imparfaitement à l'engrenage des parties; en sorte que, dans différens essais répétés sans renouveler les enduits, on trouve une augmentation de frottement très considérable. Avant de rapporter les expériences que nous avons faites en enduisant les bois à chaque essai, nous devons parler d'une cause qui jette souvent la plus grande incertitude dans les résultats.

Lorsque le madrier et le traîneau sortent des mains de l'ouvrier, quelque soin que l'on ait pris pour bien unir les surfaces en les polissant avec la varlope et une peau de chien de mer, ou même en les faisant glisser plusieurs fois à sec l'une sur l'autre, l'on trouve qu'en enduisant les surfaces elles donnent d'abord de grandes inégalités dans les frottemens. Ces inégalités sont d'autant plus remarquables, que les surfaces sont plus étendues et la pression moindre : elles augmentent très sensiblement les frottemens, à proportion que les vitesses sont plus grandes. Ces variétés suivent des lois incertaines, et dont aucune théorie ne peut rendre raison; mais, lorsqu'en enduisant de suif ou de vieux oing, l'on fait glisser le traîneau pendant plusieurs jours consécutifs sous de fortes charges, l'on

trouve ensuite que le frottement est presque toujours proportionnel à la pression, et que l'augmentation des vitesses ne
l'augmente que d'une manière insensible : voici nos expériences pour déterminer le frottement du bois de chêne enduit
de suif.

*Frottement du bois de chêne enduit de suif, renouvelé à
chaque essai.*

62. L'on s'est servi d'un traînean de 15 pouces de longueur,
qui portait sur le madrier dormant par une surface de contact
de 180 pouces carrés : il y avait déjà huit jours que ce traîneau
servait aux expériences du frottement, et l'on avait fait, avec
des enduits de suif que l'on renouvelait souvent, plus de deux
cents expériences sous des pressions de plusieurs milliers. Les
cinquante premières avaient donné beaucoup de variété; mais
les autres étaient moins incertaines, et le traîneau ainsi que
le madrier dormant paraissaient avoir pris tout le poli dont
le bois de chêne peut être susceptible; le traîneau ainsi pré-
paré a été enduit de suif à chaque expérience : la surface de
contact était de 180 pouces carrés.

PREMIÈRE EXPÉRIENCE.

Le traîneau chargé, tout compris, de 3250 liv.

Ier Essai. Étant ébranlé, le traîneau a commencé à se mouvoir d'un mouvement continu, mais lent et incertain, avec
une traction de 118 liv.

IIe Essai. Le traîneau, tiré par un poids de 124 livres, a
parcouru successivement 2 pieds en $\frac{23}{2}''$, et les deux suivans
en $\frac{2}{2}''$.

IIe EXPÉRIENCE.

Le traîneau chargé, tout compris, de 1650 liv.

Ier Essai. Ébranlé, le traîneau marche d'un mouvement continu, mais lent et incertain, avec une traction de 64 liv.

IIe Essai. Tiré par 70 livres, a parcouru successivement les deux premiers pieds en $\frac{19}{2}''$, les deux autres en $\frac{10}{2}''$.

IIIe EXPÉRIENCE.

Le traîneau chargé, tout compris, de 850 liv.

Ier Essai. Avec une traction de 36 livres, le traîneau marche d'un mouvement continu, mais lent et incertain.

IVe EXPÉRIENCE.

Le traîneau chargé, tout compris, de 450 liv.

Ier Essai. Le mouvement, sous une traction de 21 livres, a été lent, mais à peu près uniforme à raison d'un pied en $\frac{20}{2}''$.

Ve EXPÉRIENCE.

Le traîneau chargé, tout compris, de 250 liv.

Ier Essai. Avec une traction de 13 livres et demie, prend une vitesse uniforme d'un pied en 60$''$.

IIe Essai. Avec une traction de 20 livres s'accélère d'abord, puis prend une vitesse uniforme d'un pied en $\frac{4}{2}''$.

VIe EXPÉRIENCE.

Le traîneau chargé, son poids compris, de 50 liv.

Ier Essai. Avec une traction de 6 livres et demie, prend une vitesse uniforme d'un pied en $\frac{15}{2}''$.

IIe Essai. Avec une traction de 13 livres, s'accélère rapidement, et, après une marche de 3 pieds, paraît parcourir les deux derniers pieds avec une vitesse uniforme d'un pied par seconde.

OBSERVATIONS.

63. Si nous cherchons d'abord, d'après les six expériences qui précèdent, quel est le rapport de la pression au frotte-

ment, lorsque la force de traction est seulement suffisante pour donner au traîneau une vitessse insensible, nous trouverons, d'après le premier essai de chaque expérience :

$$1^{re} \text{ EXPÉRIENCE.} \quad \frac{\text{Pression}}{\text{Frottement}} \cdots \frac{3250}{118} \cdots \cdots 27,6.$$

$$II^e \text{ EXP.} \cdots \cdots \cdots \frac{1650}{64} \cdots \cdots 25,8.$$

$$III^e \text{ EXP.} \cdots \cdots \cdots \frac{850}{36} \cdots \cdots 23,6.$$

$$IV^e \text{ EXP.} \cdots \cdots \cdots \frac{450}{21} \cdots \cdots 21,5.$$

$$V^e \text{ EXP.} \cdots \cdots \cdots \frac{250}{13\frac{1}{2}} \cdots \cdots 18,5.$$

$$VI^e \text{ EXP.} \cdots \cdots \cdots \frac{50}{6\frac{1}{2}} \cdots \cdots 7,7.$$

Si l'on observe la marche du rapport de la pression au frottement, dans le tableau qui précède, l'on voit que ce rapport diminue sensiblement d'une expérience à l'autre; mais que la marche de cette diminution, lente depuis la première expérience jusqu'à la cinquième, devient très rapide de la cinquième à la sixième; en sorte que l'on trouve ici une espèce de saut qui paraît dépendre de la cohérence des parties du suif et de l'étendue des surfaces, comme nous l'avons déjà aperçu en faisant glisser sans enduit de grandes surfaces.

Si cette cohérence est la cause qui fait varier le rapport de la pression au frottement, il est évident que la résistance constante qu'elle produit ne peut influer que très peu sur ce rapport déterminé dans la première expérience : nous pourrions donc regarder le rapport 27,6 à 1, donné par cette expérience, comme celui qui représente le frottement dans toutes les autres, et notamment dans la dernière; ainsi, puisque nous trouvons que le frottement, plus la cohérence, produisent, avec une pression de 50 livres, une résistance de 6 livres et demie, la cohérence est à peu près pour notre surface de 180 pouces, équivalente à 5 livres : ôtons partout 5 livres des tractions qui ont été trouvées nécessaires pour produire des vitesses insensibles, et nous aurons, pour le rapport de la pression au frottement corrigé de la résistance due à la cohérence :

$$\text{I}^{\text{re}} \text{ EXPÉRIENCE.} \quad \frac{\text{Pression}}{\text{Frottement}} \dots \dots \frac{3250}{113} \dots \dots \dots 28,8.$$

$$\text{II}^{e} \text{ EXP} \dots \dots \dots \dots \dots \frac{1650}{59} \dots \dots \dots 28,0.$$

$$\text{III}^{e} \text{ EXP} \dots \dots \dots \dots \dots \frac{850}{31} \dots \dots \dots 27,4.$$

$$\text{IV}^{e} \text{ EXP} \dots \dots \dots \dots \dots \frac{450}{16} \dots \dots \dots 28,1.$$

$$\text{V}^{e} \text{ EXP} \dots \dots \dots \dots \dots \frac{250}{8\frac{1}{2}} \dots \dots \dots 29,4.$$

$$\text{VI}^{e} \text{ EXP} \dots \dots \dots \dots \dots \frac{50}{1\frac{3}{4}} \dots \dots \dots 28,6.$$

Ce tableau donne à présent, pour les six expériences, le rapport de la pression au frottement presque exactement le même : la différence des résultats est si petite, que, quelques précautions que l'on ait prises dans les expériences, l'on ne peut l'attribuer qu'aux imperfections inévitables des opérations.

64. Dans les trois dernières expériences, où les pressions sont peu considérables, l'on aperçoit une augmentation de frottement au fur et à mesure que les vitesses augmentent; car, en augmentant les forces de traction au-delà de celles qui sont nécessaires pour vaincre le frottement dans les vitesses insensibles, l'on produit bientôt une vitesse uniforme, et non pas une vitesse uniformément accélérée. L'on retrouve ici la même marche que nous avions déjà aperçue lorsque nous avons fait glisser, l'une sur l'autre, des surfaces d'une grande étendue. La cohésion des surfaces nous avait paru produire

une résistance due à la vitesse, et absolument indépendante des pressions : la cohésion du suif produit ici le même phénomène d'une manière plus marquée. Pour qu'il ne restât aucun doute, comme j'avais remarqué que le vieux oing a une cohésion beaucoup plus considérable que le suif, je fis tout de suite, avec le même traîneau, les expériences qui vont suivre.

L'on a enduit avec une couche abondante de vieux oing le madrier dormant, ainsi que le traîneau des expériences précédentes : la surface de contact était toujours de 180 pouces carrés; en poussant le traîneau, on lui donnait une vitesse primitive à peu près d'un pied par seconde : lorsque le traîneau avait parcouru deux ou trois pieds, cette vitesse se ralentissait et devenait à peu près uniforme, mais plus ou moins grande, suivant le degré de traction : à chaque essai, l'on renouvelait l'enduit; l'on a observé seulement les vitesses devenues uniformes.

VII⁰ EXPÉRIENCE.

Le traîneau chargé, son poids compris, de 50 liv.

Ier Essai. Avec une traction de 13 livres, la vitesse uniforme a été d'un pied en 540″.

IIe Essai. Avec une traction de 16 livres, d'un pied en $\frac{8}{2}''$.

IIIe Essai. Avec une traction de 22 livres, d'un pied en $\frac{3}{4}''$.

VIIIe EXPÉRIENCE.

Le traîneau chargé, son poids compris, de 250 liv.

Ier Essai. Avec une traction de 20 livres, le traîneau marche d'un mouvement extraordinairement lent.

IIe Essai. Avec une traction de 26 livres, le traîneau a pris une vitesse uniforme d'un pied en $\frac{8}{2}''$.

IIIe Essai. Avec une traction de 32 livres, le traîneau a pris une vitesse uniforme d'un pied en $\frac{3}{2}''$.

IXe EXPÉRIENCE.

Le traîneau chargé, son poids compris, de 450 liv.

Ier Essai. Avec une traction de 34 livres, le traîneau lancé prend une vitesse uniforme d'un pied en $\frac{9}{2}''$.

IIe Essai. Avec une traction de 40 livres, le traîneau a pris une vitesse uniforme d'un pied en $\frac{3}{2}''$.

Ces trois expériences faites avec le plus grand soin, ont prouvé que le vieux oing adoucit le frottement moins que le suif; mais elles ont prouvé d'une manière encore plus sûre, que la résistance produite par l'augmentation des vitesses est absolument indépendante des pressions, puisque sous trois degrés de pression très différens, lorsque les tractions sont telles que le traîneau prend une vitesse uniforme d'un pied en $\frac{3}{2}''$, une augmentation de traction constante et égale à 6 livres, donne, quelle que soit la pression, la même vitesse uniforme d'un pied en $\frac{3}{2}''$: ainsi, la résistance due aux augmentations de vitesse dépend uniquement de la nature des surfaces et de la cohérence des enduits, et elle est absolument indépendante de la pression : l'on peut, dans la pratique, la négliger lorsque les vitesses ne passent pas 4 ou 5 pouces par seconde, et que chaque pied carré de surface de contact est chargé de trois ou quatre milliers : elle peut à peu près être estimée de 6 à 7 livres par pied carré, pour les surfaces enduites de suif, mues avec des vitesses d'un pied par seconde.

65. En suivant la marche de nos six premières expériences, l'on s'imaginerait peut-être qu'en diminuant autant qu'il est possible la surface de contact, et en l'enduisant de suif, l'on trouverait le rapport de la pression au frottement comme 27

à 1; l'on se tromperait : lorsque les surfaces de contact sont très petites, l'enduit n'est pas en état de soutenir la pression qu'éprouve chaque point de contact; le suif pénètre dans l'intérieur des pores du bois, ou est chassé en avant par la partie antérieure du traîneau en mouvement : par là les deux surfaces se rapprochent presque autant que s'il n'y avait point d'enduit; j'ai fait glisser plusieurs fois mon traîneau porté sur deux petites règles, de manière que la surface de contact n'était que de 5o pouces carrés sous des pressions de 2000 livres. Il ne m'a pas été possible, en ébranlant seulement le traîneau, ou même en lui donnant une vitesse primitive d'un ou deux pouces par seconde, d'avoir le rapport de la pression au frottement plus grand que 16 ou 17 à 1; il est vrai cependant qu'avec une couche épaisse de suif, et en imprimant une vitesse primitive d'un pied par seconde, il arrivait quelquefois que le traîneau paraissait se mouvoir d'un mouvement même qui paraissait s'accélérer sous une traction qui n'était que le vingt-septième de la pression. Mais si, par quelque accident, la vitesse diminuait, ou si même l'on imprimait au traîneau une vitesse primitive moindre qu'un pied par seconde, il s'arrêtait tout de suite : l'explication de ce que l'on observe ici est très facile; comme la longueur du traîneau est peu considérable, l'enduit, qui n'est affaissé que peu à peu par la pression, ne l'est pas en entier lorsque la vitesse est d'un pied par seconde; ainsi il contribue à adoucir le mouvement.

66. Il nous reste encore à déterminer le frottement des bois enduits de graisse, lorsque les surfaces de contact sont réduites aux plus petites dimensions possibles : comme je voulais avoir mes surfaces dans un état permanent sans les enduire à chaque opération, j'ai essuyé la surface de mon madrier dormant; mais d'après toutes les expériences qui précèdent, le suif avait

pénétré dans les pores du bois à plus d'une ligne de profondeur, et le madrier essuyé restait onctueux et luisant : c'est dans cet état, où se trouvent à peu près les machines qui agissent pendant un certain temps sans qu'on renouvelle les enduits, que nous avons d'abord cherché à déterminer le frottement des surfaces de contact réduites aux plus petites dimensions : l'on a placé à l'ordinaire, sous le traîneau, deux règles taillées en coin, et qui ne touchaient le madrier dormant que par leurs angles arrondis, ces règles étaient placées sur les côtés du traîneau, de manière que, dans sa marche, elles glissaient suivant le fil du bois : l'on a fait parcourir au traîneau plusieurs fois la longueur du madrier dormant, pour donner aux surfaces de contact tout le poli dont elles sont susceptibles : l'on a fait ensuite les expériences qui suivent :

Frottement du bois de chêne enduit de suif, lorsque les surfaces de contact sont nulles.

Xe EXPÉRIENCE.

Le traîneau chargé, son poids compris, de 50 liv.

1er Essai. Ne commence à marcher d'un mouvement continu qu'avec une traction de 3 livres.

XIe EXPÉRIENCE.

Le traîneau chargé, son poids compris, de 250 liv.

1er Essai. Ne commence à marcher que sous une traction de 15 livres.

XIIe EXPÉRIENCE.

Le traîneau chargé, son poids compris, de 450 liv.

1er Essai. Ne commence à marcher qu'avec une traction de 28 livres.

XIIIe EXPÉRIENCE.

Le traîneau chargé, son poids compris, de 850 liv.

Iᵉʳ Essai. Marche d'un mouvement continu avec une traction de 50 livres.

XIVᵉ EXPÉRIENCE.

Le traîneau chargé, son poids compris, de 1650 liv.

Iᵉʳ Essai. Marche d'un mouvement continu en donnant une vitesse primitive d'un pouce par seconde, avec une trac- de 100 livres.

Remarques sur ces expériences.

67. Soit qu'on enduisît de suif le madrier dormant à chaque essai, soit qu'on l'essuyât, et qu'il restât seulement luisant et onctueux, à cause du suif qui, dans toutes les opérations précédentes, avait pénétré dans les pores du bois, les résultats se sont toujours trouvés les mêmes; en sorte que le plus ou le moins de suif ne diminue point le frottement lorsque les surfaces de contact sont nulles : la vitesse paraît aussi très peu influer dans ce genre de frottement, et le mouvement a été accéléré uniformément dans différens autres essais que j'ai cru inutile de rapporter ici. Cette accélération est toujours due à l'excédant des tractions qui la produit sur les tractions nécessaires pour donner un mouvement très lent : l'on doit cependant remarquer que, dans ces expériences, le traîneau ne part pas sous un simple ébranlement, lorsque les pressions sont très considérables; mais il faut lui imprimer une vitesse primitive d'un ou deux pouces par seconde, et pour lors il continue à se mouvoir d'une vitesse uniformément accélérée.

Nous allons actuellement déterminer le rapport de la pression au frottement dans les plus petites surfaces de contact possibles, d'après les exemples qui précèdent.

$$X^e \text{ EXPÉRIENCE.} \quad \frac{\text{Pression}}{\text{Frottement}} \cdots \quad \frac{50}{3} \cdots \cdots 16,7.$$

$$XI^e \text{ EXP} \ldots \ldots \ldots \ldots \ldots \ldots \ldots \quad \frac{250}{15} \cdots \cdots 16,7.$$

$$XII^e \text{ EXP} \ldots \ldots \ldots \ldots \ldots \ldots \ldots \quad \frac{450}{28} \cdots \cdots 16,1.$$

$$XIII^e \text{ EXP} \ldots \ldots \ldots \ldots \ldots \ldots \ldots \quad \frac{850}{50} \cdots \cdots 17,0.$$

$$XIV^e \text{ EXP} \ldots \ldots \ldots \ldots \ldots \ldots \ldots \quad \frac{1650}{100} \cdots \cdots 16,5.$$

68. Malgré les augmentations de pression qui, dans ces expériences, se trouvent de la dixième à la quatorzième, comme 1 à 33, l'on trouve toujours le même rapport entre la pression et le frottement; et ce rapport moyen se mesure par celui des nombres, $16\frac{1}{2}$ à 1. Ici ce rapport n'a pas été différent sous les grandes et les petites pressions, comme nous l'avions trouvé en faisant glisser sans enduit le traîneau sur le madrier dormant (*art.* 46); nous en donnerons les raisons dans la dernière section de ce Chapitre, lorsque nous essaierons de déterminer les causes et la théorie des frottemens.

69. Lorsqu'au lieu de faire glisser, comme dans les quatorze expériences qui précèdent, les règles qui portent le traîneau suivant le fil du bois, nous avons posé ces règles en travers aux deux extrémités du traîneau, et que nous les avons fait glisser, le fil du bois se recoupant à angle droit, nous avons toujours eu, pour des surfaces de contact réduites aux plus petites dimensions, le même degré de frottement que dans l'article qui précède. Pour une pression de 50 livres, le frottement a été de 3 livres, et pour une pression de 1650 livres, il a été de 100 livres : l'on a même observé qu'un simple ébranlement produit toujours, sous tous les degrés de pression, un mouvement continu uniformément accéléré, plus régulier que lorsque le

bois glisse suivant son fil; ce qui vient de ce qu'ici tous les points de contact du madrier dormant changent à chaque instant dans le mouvement, et qu'ils n'ont pas le temps de se dénaturer sous les grandes pressions (*).

70. Le traîneau portant sur le madrier dormant par une surface de contact de quelques pieds d'étendue, pénétré de suif par des opérations antérieures, restant onctueux après avoir été essuyé, ou même conservant son ancien suif, mais écrasé et appliqué contre le bois par huit ou dix opérations qui ont précédé, se trouve dans les mêmes circonstances des deux articles qui précèdent, et les surfaces de contact se joignent ici immédiatement. Aussi trouve-t-on toujours pour lors le rapport de la pression au frottement sous des pressions même de deux milliers par pied carré, moindre que 16 à 1. Dans une surface de deux pieds carrés, soumise aux expériences depuis deux jours avec un enduit de suif, l'on a trouvé, en essuyant cette surface qui était encore très onctueuse, que le rapport de la pression au frottement est comme 13 à 1 : sans essuyer le suif, mais faisant glisser le traîneau dix fois sans le renouveler, l'on a trouvé le rapport de 14 à 1. Ce traîneau, au surplus, n'avait point encore pris tout-à-fait son poli dans deux jours d'opérations, quoiqu'il eût parcouru plus de cinquante fois une course de cinq pieds sous des pressions de trois ou quatre milliers : la résistance due à la cohérence des surfaces était, dans cette expérience, de plus de 7 livres par pied carré.

71. Je ne puis trop avertir, avant de terminer les épreuves du frottement des bois glissant avec des enduits, que l'on ne

---

(*) Lorsque les bois enduits de suif glissent par le travers du fil du bois, et que les surfaces de contact ont de l'étendue, l'on trouve que le frottement est le même que celui trouvé en pareil cas (*art.* 62), lorsque le traîneau glisse suivant son fil de bois.

peut absolument compter sur des résultats suivis que lorsque le bois aura pris tout son poli, et que le suif aura pénétré dans ses pores par beaucoup d'opérations préliminaires; ce n'est qu'après une quantité d'expériences qui sont devenues inutiles, que nous nous sommes aperçu de la nécessité de cette précaution (*). Nous nous étendrons davantage sur cet article, lorsqu'à la fin de ce Chapitre nous rassemblerons tous nos résultats, pour tâcher de découvrir les causes du frottement.

Des métaux glissant sur les bois enduits de suif.

72. Lorsque les métaux glissent sur des bois enduits de matières graisseuses, le frottement en paraît très adouci, et l'on produit des vitesses insensibles avec des degrés de traction moins considérables que dans toutes les autres espèces de frottemens : mais pour peu que l'on veuille augmenter les vitesses, l'on retrouve, comme dans la première section, lorsqu'on a fait glisser sans enduit les métaux sur le bois, que le frottement augmente beaucoup avec la vitesse; et l'on a, pour le rapport de l'augmentation des vitesses et du degré de traction qui produit cette augmentation, à peu près les mêmes lois que nous avons cherché à déterminer dans le frottement des métaux glissant à sec sur les bois; mais si l'on ne renouvelle pas les enduits à chaque expérience, ils se coagulent, changent de nature, et le frottement augmente successivement :

(*) En faisant glisser un traîneau neuf sur le madrier dormant enduit une seule fois de suif au commencement des opérations, l'on a trouvé qu'après deux jours de travail, pendant lesquels l'on pouvait avoir fait quarante expériences en chargeant le traîneau de 5800 livres,

Une traction de 400 liv. donnait un mouvement uniforme d'un pouce en 80″.
Une traction de 525 . . . . 12.
Une traction de 600 . . . . 2.

l'on trouvera plus bas une expérience qui montrera avec quelle rapidité le frottement augmente lorsqu'on ne renouvelle pas les enduits. Nous allons d'abord commencer par exposer les essais où le suif a été renouvelé à chaque opération.

Frottement du fer contre le chêne garni d'un enduit de suif, que l'on renouvelle à chaque opération.

73. L'on a attaché au traîneau de 15 pouces de longueur, les deux règles de fer de 15 pouces de longueur et de 18 lignes de largeur (*fig* 6), dont nous nous sommes déjà servis dans plusieurs opérations; elles glissaient suivant le fil du bois du madrier dormant, qui était enduit de nouveau suif à chaque essai : la surface de contact était de 45 pouces.

XVᵉ EXPÉRIENCE.

Le traîneau chargé, tout compris, de 53 liv.

Iᵉʳ ESSAI. Avec une traction de	3 liv. ½, le traîneau a parcouru 1 pouce en	4′ 15″.
IIᵉ ESSAI.................	5 ½	2 6.
IIIᵉ ESSAI...............	10	6.

XVIᵉ EXPÉRIENCE.

Le traîneau chargé, tout compris, de 450 liv.

Iᵉʳ ESSAI. Avec une traction de......	12 liv. 1 pouce en............	380″.
IIᵉ ESSAI......................	18 1......................	85.
IIIᵉ ESSAI.....................	23 1.....................	20.
IVᵉ ESSAI.....................	33 12 pouces en	$\frac{60}{2}$.
Vᵉ ESSAI....................	53 12.....................	$\frac{5}{2}$.

XVIIᵉ EXPÉRIENCE.

Le traîneau chargé, tout compris, de 850 liv.

Iᵉʳ ESSAI. Avec une traction de.....	30 liv. 1 pouce en............	100″.
IIᵉ ESSAI......................	55 1....................	24.
IIIᵉ ESSAI.....................	80 12 pouces en............	$\frac{32}{2}$.

IVe ESSAI. Avec une traction de..... 105 liv. 12 pouces en...... ... $\dfrac{8''}{2}$

Ve ESSAI.................... 130   12.................... $\dfrac{3}{2}$.

XVIIIe EXPÉRIENCE.

Le traîneau chargé, tout compris, de 1650 liv.

Ier ESSAI. Avec une traction de..... 47 liv. 1 pouce en............ 240".

IIe ESSAI...................... 50   1.................... 180.

IIIe ESSAI...................... 85   1.................... 60.

IVe ESSAI.................... 110   12 pouces en............ $\dfrac{60}{2}$

Ve ESSAI.................... 135   12................... $\dfrac{25}{2}$.

VIe ESSAI.................... 160   12.................... $\dfrac{6}{2}$

VIIe ESSAI................... 185   12.................... $\dfrac{2}{2}$.

Frottement du cuivre contre le chêne garni d'un enduit de suif que l'on renouvelle à chaque opération.

74. L'on a substitué aux deux règles de fer qui portaient le traîneau dans les expériences qui précèdent, deux règles de cuivre (*fig.* 6), dont les dimensions étaient les mêmes que celles de fer : ainsi la surface de contact était encore de 45 pouces.

XIXe EXPÉRIENCE.

Le traîneau chargé, son poids compris, de 1650 liv.

I_{er} ESSAI. Avec une traction de..... 35 liv. 1 pouce en........... 1' 43".

IIe ESSAI...................... 47   1................... 60.

IIIe ESSAI.................... 60   1 pied en............ 24.

IV_e ESSAI.................... 110   1................... $\dfrac{2}{2}$.

Observations sur les cinq dernières expériences.

75. Nous croyons inutile de calculer le rapport des pressions, des frottemens et des vitesses, d'après les expériences

qui précèdent : l'on retrouve ici à peu près les mêmes lois que l'on avait entrevues dans les essais du frottement des métaux glissant à sec sur le bois; mais l'on éprouve beaucoup d'irrégularités dans le résultat des expériences. Quelquefois le traîneau s'arrête au milieu de sa course, quoique mené par une traction qui devrait lui faire parcourir un pied en 60″ : quelquefois il marche avec des vitesses plus grandes que celles que nous venons d'indiquer. L'on conçoit qu'un peu plus ou un peu moins de consistance, dans quelques parties du suif qu'on renouvelle à chaque opération, doit produire toutes ces variétés qu'il est impossible d'empêcher ni de soumettre à aucune loi réglée. La seule conséquence certaine que l'on peut tirer de ces différentes épreuves, c'est qu'un enduit de suif entre le bois et les métaux, diminue le frottement, au moins dans les vitesses insensibles, beaucoup plus que dans toutes les autres natures de corps que nous avons soumis à l'expérience. En calculant le rapport de la pression au frottement, dans les premiers degrés de vitesse, d'après la dix-huitième et la dix-neuvième expérience, l'on aura :

XVIIIe EXP. Ier ESSAI. Fer et chêne........ $\dfrac{\text{Pression}}{\text{Frottement}}$ $\dfrac{1650}{47}$ ...... 35,1.

XIXe EXP. Ier ESSAI. Chêne et cuivre jaune.......... $\dfrac{1650}{47}$ ...... 47,1.

76. Mais dès l'instant que l'on cesse de renouveler le suif à chaque essai, ses parties acquièrent de la cohérence; et l'on voit sensiblement augmenter la résistance au fur et à mesure que l'on continue les opérations. Pour en donner un exemple, j'ai fait glisser le traîneau garni des deux règles de cuivre, quinze fois de suite sur le madrier dormant, sans renouveler l'enduit de suif; et sans changer la force de traction qui était triple de celle que nous avons trouvée nécessaire dans la dix-

neuvième expérience pour produire une vitesse insensible lorsque l'enduit est neuf : la vitesse uniforme que prenait le traîneau a diminué à chaque essai, et enfin il a cessé de se mouvoir. Voici le détail de cette expérience.

XXe EXPÉRIENCE.

De l'augmentation du frottement des bois et des métaux, à mesure que les enduits vieillissent.

Chêne et cuivre, surface de 45 pouces.

Le traîneau chargé, tout compris, de 1650 liv. : l'on a enduit de suif au premier essai; mais cet enduit n'a pas été renouvelé dans les essais qui ont succédé. Le traîneau pouvait parcourir 5 pieds de longueur; on lui imprimait une vitesse primitive qu'il perdait en partie dans le commencement de sa course, et il marchait les trois derniers pieds d'un mouvement uniforme.

La force de traction a été constamment dans tous les essais, de 100 livres.

Ier ESS.	3 pieds ont été parcourus uniformément en	$\frac{8''}{2}$	IXe ESS.	3 pieds ont été parcourus uniformément en	$\frac{21''}{2}$
IIe ESS..		$\frac{8}{2}$	X^e ESS.		$\frac{23}{2}$
IIIe ESS..		$\frac{9}{2}$	XIe ESS.		$\frac{30}{2}$
IVe ESS..		$\frac{11}{2}$	XIIe ESS.		$\frac{68}{2}$
V^e ESS..		$\frac{12}{2}$	XIIIe ESS.		550
VIe ESS..		$\frac{15}{2}$	XIVe ESS.		900
VIIe ESS..		$\frac{17}{2}$	XVe ESS.		1140
VIIIe ESS..		$\frac{20}{2}$	XVIe ESS. Le traîneau s'est arrêté à tous les instans, quelque vitesse primitive qu'on lui imprimât.		

Il paraît résulter de cette expérience, que lorsque les surfaces de contact sont enduites de suif à chaque opération, elles adoucissent beaucoup le mouvement, surtout dans les petits degrés de vitesses; mais que lorsqu'elles doivent se mouvoir long-temps sur le même enduit, cet enduit est plus nuisible qu'utile.

Du frottement des bois et des métaux, lorsque les surfaces de contact sont réduites à de très petites dimensions.

77. L'on a fixé, suivant la longueur du madrier dormant, deux fils de cuivre de 6 lignes de diamètre et de 6 pieds de longueur. Ils étaient percés à leurs extrémités et attachés sur le madrier avec des clous à tête perdue : l'on a fait courir le traîneau de 15 pouces sur ces deux fils de cuivre; et l'on a trouvé que, soit que le traîneau fût enduit de suif ou seulement onctueux, les résultats sont à peu près les mêmes : voici les expériences faites avec un enduit.

XXIe EXPÉRIENCE.

Le traîneau chargé, son poids compris, de 47 liv.

		Un pied parcouru uniformément en	
Ier ESSAI. Traction.........	2 liv. $\frac{1}{2}$	....	420″.
IIe ESSAI..................	4 $\frac{1}{2}$	....	80.
IIIe ESSAI.................	7 $\frac{1}{2}$	....	$\frac{4}{2}$.

XXIIe EXPÉRIENCE.

Le traîneau chargé, son poids compris, de 447 liv.

		Un pied parcouru uniformément en		
Ier ESSAI. Force de traction...	21 liv.	...	36′	4″.
IIe ESSAI..................	28	....		280.
IIIe ESSAI.................	40	....		$\frac{18}{2}$
IVe ESSAI..................	53	....		$\frac{8}{\frac{1}{2}}$

XXIII° EXPÉRIENCE.

Le traîneau chargé, son poids compris, de 847 liv.

		Un pied parcouru uniformément en	
Iᵉʳ ESSAI. Force de traction.....	55 liv.		... 120″.
IIᶜ ESSAI...................	80	....	$\frac{26}{2}$.
IIIᶜ ESSAI..................	105	....	$\frac{5}{2}$.

XXIVᵉ EXPÉRIENCE.

Le traîneau chargé, son poids compris, de 1647 liv.

		Un pied parcouru uniformément en	
Iᵉʳ ESSAI. Force de traction.....	85 liv.		... 1640″.
IIᶜ ESSAI...................	110	....	420.
IIIᶜ ESSAI...................	135	....	120.
IVᵉ ESSAI...................	160	....	$\frac{40}{2}$.
Vᵉ ESSAI...................	210	....	$\frac{10}{2}$.

OBSERVATIONS.

78. L'on trouve, en comparant ces expériences avec la dix-neuvième, et avec celles de l'article 55, que l'enduit de suif n'influe que très peu ici sur le frottement, parce que les surfaces de contact étant presque nulles, la cohérence du suif n'est pas assez forte pour empêcher les surfaces de se joindre d'aussi près que s'il n'y avait point d'enduit; l'on voit de plus, que l'étendue des surfaces change très peu le rapport des frottemens relativement aux vitesses. Il faut cependant faire ici la même observation que nous avons rapportée à la fin de l'article 60; c'est que ces résultats n'ont lieu que pour les premières opérations, et qu'en répétant les mêmes expériences plusieurs fois, le degré de vitesse influe beaucoup moins sur le frottement. Plusieurs causes étrangères au frottement con-

11

tribuent d'ailleurs à rendre irrégulières les quatre dernières expériences.

79. Il nous reste encore à déterminer le frottement des métaux et des bois enduits de suif, lorsque le traîneau étant porté, comme à la *fig.* 5, par deux règles posées par son travers, et taillées en coin, l'une des surfaces de contact n'est soumise qu'un seul instant à la compression de la charge du traîneau.

Frottement du fer et du chêne enduits de suif; les surfaces de contact réduites aux plus petites dimensions, et marchant par le travers du fil du bois, comme à la fig. 5.

80. L'on a posé, comme à la *fig.* 5, deux règles de chêne taillées en coin aux deux extrémités et en travers du dessous du traîneau, de 15 pouces de longueur. L'on a ensuite cloué sur le madrier dormant deux grandes règles de fer de 4 pieds de longueur, et l'on a fait glisser le traîneau sur ces règles garnies d'un enduit de suif abondant.

XXVe EXPÉRIENCE.

Le traîneau chargé, tout compris, de 47 liv.

Ier Essai. Avec une traction de 3 livres, marche d'un mouvement uniforme avec le degré de vitesse qui lui est imprimé, sans paraître retarder sa marche.

IIe Essai. Avec une traction de 3 livres et demie, ébranlé, parcourt successivement 18 pouces en $\frac{7}{2}''$, et 18 pouces suivans en $\frac{4}{2}''$.

XXVIe EXPÉRIENCE.

Le traîneau chargé, tout compris, de 447 liv.

Ier Essai. Quelque degré primitif de vitesse qu'on lui imprime, le traîneau s'arrête sous une traction de 22 livres.

IIe Essai. Mais avec une traction de 26 livres, quelque grande que soit la vitesse primitive qu'on lui imprime, au lieu de retarder sa marche pour prendre une vitesse uniforme, il continue à s'accélérer.

XXVIIIe EXPÉRIENCE.

Le traîneau chargé, tout compris, de 1647 liv.

Ier Essai. L'enduit étant renouvelé, le traîneau a paru se mouvoir avec une traction de 70 livres, sans accélérer ni retarder la vitesse primitive; mais conservant celle qu'on lui imprimait, quelle que fût cette vitesse.

IIe Essai. Mais lorsque le traîneau a eu passé cinq ou six fois sur l'enduit sans qu'il fût renouvelé, il a fallu 90 livres de traction pour qu'il pût se mouvoir d'un mouvement continu. L'augmentation des vitesses n'influe pas dans cet essai sur le frottement; il s'accélère également en lui imprimant une vitesse d'un pied ou d'un pouce par seconde, si la force de traction est de 90 livres ou au-dessus; il se ralentit et s'arrête, si elle est au-dessous. L'on a répété vingt fois de suite ce dernier essai sans renouveler l'enduit, et l'on a toujours trouvé que 90 livres suffisent pour vaincre le frottement, et qu'il n'est plus susceptible que d'une très petite augmentation.

OBSERVATIONS.

81. Ce dernier genre de frottement nous présente des résultats différens de ceux qui ont précédé. Jusqu'ici, dans toutes nos expériences sur le frottement des bois et des métaux, nous avons trouvé que l'augmentation de vitesse fait croître les frottemens de la manière la plus sensible, et que cet effet ne cesse d'avoir lieu pour les bois glissant sur les métaux suivant le fil du bois, qu'après un très grand nombre d'opérations; mais il paraît, d'après les dernières expériences que nous

venons de rapporter, qu'ici les fibres du bois pliées par le travers du fil du bois sont collées sur l'enduit, et perdent en entier leur élasticité dès la première opération : il ne nous restait plus qu'à voir si, en essuyant les règles qui étaient pénétrées de graisse, et qui restaient toujours onctueuses, quelque soin que l'on prît à les essuyer, nous trouverions un résultat analogue à celui de nos dernières expériences.

Continuation des mêmes Expériences.

Surfaces onctueuses, mais non enduites.

82. L'on a laissé les règles de chêne taillées en coin, clouées sous le traîneau et glissant par le travers du fil du bois, comme dans les trois dernières expériences qui précèdent; mais l'on a essuyé avec beaucoup de soin les règles de fer fixées sur le madrier dormant; par toutes les opérations antérieures, le suif avait pénétré dans l'intérieur des pores du fer, et la surface de ces règles, quoique essuyée avec soin, restait luisante et onctueuse.

XXVIIIᵉ EXPÉRIENCE.

Le traîneau chargé, tout compris, de 47 liv.

Iᵉʳ Essai. Avec une traction de 3 livres et demie, le traîneau continue à se mouvoir sans ralentir sa marche, quelle que soit la vitesse primitive qu'on lui imprime; il s'arrête sous une moindre traction.

XXIXᵉ EXPÉRIENCE.

Le traîneau chargé, son poids compris, de 447 liv.

Iᵉʳ Essai. Il s'arrête sous les tractions moindres que 30 liv.; mais lorsque ces tractions sont plus grandes que 30 livres, il s'accélère, quelle que soit la vitesse primitive qu'on lui imprime.

XXXe EXPÉRIENCE.

Le traîneau chargé, son poids compris, de 1647 liv.

Ier ESSAI. Il s'arrête sous les tractions moindres que 115 liv.; mais sous celles qui sont plus grandes, il continue à s'accélérer, quelque vitesse primitive qu'on lui imprime.

OBSERVATIONS.

83. L'on observe absolument les mêmes lois dans ces expériences que dans celles expliquées à l'article 81; elles nous apprennent que dès l'instant que les surfaces sont pénétrées par le suif, quoiqu'elles n'en soient pas enduites, les vitesses cessent d'influer sur les frottemens. Si l'on cherche le rapport de la pression au frottement dans les trois dernières expériences, l'on trouvera :

XXVIIIe EXPÉRIENCE. $\dfrac{\text{Pression}}{\text{Frottement}}$ $\dfrac{47}{3\frac{1}{2}}$............. 13,4.

XXIXe EXP.................... $\dfrac{447}{30}$............. 14,6.

XXXe EXP.................... $\dfrac{1647}{115}$............. 14,3.

Ainsi, le rapport de la pression au frottement se trouvant ici une quantité à peu près constante, l'on en conclut que ce genre de frottement, qui est analogue à celui de toutes les machines où des axes de fer tournent dans des boîtes de bois, rentre dans la classe de tous les frottemens que nous avons déjà examinés, où nous avons trouvé que le rapport de la pression au frottement est toujours constant, et où le plus ou moins de vitesse n'influe que d'une manière insensible.

SECTION TROISIÈME.

Du frottement des métaux.

84. Comme les métaux sont d'un grand usage dans toutes les machines destinées à soulever de grands poids; comme

d'ailleurs ils forment une classe particulière, j'ai cru qu'il serait avantageux de rassembler, dans une même section, toutes les expériences relatives à leur frottement, quoique le résultat d'une partie de ces expériences eût déjà été annoncé dans le Chapitre qui précède. L'on a fait polir avec le plus grand soin deux règles de fer de 4 pieds de longueur et de 2 pouces de largeur; on les a fixées par leurs extrémités au madrier dormant. L'on a fait faire ensuite quatre autres règles, deux de fer et deux de cuivre jaune, de 15 pouces de longueur et de 18 lignes de largeur, formant crochet à leurs extrémités, pour saisir le traîneau de 15 pouces sous lequel on voulait les placer : tous les angles de ces règles étaient arrondis. La *fig.* 7, qui est une section verticale, dans le sens de la longueur du traîneau du madrier dormant, représente le traîneau garni de ses règles de cuivre ou de fer, et glissant sur le madrier dormant, garni des longues règles de fer.

Du frottement du fer contre le fer sans enduit.

Surface de contact de 45 pouces.

PREMIÈRE EXPÉRIENCE.

85. Le traîneau chargé, son poids compris, de 53 liv.

Iᵉʳ ESSAI. Il faut toujours une force de traction de 15 livres pour donner un mouvement continu au traîneau; mais, soit qu'on l'ébranle, soit qu'on lui imprime une vitesse quelconque, le frottement paraît constamment le même.

IIᶜ EXPÉRIENCE.

Le traîneau chargé, tout compris, de 453 liv.

Iᵉʳ ESSAI. Le traîneau s'est arrêté sous toutes les forces de traction au-dessous de 125 livres. Avec une traction plus considérable, il s'accélère uniformément avec une vitesse due à cette augmentation de force.

Nota. Les règles de fer se sont rayées, et il n'a pas été possible de continuer les expériences sous de plus grandes pressions.

Du frottement du fer et du cuivre sans enduit.

Surface de contact de 45 pouces.

86. L'on a substitué les deux règles de cuivre de 15 pouces de longueur aux règles de fer qui étaient fixées au traîneau dans les deux dernières expériences.

IIIᵉ EXPÉRIENCE.

Le traîneau chargé, son poids compris, de 52 liv.

Iᵉʳ ESSAI. Une traction de 12 livres et demie met le traîneau en mouvement : il n'est pas nécessaire de l'ébranler ; il part seul avec ce degré de traction, qui ne peut pas être moindre pour que le mouvement soit continu, quelque vitesse primitive que l'on donne au traîneau.

IVᵉ EXPÉRIENCE.

Le traîneau chargé, son poids compris, de 452 liv.

Iᵉʳ ESSAI. Une traction de 110 livres met le traîneau en mouvement avec les mêmes circonstances que dans la dernière expérience.

Nota. Les règles commencent à se rayer, et l'on ne peut pas continuer les observations en employant de plus grandes pressions.

Observations sur ces expériences.

87. Nous aurions désiré de continuer nos expériences en employant des pressions plus considérables que 450 livres ;

mais toutes les fois que nous avons voulu l'essayer, les règles se sont rayées, les frottemens sont devenus incertains; il a donc fallu se contenter des quatre expériences qui précèdent, d'où il résulte :

FER ET FER. {	Ire EXPÉRIENCE...... $\dfrac{\text{Pression}}{\text{Frottement}} \dfrac{53}{15}$ ..... 3,5.
	IIe EXP........................ $\dfrac{453}{125}$ ..... 3,6.
FER ET CUIVRE. {	IIIe EXP........................ $\dfrac{52}{12\frac{1}{2}}$ ..... 4,2.
	IVe EXP........................ $\dfrac{452}{110}$ ..... 4,1.

Comme le rapport de la pression au frottement se trouve ici exactement le même pour chaque couple d'expériences, quoique les pressions soient entre elles comme 9 à 1, l'on en peut conclure que, dans les métaux glissant sans enduit l'un sur l'autre, le frottement est indépendant de l'étendue des surfaces : les remarques faites à chaque expérience nous apprennent aussi qu'il est indépendant des vitesses. Nous pouvons encore faire ici une observation intéressante, et qui distingue parfaitement le frottement des métaux de celui des bois; c'est qu'en comparant les résultats du premier et du deuxième Chapitre, nous trouvons que, dans les bois, les forces nécessaires pour vaincre les frottemens, ou pour ébranler le traîneau après un certain temps de repos, sont souvent quadruples de celles nécessaires pour entretenir le mouvement continu uniforme du traîneau : ici l'on trouve la même intensité de frottement, soit qu'il faille détacher les surfaces après un temps quelconque de repos, soit qu'il faille entretenir une vitesse uniforme. Nous reviendrons à cette observation à la fin de ce Chapitre, lorsque nous chercherons les causes du frottement.

Le rapport de 4 à 1, que nous trouvons par la troisième et la quatrième expérience, pour le fer et le cuivre, ne peut, ainsi que nous l'avons déjà dit, être regardé comme exact, que lorsque les surfaces sont neuves et très étendues. Car, en réduisant les surfaces de contact aux plus petites dimensions possibles, ce rapport varie en s'approchant de celui de 6 à 1, qu'il ne joint que lorsque, par un frottement continu de plus d'une heure, le cuivre et le fer ont pris tout le poli dont ils peuvent être susceptibles. Il faut cependant, pour que cette dernière opération réussisse, et que le cuivre ne soit pas rayé par le frottement des règles de fer, que les métaux soient d'un grain fin et homogène. Nous développerons cette observation dans les expériences destinées à déterminer le frottement des axes : nous allons passer au frottement des métaux garnis d'un enduit.

Du frottement des métaux glissant l'un sur l'autre, avec un enduit interposé.

88. Avant de commencer les expériences sur les métaux enduits de suif, de vieux oing ou d'huile, il est absolument nécessaire d'avoir soumis nos règles à quelques opérations préliminaires, pour leur donner tout le degré de poli qu'elles peuvent prendre; il faut d'abord les enduire de suif, et les faire glisser en les attachant au traîneau, sur les règles de fer que nous avons fixées dans les dernières expériences au madrier dormant. Cette opération se continue sous une grande pression pendant une demi-heure, en renouvelant de temps en temps l'enduit; par là le suif pénètre dans les pores du métal, et les règles prennent un degré de poli qu'il serait difficile de leur donner autrement. Dans le commencement de l'opération, le frottement est incertain, mais à mesure que les sur-

faces se polissent, il devient plus régulier. Nous allons commencer par rapporter les expériences où nos surfaces de 45
pouces de contact étaient enduites à chaque essai : nous donnerons ensuite celles où les surfaces étaient seulement onctueuses ; enfin nous chercherons le frottement des surfaces enduites ou onctueuses, mais réduites au plus petit nombre de
points de contact possible.

Frottement du fer contre le fer avec enduit de suif renouvelé
à chaque essai.

Surface de contact de 45 pouces.

89. Les deux règles de fer de 15 pouces de longueur sont
attachées au traîneau : celles de 4 pieds de longueur le sont au
madrier dormant.

Vᵉ EXPÉRIENCE.

Le traîneau chargé, son poids compris, de 53 liv.

Iᵉʳ Essai. Une traction de huit livres et demie suffit pour
donner un mouvement continu au traîneau.

VIᵉ EXPÉRIENCE.

Le traîneau chargé, son poids compris, de 453 liv.

Iᵉʳ Essai. Avec une traction de 40 livres, si l'on donne au
traîneau une vitesse de 7 à 8 pouces par seconde, il continue
à se mouvoir et même paraît s'accélérer ; il s'arrête sous un
moindre degré de vitesse : mais si l'on ne fait qu'ébranler le
traîneau ou même lui imprimer une vitesse d'un pouce par
seconde, il ne continuera à se mouvoir qu'avec une traction
de 45 livres.

VIIᵉ EXPÉRIENCE.

Le traîneau chargé, son poids compris, de 1653 liv.

Iᵉʳ Essai. Avec une traction de 140 livres, si l'on donne au traîneau une vitesse de 7 à 8 pouces par seconde, il continuera à se mouvoir sans ralentir sa marche; mais si l'on ne fait que l'ébranler, il ne prendra un mouvement continu qu'en employant une traction de 160 livres.

Frottement du fer et du cuivre enduits de nouveau suif à chaque essai.

Surface de contact de 45 pouces.

90. L'on a remplacé les deux règles de fer attachées au traîneau dans les trois dernières expériences, par les deux règles de cuivre des mêmes dimensions : la surface de contact se trouvait encore de 45 pouces.

VIII⁰ EXPÉRIENCE.

Le traîneau chargé, son poids compris, de 52 liv.

Iᵉʳ ESSAI. Avec une force de traction de 6 livres et demie, le traîneau se meut d'un mouvement incertain ; mais en l'ébranlant, il s'accélère toujours très rapidement, s'il est tiré par un poids de 7 livres et demie.

IX⁰ EXPÉRIENCE.

Le traîneau chargé, son poids compris, de 452 liv.

Iᵉʳ ESSAI. Avec une traction de 42 livres, en imprimant au traîneau une vitesse insensible, il continue à se mouvoir et s'accélère rapidement; mais si on lui imprime une vitesse de 7 à 8 pouces par seconde, il ne faut qu'une traction de 30 livres pour qu'il continue à se mouvoir sans être retardé.

X⁰ EXPÉRIENCE.

Le traîneau chargé, son poids compris, de 1652 liv.

Iᵉʳ ESSAI. Le traîneau continue à se mouvoir sans ralentir sa marche, avec une traction de 90 livres, lorsqu'on lui imprime une vitesse primitive d'un pied en $\frac{3}{2}''$; mais lorsqu'on ne fait que l'ébranler ou même lui imprimer une vitesse insensible, il ne continue à se mouvoir qu'avec une traction de 150 livres; pour lors il accélère sa marche rapidement : cependant, avec cette traction de 150 livres, j'ai produit deux fois un mouvement uniforme d'un pouce en $\frac{10}{2}''$; ce mouvement uniforme a duré la première fois 2', après quoi le traîneau s'est accéléré très promptement : j'ai détaché une fois le traîneau après 3' de repos avec cette même traction de 150 livres; mais, en général, l'on a trouvé qu'après 3', une heure et 4 jours de repos, il fallait, pour détacher le traîneau, une traction de 170 livres.

Continuation des mêmes expériences.

Fer et cuivre enduits d'huile sur enduit de suif.

91. L'on a voulu voir si en mettant un enduit d'huile sur l'enduit de suif, l'on changerait la valeur du frottement.

XIe EXPÉRIENCE.

Le traîneau chargé, son poids compris, de 52 liv.

Ier EssAI. Le traîneau seulement ébranlé s'accélère avec rapidité par une traction de 6 livres et demie.

Après un repos de 3' et d'une heure, il a fallu un poids de 10 livres pour détacher le traîneau.

XIIe EXPÉRIENCE.

Le traîneau chargé, son poids compris, de 452 liv.

Ier EssAI. Si l'on ne fait qu'ébranler le traîneau, il faut, pour qu'il continue à se mouvoir, une force de traction de 56 livres, avec laquelle il s'accélère très rapidement; mais si on lui imprime une vitesse primitive de 8 ou 10 pouces par seconde, il continue à se mouvoir sans ralentir sa marche, avec une traction de 45 livres.

XIIIe EXPÉRIENCE.

Le traîneau chargé, son poids compris, de 1652 liv.

Ier Essai. Lorsqu'on ne fait qu'ébranler le traîneau, il faut une traction de 210 livres pour qu'il puisse se mouvoir : il faut à peu près le même degré de traction pour qu'il ne s'arrête pas si on lui imprime une vitesse d'un pouce par seconde; mais si on lui imprime une vitesse primitive de 8 ou 10 pouces par seconde, il continuera son mouvement sans ralentir sa marche, avec une traction de 190 livres.

Pour détacher le traîneau, il a fallu, après $\frac{1}{2}''$ de repos, une traction de 250 livres : après 3′, il a fallu une fois 280 livres, une autre fois 330 livres.

OBSERVATIONS.

92. Le rapport de la pression au frottement, dans les expériences qui précèdent, dépend de la nature de l'enduit et du degré de vitesse du traîneau : lorsque les métaux sont enduits de suif, le frottement diminue beaucoup sous les grandes pressions à mesure que la vitesse augmente. Nous trouvons, par exemple, dans la dixième expérience, que lorsque la vitesse est d'un pied par seconde, le frottement du traîneau, chargé de 1652 livres, est de plus d'un tiers moindre que lorsque la vitesse est insensible, ou même d'un pouce par seconde. Cet effet que nous apercevons ici, de la diminution du frottement au fur et à mesure que la vitesse augmente, ne peut être attribué qu'à la dureté et à la consistance du suif; car en essuyant nos règles, et en y répandant un enduit d'huile d'olive, le frottement n'est que très peu diminué sous les grandes pressions en passant d'une vitesse insensible à une vitesse de 4 à 5 pouces par seconde. Nous allons chercher, d'après nos ex-

périences, le rapport de la pression au frottement dans les vitesses insensibles.

Rapport de la pression au frottement dans les mouvemens au-dessous d'un pouce par seconde.

FER CONTRE FER enduit de suif à chaque essai.	Vᵉ EXPÉRIENCE.	$\dfrac{\text{Pression}}{\text{Frottement}}$	$\dfrac{53}{8\frac{1}{2}}$	6,2.
	VIᵉ EXP.		$\dfrac{453}{45}$	10,1.
	VIIᵉ EXP.		$\dfrac{1653}{160}$	10,3.
FER CONTRE CUIVRE enduit de suif à chaque essai.	VIIIᵉ EXP.		$\dfrac{52}{6\frac{1}{2}}$	8,0.
	IXᵉ EXP.		$\dfrac{452}{42}$	10,8.
	Xᵉ EXP.		$\dfrac{1652}{150}$	11,0.
FER CONTRE CUIVRE enduit de suif et d'huile non renouvelée.	XIᵉ EXP.		$\dfrac{52}{6\frac{1}{2}}$	8,0.
	XIIᵉ EXP.		$\dfrac{452}{56}$	8,1.
	XIIIᵉ EXP.		$\dfrac{1652}{210}$	7,8.

En ne prenant, dans chaque article de ces résultats, que les deux dernières expériences, l'on trouve que le rapport de la pression au frottement est, pour le fer contre le fer, avec enduit de suif, comme. 10 à 1.

Pour le fer et le cuivre enduits de suif, comme   11 à 1.

Et pour le fer et le cuivre enduits primitivement de suif, et ensuite d'huile, comme. . . . . 8 à 1.

Dans les enduits de suif, le rapport de la pression au frottement se trouve moindre sous des pressions de 52 livres que sous les grandes pressions. Nous avons vu déjà (art. 34 et 35) que cette variété provenait de la cohérence du suif qui oppose, sous tous les degrés de pression, une résistance constante proportionnelle à l'étendue des surfaces : cette résistance constante, qui n'est sensible que sous les petites pressions, peut s'évaluer ici, pour notre surface de contact de 45 pouces carrés, à une livre et demie pour le fer et le cuivre, et à 3 livres pour le fer contre le fer.

Mais par la onzième expérience, comparée avec les deux suivantes, il paraît qu'avec les enduits d'huile d'olive la cohérence peut être regardée comme nulle. Nous avons répété les expériences qui précèdent, en plaçant les règles de fer ou de cuivre attachées au traîneau en travers, et aux deux extrémités du traîneau ; elles recoupaient à angle droit la direction des grandes règles de fer attachées aux madriers dormans. Par là la surface de contact était réduite à 12 pouces au lieu de 45 pouces : éprouvées sous des pressions de 2000 livres, l'on a eu les mêmes résultats que précédemment ; en sorte que la diminution des surfaces n'a influé, dans ce rapport, que d'une manière insensible.

Avec des enduits de vieux oing, le frottement n'a jamais été moindre que le neuvième de la pression. Sa résistance dépend absolument de la consistance de l'enduit, et le frottement augmente à proportion que l'enduit est plus mou.

Lorsque les surfaces sont enduites de suif, et qu'elles ont une grande étendue, le frottement dénature le suif, et augmente sensiblement à mesure que l'on continue les essais sans renouveler l'enduit : cependant je l'ai toujours trouvé moindre que le huitième de la pression ; mais lorsque le suif est noyé d'huile, comme dans nos trois dernières expériences, et que les surfaces de contact sont très petites, pour lors cet effet est moins sensible. J'ai fait, pendant trois heures de suite, des expériences avec un axe de fer enduit primitivement de suif et d'huile, sans rafraîchir l'enduit, et sans éprouver aucune irrégularité ni aucun accroissement dans le rapport de la pression au frottement.

Cuivre et fer enduits; les surfaces de contact réduites aux plus petites dimensions possibles.

Nous avons fait arrondir avec beaucoup de soin la tête de quatre gros clous de cuivre; nous les avons enfoncés aux quatre coins du traîneau, de manière que le traîneau ne portait sur les deux grandes règles de fer attachées au madrier dormant que par la convexité comprimée de quatre demi-sphères de 6 lignes de diamètre. Nous avons d'abord essuyé avec soin nos règles dormantes; mais pénétrées de suif par toutes les expériences qui avaient précédé, elles restaient onctueuses, luisantes et grasses au toucher : c'est à peu près l'état où sont les machines dont on n'a pas renouvelé l'enduit depuis quelque temps. Nous avons voulu savoir quel serait le frottement de nos quatre têtes de clous sur une pareille surface.

Surfaces restant onctueuses après son ancien enduit essuyé.

XIVᵉ EXPÉRIENCE.

Le traîneau chargé, son poids compris, de 47 liv.

ESSAI. Avec une traction de 5 livres et demie, le traîneau commence à se mouvoir en l'ébranlant; il s'arrête sous une moindre traction, quelque vitesse primitive qu'on lui imprime.

XVᵉ EXPÉRIENCE.

Le traîneau chargé, son poids compris, de 447 liv.

ESSAI. Avec une traction de 51 livres, le traîneau ébranlé se meut d'un mouvement continu; il s'arrête sous une moindre traction, quelque vitesse primitive qu'on lui imprime : l'on n'a jamais pu produire une vitesse uniforme, et le traîneau ou s'accélère dans sa marche, ou s'arrête.

XVI⁰ EXPÉRIENCE.

Le traîneau chargé, tout compris, de 847 liv.

Essai. Il faut une force de traction de 112 livres, pour que le traîneau continue à se mouvoir. Il faut même lui imprimer une vitesse primitive d'un ou deux pouces par seconde; car souvent il ne marche pas lorsqu'on ne fait que l'ébranler.

Surfaces de contact réduites aux plus petites dimensions, et enduites d'une couche de suif.

XVII⁰ EXPÉRIENCE.

Le traîneau chargé, tout compris, de 847 liv.

Essai. L'on a mis une couche de suif sur les règles dormantes; il a fallu, en ébranlant seulement le traîneau pour qu'il prît un mouvement continu, une traction de 95 livres : mais, en lui imprimant une vitesse primitive de 5 ou 6 pouces par seconde, le traîneau continue à se mouvoir en s'accélérant, lorsqu'il est tiré par un poids de 88 livres.

Même enduit que dans l'expérience précédente, avec une couche d'huile.

XVIII⁰ EXPÉRIENCE.

Le traîneau chargé, tout compris, de 847 liv.

Essai. En répandant de l'huile sur l'enduit de suif, de l'expérience qui précède, le traîneau s'arrêtait toujours, quelque vitesse primitive qu'on lui imprimât, lorsqu'il n'était tiré que par un poids de 106 livres : mais, tiré par 112 livres,

13

il marche toujours en s'accélérant, quelque petite que soit la vitesse primitive qu'on lui imprime.

OBSERVATIONS.

93. Lorsque les surfaces sont, comme ici, réduites aux plus petites dimensions possibles, et seulement onctueuses, il paraît que les vitesses influent très peu dans les frottemens : toutes les fois que nous avons ôté un dixième du poids nécessaire pour donner au traîneau une vitesse continue, en ne faisant que l'ébranler, il a ralenti son mouvement et s'est arrêté, quelque degré de vitesse primitive qu'on lui ait imprimé.

Lorsque, dans la dix-septième expérience, nous avons enduit les règles dormantes de fer avec beaucoup de suif, pour lors le frottement a paru diminuer un peu au fur et à mesure que l'on augmentait la vitesse; mais cette diminution était beaucoup moindre que lorsque les surfaces de contact étaient, comme à l'article 90, de plusieurs pouces carrés.

En répandant, *expérience dix-huitième*, de l'huile sur le suif, pour lors le suif perd sa consistance, et le frottement redevient à peu près le même que lorsque les surfaces étaient seulement onctueuses, et qu'il n'y avait point de suif interposé.

94. Nous allons actuellement déterminer, d'après nos expériences, le rapport de la pression au frottement pour les surfaces onctueuses.

Rapport de la pression au frottement dans les surfaces onctueuses, sous tous les degrés de vitesse.

$$\text{XIV}^e \text{ EXPÉRIENCE.} \quad \frac{\text{Pression}}{\text{Frottement}} \quad \frac{47}{5\frac{1}{2}} \ldots\ldots\; 8{,}5.$$

$$\text{XV}^e \text{ EXP.} \ldots\ldots\ldots\ldots\ldots \quad \frac{447}{51} \ldots\ldots\; 8{,}8$$

$$\text{XVI}^e \text{ EXP.} \ldots\ldots\ldots\ldots \quad \frac{847}{112} \ldots\ldots\; 7{,}6.$$

Surfaces enduites de suif; vitesse de deux pouces par seconde et au-dessous.

$$\text{XVII}^e \text{ EXPÉRIENCE.} \quad \frac{\text{Pression}}{\text{Frottement}} \quad \frac{847}{95} \dots\dots 8,9.$$

Même enduit avec couche d'huile; vitesse quelconque.

$$\text{XVIII}^e \text{ EXPÉRIENCE.} \quad \frac{\text{Pression}}{\text{Frottement}} \quad \frac{847}{112} \dots\dots 7,6.$$

CHAPITRE III.

Essai sur la théorie du frottement.

95. Avant de chercher les causes physiques du frottement, nous allons rassembler les principaux résultats de nos expériences.

1°. Le frottement des bois glissant à sec sur les bois, oppose, après un temps suffisant de repos, une résistance proportionnelle aux pressions : cette résistance augmente sensiblement dans les premiers instants de repos; mais après quelques minutes elle parvient ordinairement à son *maximum* ou à sa limite.

2°. Lorsque les bois glissent à sec sur les bois avec une vitesse quelconque, le frottement est encore proportionnel aux pressions; mais son intensité est beaucoup moindre que celle que l'on éprouve en détachant les surfaces après quelques minutes de repos : l'on trouve, par exemple, que la force nécessaire pour détacher et faire glisser deux surfaces de chêne après quelques minutes de repos, est (articles 10 et 44) à celle nécessaire pour vaincre le frottement, lorsque les surfaces ont déjà un degré de vitesse quelconque, comme 9,5 à 2,2.

3°. Le frottement des métaux glissant sur les métaux sans enduit, est également proportionnel aux pressions; mais son intensité est la même, soit qu'on veuille détacher les surfaces après un temps quelconque de repos, soit qu'on veuille entretenir une vitesse uniforme quelconque.

4°. Les surfaces hétérogènes, telles que les bois et les métaux, glissant l'une sur l'autre sans enduit, donnent pour leurs frottemens des résultats très différens de ceux qui précèdent; car l'intensité de leur frottement, relativement au temps de repos, croît lentement, et ne parvient à sa limite qu'après quatre ou cinq jours et quelquefois davantage; au lieu que, dans les métaux, elle y parvient dans un instant, et dans les bois dans quelques minutes : cet accroissement est même si lent, que la résistance du frottement, dans les vitesses insensibles, est presque la même que celle que l'on surmonte en ébranlant ou détachant les surfaces après trois ou quatre secondes de repos. Ce n'est pas encore tout; dans les bois glissant sans enduit sur les bois, et dans les métaux glissant sur les métaux, la vitesse n'influe que très peu sur les frottemens; mais ici (articles 55 et suivans) le frottement croît très sensiblement à mesure que l'on augmente les vitesses; en sorte que le frottement croît à peu près suivant une progression arithmétique, lorsque les vitesses croissent suivant une progression géométrique.

Ces quatre principaux faits vont former la base de notre théorie du frottement.

96. Le frottement ne peut venir que de l'engrenage des aspérités des surfaces, et la cohérence ne doit y influer que

très peu : car nous trouvons que le frottement est, dans tous les cas, à peu près proportionnel aux pressions, et indépendant de l'étendue des surfaces : or, la cohérence agirait nécessairement suivant le nombre des points de contact ou suivant l'étendue des surfaces. Nous trouvons cependant que cette cohérence n'est pas précisément nulle, et nous avons eu soin de la déterminer dans les différens genres d'expériences qui ont précédé. Nous l'avons trouvée, art. 44, d'une livre deux tiers par pied carré pour les surfaces de chêne non enduites; mais, dans la pratique, la résistance qui peut venir de cette cohérence peut être négligée, toutes les fois que chaque pied carré est chargé de plusieurs quintaux.

97. Dans les faits que nous venons de rapporter, les surfaces ne sont dénaturées par aucun enduit; ainsi, la variété des phénomènes ne peut tenir qu'à quelque différence essentielle dans la nature des parties constitutives des bois et des métaux : les bois sont composés de fibres alongées, de parties flexibles et élastiques; les métaux au contraire sont composés de parties angulaires, globuleuses, dures et inflexibles, en sorte qu'aucun degré de pression ni de traction ne peut changer la figure des parties qui tapissent la surface des métaux, tandis que les fibres ou les espèces de poils dont les bois sont formés peuvent se plier aisément dans tous les sens.

98. Ainsi, pour nous servir d'une comparaison simple, nous concevons (*fig.* 8) que les fibres dont la surface du bois est couverte, entrent les unes dans les autres, comme le pourraient faire les crins de deux brosses. Pour avoir le degré de traction nécessaire pour faire glisser l'une des brosses sur l'autre, il faudrait examiner la différente position des crins dans le moment où, après un certain temps de repos, l'on

ferait un effort pour détacher les brosses, et celle où les crins se trouveraient, lorsqu'en glissant l'une sur l'autre, les brosses auraient un mouvement respectif quelconque.

.Nous supposons donc (*fig.* 8) que lorsqu'on pose une planche bien polie sur une autre, les fibres, dont les surfaces sont hérissées, entrent librement les unes dans les autres, comme on le voit dans cette figure. Si à présent l'on veut faire glisser la planche supérieure sur l'inférieure, les fibres des deux surfaces se plieront mutuellement jusqu'à ce qu'elles se touchent, sans cependant se désengrener; cette position des fibres est représentée dans la *neuvième figure*. Arrivées à cette position, les fibres se touchant mutuellement ne peuvent pas se coucher davantage, et l'angle de leur inclinaison dépendant de la grosseur des fibres, sera le même sous tous les degrés de pression : ainsi il faudra, sous tous les degrés de pression, une force proportionnelle à la pression, pour que les fibres glissant suivant cette inclinaison, puissent se désengrener.

Mais si l'on détache le traîneau, et qu'on continue à le faire glisser, tous les fibres (*fig.* 10) se désengrèneront, et en se désengrenant il restera un vide entre les fibres voisines d'une même surface; ainsi elles se coucheront les unes sur les autres jusqu'à ce qu'elles se touchent, et elles prendront conséquemment encore une inclinaison plus grande que la précédente, mais qui sera encore toujours la même pour tous les degrés de pression. Ainsi, dans les surfaces en mouvement, le frottement sera encore proportionnel aux pressions : l'on ne trouvera de variété, relativement à cette théorie, que lorsque les surfaces de contact seront réduites à leurs plus petites dimensions, parce que pour lors les parties intérieures des surfaces venant à céder sous les pressions énormes qu'elles

éprouvent, les fibres pourront encore s'incliner : c'est effectivement ce que nous avons trouvé en faisant glisser suivant le
fil du bois (*art.* 38 *et suiv.*) le traîneau porté sur deux angles
de chêne arrondis.

99. L'on expliquera avec facilité, par cette théorie, une
observation que nous avons faite (*art.* 46 *et* 47); c'est que
lorsque les angles de chêne qui portent le traîneau glissent
dans le sens de leur longueur, les points du madrier dormant,
placés sous ces angles, se trouvant comprimés tout le temps
que le traîneau emploie à parcourir sa longueur, ce temps
est assez long pour que les surfaces fléchissent, et que les
fibres s'inclinent davantage que lorsque leurs extrémités seulement se touchent. Mais, lorsque les angles qui portent le
traîneau sont placés (*fig.* 5) à l'extrémité et en travers du
traîneau, pour lors les points de contact avec le madrier
dormant n'étant soumis qu'un instant à la compression,
n'ont pas le temps de fléchir d'une manière sensible, et le
rapport de la pression au frottement reste le même pour les
grandes et les petites pressions.

100. Les métaux n'étant point composés de fibres ni de
parties flexibles, la situation des cavités, leur figure, ne va-
riera dans aucune circonstance : conséquemment, soit que
le traîneau soit en mouvement, soit qu'il soit en repos, l'intensité du frottement sera toujours la même, parce qu'elle
dépend de la figure des molécules élémentaires qui constituent
les surfaces, et de l'inclinaison du plan tangentiel dans les
points de contact : la *fig.* 11 représente deux surfaces du genre
des métaux, posées l'une sur l'autre.

101. Lorsque les bois glissent sur les métaux, ce sont pour
lors les fibres élastiques du bois qui, en se pliant le long des

parois des cavités, pénètrent dans les cavités : or, comme ces fibres sont flexibles et élastiques, elles ne s'enfoncent que peu à peu dans ces cavités; ainsi, la résistance due au frottement augmentera à mesure que le temps de repos qui précédera l'effort pour faire glisser les surfaces sera plus long. Mais si nous supposons le traîneau en mouvement, les fibres dont les surfaces du bois sont couvertes, rencontrant les inégalités du métal, seront fléchies pour franchir le sommet de ces inégalités. Cette flexion sera nécessairement telle que la réaction de l'élasticité des fibres soit proportionnelle à la pression : ainsi, dans les vitesses insensibles, le frottement se trouvera encore proportionnel à la pression, comme nous l'avons trouvé par nos expériences (*art.* 55 *et suiv.*) : lorsque le traîneau sera mu avec une vitesse quelconque, pour lors, comme les cavités de la surface du métal ont de l'étendue, relativement à la grosseur des fibres du bois, les fibres, après avoir passé sur les sommités des inégalités des surfaces métalliques, se relèveront en partie comme des faisceaux de ressort. Il faudra donc les plier de nouveau, pour leur faire franchir l'inégalité suivante. Plus la vitesse sera grande, plus il faudra plier de fois les fibres : ainsi, le frottement doit croître suivant une loi de la vitesse; mais cependant on les pliera sous un moindre angle, à mesure que la vitesse augmentera, parce qu'en passant d'une sommité à l'autre, les fibres n'ont pas le temps de se redresser en entier.

Dans le frottement des bois et des métaux enduits de suif, les surfaces de contact étant réduites à des angles arrondis, nous avons trouvé que, les règles marchant par le travers du fil du bois, la vitesse cessait d'influer dans le frottement : il paraît que, dans ce genre de frottement, le suif colle les fibres du bois les unes sur les autres, et leur fait perdre en

partie leur élasticité : voici à ce sujet une observation intéressante. En faisant tourner une poulie de gaïac sur un axe
de fer, sans y avoir mis aucun enduit, j'ai trouvé que pendant
les vingt premières minutes, la poulie étant neuve, le frottement augmentait avec la vitesse, suivant des lois analogues
à celles que nous trouvons pour le bois et le fer dans le
mouvement du traîneau. Cependant, après deux heures d'un
frottement continu, sous une rotation rapide, les fibres du
bois avaient perdu la plus grande partie de leur élasticité,
et l'augmentation de vitesse n'augmentait presque plus le
frottement. Cet effet a été produit bien plus rapidement en
enduisant l'axe de suif : car, après une minute de mouvement
de rotation, sous une pression de 600 livres, une poulie
de gaïac, montée sur un axe de fer enduit de suif, a toujours eu le même frottement avec un degré quelconque de
vitesse.

Je ne m'étendrai pas davantage sur cette théorie; elle paraît
expliquer avec facilité tous les phénomènes du frottement;
mais l'Académie ne demande aujourd'hui que des recherches
qui puissent être utiles : ainsi il serait dangereux de trop
se livrer à un système qui pourrait peut-être influer sur la
manière de rendre compte des expériences qui nous restent
à faire.

DEUXIÈME PARTIE.

DE LA FORCE NÉCESSAIRE POUR PLIER LES CORDES, ET DU FROTTEMENT DES AXES.

102. Nous sommes obligés d'interrompre ici l'ordre des matières, et de déterminer la roideur des cordes avant de donner nos expériences sur le frottement des axes; parce qu'après plusieurs tentatives, nous avons trouvé que le moyen qui convenait le mieux pour déterminer ce genre de frottement, était de suspendre deux poids égaux des deux côtés d'une poulie mobile sur son axe, et de donner un ébranlement à tout le système, après avoir ajouté un petit poids du côté qui doit vaincre le frottement, et d'observer ensuite le temps des chutes : mais, dans cette expérience, la résistance due au frottement se trouve confondue avec celle de la roideur de la corde, que nous allons d'abord déterminer, pour la défalquer de la résistance totale qui nous sera donnée par nos expériences. La première méthode dont nous avons fait usage, est celle de M. Amontons : elle est très commode pour faire des expériences avec des rouleaux d'un petit diamètre; mais elle ne peut pas convenir à des rouleaux d'un pied, ni même de 6 pouces de diamètre : d'ailleurs cette méthode n'est pas directe; c'est ce qui nous a déterminés à en vérifier les résultats par un autre moyen, qui peut être employé indistinctement avec des rouleaux de toutes les grosseurs. Les lois que nous trouverons par ces deux méthodes pour la roideur des cordes, seront encore confirmées en déterminant le frottement des axes dans le deuxième Chapitre.

CHAPITRE PREMIER.

De la roideur des cordes.

103. **M.** Amontons, dans le Volume de l'Académie des Sciences, pour 1699, a donné une méthode très ingénieuse pour déterminer la roideur des cordes : elle a été suivie par M. Désaguilliers, dans son Cours de Physique, qui a répété les expériences de M. Amontons avec le plus grand soin. Il a paru résulter des tentatives de ces deux auteurs, que les forces nécessaires pour plier des cordes autour d'un cylindre, sont en raison inverse du rayon des rouleaux, et en raison directe de la tension et du diamètre de la corde; mais ce résultat, qui n'est fondé que sur des expériences très en petit, est plutôt propre à fournir des inductions probables que des règles sûres : voici la manière dont nous nous sommes servis de l'appareil de M. Amontons, pour faire les expériences en grand.

104. A une poutre AA' (*fig.* 13, *nᵒˢ* 1 *et* 2) est soutenu, au moyen de deux crochets et d'une corde *abdd'b'a'*, un plateau BB' chargé de gueuses de 50 livres : le cylindre *bb'* est enveloppé par la corde, comme on le voit au nᵒ 2 de la treizième figure : l'on y voit en même temps un petit bassin de balance Q, soutenu par une ficelle très flexible qui enveloppe le cylindre : ce bassin est chargé de poids jusqu'à ce qu'il fasse descendre le rouleau.

Dans cette expérience, chaque corde soutient la moitié de la charge, et les poids du petit bassin Q sont uniquement employés à plier la corde autour du cylindre qu'elle enveloppe : le poids Q que nous trouvons par cette méthode, est, comme nous le verrons dans la deuxième Section de ce Chapitre, la moitié de celui qui est nécessaire pour plier une corde placée dans la gorge d'une poulie du même diamètre que le rouleau; il faut, dans toutes les expériences de cette Section, empêcher, avec le plus grand soin, les cordes pliées sur le rouleau de se toucher et de frotter l'une contre l'autre.

SECTION PREMIÈRE.

Expériences pour déterminer la roideur des cordes, en employant l'appareil de M. Amontons.

105. Dans les expériences qui suivent, nous avons toujours réuni la moitié du poids du cylindre bb' au poids du petit bassin Q, parce que le centre de gravité de ce cylindre n'a, relativement au point de suspension qui répond, n° 2, à la verticale gd, qu'un bras de levier égal au rayon du cylindre, tandis que le levier du poids Q est égal à son diamètre.

106. Nous avons fait fabriquer dans la corderie d'un des principaux ports de France, avec du chanvre de premier brin, trois cordes à trois torons : les fils de carret qui forment les torons, se trouvaient réduits à l'ordinaire par les différentes torsions données dans l'atelier aux deux tiers à peu près de leur longueur primitive : ces trois cordes sont les mêmes qui nous ont servi ensuite pour déterminer, au moyen d'une poulie, le frottement des axes.

CORDE n° 1. Cette corde était formée de six fils de carret, ou de trois torons de deux fils de carret chacun : la circonférence de la corde était de $12\frac{1}{2}$ lignes; les 6 pouces de longueur pesaient $\frac{9}{4}$ gros.

CORDE n° 2. Cette corde était composée de quinze fils de carret, ou de trois torons de cinq fils chacun : le tour de la corde était de 20 lignes; les 6 pouces de longueur pesaient $\frac{25}{4}$ gros.

CORDE n° 3. Cette corde était formée de trente fils de carret, ou de trois torons de dix fils de carret chacun : le tour de la corde était de 28 lignes, et les 6 pouces de longueur pesaient $\frac{49}{4}$ gros.

Pour mettre ces cordes à peu près dans le même état que celles dont nous nous servons dans la manœuvre des machines, on les plaçait dans la gorge d'une poulie; l'on y suspendait des deux côtés un poids de 4 à 500 livres; un homme faisait alternativement monter et descendre ce poids de 8 ou 10 pieds de hauteur pendant une grosse heure : lorsque la corde avait ainsi acquis une flexibilité à peu près uniforme dans toute sa longueur, on la soumettait aux expériences qui devaient déterminer sa roideur. Cette préparation est absolument indispensable, si l'on veut éviter des irrégularités qui nous mettraient hors d'état de tirer aucun parti des expériences.

Les rouleaux $b\,b'$, dont on s'est servi depuis le diamètre d'un pouce jusqu'à celui de 6 pouces, avaient été tournés avec le plus grand soin : la moitié de leur poids a toujours été ajoutée, dans les expériences, à celui du petit bassin Q; lorsque le poids du rouleau était considérable, on le soutenait au moyen d'un petit contre-poids φ, et d'une ficelle qui passait sur une petite poulie n ($fig.$ 13, n° 2) attachée à la poutre AA'. Dans la réduction de la charge du petit bassin Q, l'on avait égard à ce petit contre-poids.

107. Les trois Tables qui suivent, représentent les forces

nécessaires pour plier nos trois cordes autour de différens rouleaux : la première colonne désigne le poids du plateau BB′ et de sa charge : les autres colonnes marquent en livre et dixième de livre la charge du bassin Q réunie à la moitié du poids du rouleau bb', dans l'instant où ce rouleau commence à descendre : en tête de chaque colonne, l'on trouve en pouces le diamètre des rouleaux qui ont servi aux expériences.

Table pour déterminer la roideur des cordes à trois torons non goudronnées.

POIDS qui tend les CORDES, en livres.	Ire TABLE. CORDE n° 1, de 6 fils de carret. Diamètre des rouleaux			IIe TABLE. CORDE n° 2, de 15 fils de carret. Diamètre des rouleaux.			IIIe TABLE. CORDE n° 3, de 30 fils de carret. Diamètre des rouleaux.		
	1 pouce.	2 pouces.	4 pouces.	1 pouce.	2 pouces.	4 pouces	2 pouces.	4 pouces.	6 pouces.
25 liv.	2,0 liv.	*liv.	*liv.	7,0 liv.	3,2 liv.	1,7 liv.	11,0 liv.	5,0 liv.	*liv.
125	11,0	4,0	*	22,0	9,0	5,0	21,0	8,5	*
225	17,0	6,5	*	30,0	17,0	7,0	29,0	14,0	*
425	31,0	12,0	5,7	65,0	31,0	13,0	47,0	23,0	*
625	43,0	15,0	7,2	92,0	41,0	16,7	67,0	31,0	*
1025	*	*	11,0	*	*	27,0	*	50,0	34,0

108. La Table qui précède est le résultat d'un travail long et pénible; mais malgré tous les soins que l'on a pu prendre pour rendre les expériences exactes, elles ne sont pas parfaitement régulières; cependant elles suffisent, dans la pratique, pour conclure que, sous les grandes tensions, les forces nécessaires pour plier les cordes autour de différens rouleaux, sont à peu près en raison directe des tensions des cordes, et inverse du diamètre des rouleaux (*), comme l'ont trouvé

(*) Il paraît par la Table qui précède, et par quelques autres expériences, que les forces nécessaires pour plier les cordes autour des rouleaux, croissent pour

MM. Amontons et Désaguilliers; mais elles ne sont pas, ainsi que l'ont voulu ces deux auteurs, en raison directe du diamètre des cordes : car, si l'on compare nos trois cordes pliées autour d'un rouleau de 4 pouces, et tendues par un poids de 625 livres, l'on trouvera pour la force qui plie les cordes :

N° 1. Corde de 6 fils et de 12 $\frac{1}{2}$ lignes de tour,   7,2 liv.
N° 2. Corde de 15 fils et de 20 lignes de tour,   16,7.
N° 3. Corde de 30 fils et de 28 lignes de tour,   31,0.

Nous avons ici même rouleau et même tension; ainsi en supposant, en pareil cas, que les forces qui plient les cordes sont comme une puissance m de leur diamètre, nous aurons, en comparant n° 1 avec n° 3, $31,0 : 7,2 :: 28^m : 12\frac{1}{2}^m$, d'où

$$m = \frac{\log\left(\frac{310}{72}\right)}{\log\left(\frac{28}{12\frac{1}{2}}\right)} \quad . . . . \quad 1,8.$$

En comparant n° 1 avec n° 2, l'on aura m. . . 1,7.
En comparant n° 2 et n° 3, l'on aura m. . . . 1,8.

Il résulte de ces trois expériences, et généralement de toutes celles comprises dans notre Table, que les forces nécessaires pour plier les cordes autour d'un rouleau sont très approchant comme le carré des diamètres des cordes : il paraît cependant que la valeur de cette quantité m n'est pas la même dans toutes les espèces de cordes; elle dépend pour les cordes d'une même fabrique, de l'usé et du plus ou moins de flexibilité de la corde; mais quoiqu'elle diminue à mesure que

les petits rouleaux dans un plus grand rapport que celui suivant lequel le diamètre des rouleaux diminue ; mais lorsque le diamètre des rouleaux est très grand, relativement à celui des cordes, ce qui a presque toujours lieu dans la pratique, pour lors, la loi que nous établissons ici est assez conforme à l'expérience.

les cordes s'usent, je ne l'ai jamais trouvée au-dessous du nombre 1,4.

Il se pourrait que les forces nécessaires pour plier des ficelles d'une ou deux lignes de diamètre, telles que celles mises en expériences par MM. Amontons et Désaguilliers, fussent, à cause de leur grande flexibilité, comme le simple diamètre des cordes : d'ailleurs, M. Désaguilliers (Cours de Physique, tom. I, pag. 247 et 248) avoue que lorsqu'il s'est servi d'une corde de $\frac{5}{10}$ pouces de diamètre, c'est la plus grosse qu'il ait employée, il a trouvé que la force nécessaire pour plier cette corde a été, à proportion, plus considérable que dans les autres. Mais ce que je puis assurer, c'est qu'en comparant des cordes d'une grosseur suffisante pour manœuvrer plusieurs quintaux, que les cordes soient neuves ou vieilles, pourvu qu'elles aient servi à peu près également, jamais l'on ne trouvera le nombre m aussi petit que l'unité : je l'ai trouvé une seule fois égal à 1,4; mais les cordes étaient si usées, qu'elles étaient presque hors d'état de servir.

109. Le rapport donné par MM. Amontons et Désaguilliers, relativement à la tension proportionnelle aux forces qui plient les cordes, exige, dans les gros cordages, une correction dont ces deux auteurs travaillant en petit, n'ont pas pu s'apercevoir. Si l'on examine la première colonne de notre troisième Table, où la corde est de trente fils de carret, et le rouleau de 2 pouces de diamètre, l'on trouvera qu'avec une tension de 25 livres, il faut 11 livres pour faire descendre le rouleau, tandis qu'avec une tension de 625 livres, il faut 67 livres. Si nous retranchons 11 livres de 67 livres, il en résultera qu'une augmentation de tension, égale à 600 livres, exige, pour faire descendre le rouleau, une force de 56 livres, ce

qui, suivant la règle, donnerait 9,3 livres par quintal, et conséquemment $2,\frac{3\text{liv.}}{10}$ pour une tension de 25 livres. Mais nous trouvons, par l'expérience, qu'une tension de 25 livres exige 11 livres pour vaincre la roideur de notre corde, ainsi c'est 8,7 livres de plus que nous n'aurions dû avoir. Cependant, si en comptant sur une force de 11 livres pour une tension de 25 livres, nous calculons pour tous les autres degrés de tension à raison de 9,3 livres par quintal, nous trouverons, pour les forces qui plient la corde, à peu près les mêmes nombres que dans nos expériences : c'est ce que l'on peut voir dans la petite Table que je joins ici, où la deuxième colonne est donnée par l'expérience, et où la troisième est calculée.

CORDE N° III, de 30 fils de carret, rouleau de 2 pouces.		
TENSION, en livres.	EXPÉRIENCE.	THÉORIE calculée.
25 liv.	11 liv.	11,0 liv.
125	21	20,3
225	29	29,6
425	47	48,2
625	67	67,0

Les forces requises pour plier une corde autour d'un rouleau, sont donc, d'après cette observation, représentées par deux termes; le premier est une quantité constante, et l'autre est proportionnel au poids qui tend la corde : la quantité constante ne peut être attribuée qu'aux différens degrés de tension et de torsion que les cordes éprouvent dans leur fabrique. Chaque fil de carret y est tendu par une certaine force, et il conserve son degré de tension lorsque la corde est ourdie, parce que les fils de carret serrés et engagés les uns dans les autres, sont retenus par leur frottement. Ainsi, dans une corde qui soutient un poids, chaque fil est tendu, non-seulement par le poids qu'il soutient, mais encore suivant le degré de tension qu'il conserve d'après l'ourdissage de la corde : or, si les forces nécessaires pour plier une corde sont proportionnelles aux tensions, il en résulte qu'elles seront proportionnelles à une quantité constante, plus au poids dont la corde est chargée; cette quantité constante doit varier suivant le degré de tension et de torsion que l'on fait éprouver aux cordes dans leur fabrique : dans des cordes neuves à trois torons, elle suit assez exactement le rapport du carré des diamètres des cordes : lorsque les cordes servent depuis longtemps, les fils de carret se détendent, et la quantité constante qui répond à leur tension primitive diminue.

Cette quantité constante diminue encore proportionnellement au diamètre des rouleaux. Ainsi, la formule qui représentera les forces nécessaires pour plier les cordes, sera assez exactement exprimée par $\frac{r^{m}}{R}(a + bP)$, où r est le diamètre de la corde; R est le diamètre du rouleau; a et b sont deux quantités constantes que l'expérience détermine pour des cordes d'une même nature; P est le poids que soutient la corde; m (*art.* 108) est égale à 1,7 pour les cordes neuves, et à 1,4 pour les vieilles cordes.

Si nous voulons déterminer les quantités a et b d'après les expériences et les observations de cet article, où la corde de trente fils de carret, dont le diamètre est à peu près 9 lignes, se plie sur un rouleau de 24 lignes de diamètre, nous aurons

$$\frac{r^m a}{R} = \frac{9 \cdot \frac{17}{10}}{24} a = 8,7 \text{ liv.}, \text{ et } \frac{r^m b}{R} 100 \text{ liv.} = \frac{9 \cdot \frac{17}{10}}{24} 100 \text{ liv.} \quad b = 9,3 \text{ liv.},$$

d'où l'on tirera facilement a et b. Il faut seulement remarquer que comme le rouleau, dans nos expériences, est soutenu par deux cordes, la quantité que nous trouvons pour la constante a est double de celle que nous trouverions pour une seule corde.

Câble blanc de cent douze fils de carret à quatre torons.

110. Pour rendre notre travail plus utile dans la pratique, nous allons rapporter le résultat de quelques expériences pour déterminer les forces nécessaires pour plier les câbles autour d'un rouleau.

PREMIÈRE EXPÉRIENCE.

Nous avons mis en expérience un câble formé de quatre torons, de vingt-huit fils de carret chacun, en tout cent douze fils; au centre de ce câble était une mêche pour remplir le vide que la réunion des quatre torons laisse entre eux; le tour du câble était de 57 lignes; les 6 pouces de longueur pesaient $\frac{170}{4}$ gros.

Ier Essai. Ce câble éprouvé sous une tension de 1000 liv., et roulé autour d'un cylindre de 6 pouces de diamètre, suivant la méthode d'Amontons, n'a été mené que par un poids de 100 livres.

IIe Essai. Avec le même rouleau de 6 pouces et une tension de 100 livres, le rouleau n'a été entraîné que par une force de 19 livres.

Observations sur cette Expérience.

111. En comparant ce câble avec la corde de trente fils de carret qui, dans la troisième Table, *art.* 107, lorsqu'elle est tendue par un poids de 1000 livres, et qu'elle enveloppe un rouleau de 6 pouces, exige une force de 34 livres pour faire descendre le rouleau, l'on trouve, en suivant le procédé de

l'article 108, $m = \dfrac{\log\left(\frac{100}{34}\right)}{\log \frac{57}{28}} = 1,5$, quantité plus petite que celle

que nous avons trouvée par nos premières expériences, quoique le câble fût presque neuf : l'on ne doit pas être surpris de cette diminution dans la quantité m, parce que, comme nous l'avons observé, il y avait ici une mèche de 10 à 12 lignes de tour au centre du câble; et que, dans la fabrique des câbles, il n'est pas possible que chaque fil de carret se tende aussi parfaitement que dans les cordes d'une grosseur moyenne.

Roideur des cordages blancs imbibés d'eau.

112. Comme dans l'usage des machines il arrive souvent que les cordes sont mouillées par la pluie, nous avons cherché quelles étaient les forces nécessaires pour plier nos trois cordes n°s 1, 2 et 3 sur différens rouleaux, après qu'elles ont eu trempé dans l'eau pendant 5 ou 6 heures, et nous avons trouvé les résultats contenus dans la Table qui suit.

Table pour évaluer la roideur des cordes blanches imbibées d'eau.

POIDS qui tend les CORDES, en livres,	Iʳᵉ TABLE. CORDE n° 1, de 6 fils de carret. Diamètre des rouleaux.		IIᵉ TABLE. CORDE n° 2, de 15 fils de carret. Diamètre des rouleaux.		IIIᵉ TABLE. CORDE n° 3, de 3o fils de carret. Diamètre des rouleaux.	
	2 pouces.	4 pouces.	2 pouces.	4 pouces.	2 pouces.	4 pouces.
25 liv.	* liv.	0,5 liv.	5,0 liv.	2,0 liv.	25,0 liv.	9,0 liv.
125	4,5	2,2	11,0	4,5	35,0	13,0
225	7,0	3,0	17,0	*	45,0	17,0
425	11,0	5,1	28,0	10,0	64,0	26,0
625	14,0	6,5	38,0	15,0	82,0	35,0
1025	*	*	*	23,0	*	55,4

Nous avons marqué, dans cette Table, d'une * les expériences qui n'ont pas été faites, ou que nous n'avons pas retrouvées sur notre registre. Si nous comparons ce Tableau avec celui de l'*article* 107, nous trouvons que, relativement aux deux cordes de quinze et de six fils de carret, l'humidité a plutôt augmenté la flexibilité de la corde que sa roideur. Les mêmes forces répondent à peu près au même degré de tension dans les deux Tableaux : il n'y a ici que la corde n° 3, de trente fils de carret, dont l'augmentation de roideur paraît très sensible, sur-tout lorsqu'elle n'est chargée que de 25 livres : car nous trouvons ici, troisième Table, qu'avec un rouleau de 2 pouces de diamètre, la force qu'il faut pour plier la corde de trente fils de carret mouillée, et pour faire descendre le rouleau, est elle-même de 25 livres, au lieu que nous la trouvons seulement de 11 livres pour la corde sèche. Mais, si nous retranchons 25 livres de 82 livres, force qui répond ici, dans l'avant-dernière colonne, à une charge de

625 livres, nous trouvons qu'avec la corde n° 3, mouillée, une augmentation de charge de six quintaux exige, pour faire descendre le rouleau de 2 pouces, une force de 57 livres : or, nous avons trouvé en pareille circonstance pour la corde sèche 56 livres. Ainsi, l'augmentation de roideur que nous trouvons ici est mesurée uniquement par une quantité constante qu'il faut attribuer à l'augmentation de tension, que l'eau, en s'insinuant dans les interstices de la corde et en y adhérant, fait contracter à tous les fils. Si cette augmentation de tension ne produit pas un effet sensible dans les petites cordes, c'est peut-être parce que l'eau s'en exprime avec beaucoup de facilité.

Evaluation de la roideur des cordes goudronnées.

113. Les cordes goudronnées étant les seules dont on fasse usage dans la Marine pour les manoeuvres à découvert, nous avons cherché à déterminer, par plusieurs expériences, les forces nécessaires pour plier cette espèce de corde; nous nous contenterons d'en rapporter les résultats.

PREMIÈRE EXPÉRIENCE.

Corde goudronnée neuve, de trente fils de carret.

Nous avons soumis à l'expérience une corde goudronnée neuve, de trois torons de dix fils de carret chacun; elle avait 33 lignes de circonférence; les 6 pouces pesaient $\frac{57}{4}$ gros.

Iᵉʳ Essai. Nous avons trouvé qu'avec un rouleau de 6 pouces et une charge de 1000 livres, il fallait, pour faire descendre le rouleau, une force de 42 livres.

IIᵉ Essai. Nous avons trouvé qu'avec un rouleau de 4 pouces, il fallait, pour une charge de 1000 livres, une force de 65 livres pour faire descendre le rouleau, et que, pour une charge de 25 livres, il fallait une force de 8 livres,

IIIe Essai. Avec un rouleau de 2 pouces et une charge de 25 livres, il faut 21 livres pour faire descendre le rouleau.

IIe EXPÉRIENCE.

Corde goudronnée neuve, de quinze fils de carret.

Nous avons mis en expérience une corde neuve goudronnée, et à trois torons de cinq fils de carret chacun ; sa circonférence était de 24 lignes, et 6 pouces de longueur pesaient $\frac{2\,8}{4}$ gros.

Ier Essai. Sur un rouleau de 4 pouces, avec une charge de 1000 livres, il fallait, pour faire descendre le rouleau, une force de 30 livres ; et pour une charge de 25 livres, il fallait à peu près 2 livres et demie.

IIIe EXPÉRIENCE.

Corde goudronnée neuve, de six fils de carret.

Nous avons mis en expérience une corde neuve goudronnée, formée de trois torons de deux fils de carret chacun ; elle avait 13 lignes de tour ; les 6 pouces de longueur pesaient $\frac{1\,2}{4}$ gros.

Ier Essai. Avec un rouleau de 2 pouces de diamètre, la corde éprouvée depuis 25 livres jusqu'à 600 livres ; le poids qui entraînait le rouleau s'est trouvé de 25 livres par millier ; la constante à ajouter n'allait pas à $\frac{3}{4}$ livre.

IIe Essai. Avec un rouleau de 4 pouces de diamètre, le poids qui entraîne le rouleau est de 12 livres par millier ; la quantité constante est trop petite pour que l'expérience puisse la saisir.

RÉSULTAT.

114. Il résulte des expériences que nous venons de rapporter, que les forces qu'il faut employer pour plier une corde

goudronnée autour d'un rouleau, seront exprimées par les mêmes formules que nous avons trouvées pour les cordes blanches, c'est-à-dire, qu'il faut ajouter au degré de force qui répond à la charge de la corde, une quantité constante, relative à celle que nous avons trouvée *art.* 109.

Si nous comparons, pour les cordes formées du même nombre de fils de carret, la roideur d'un cordage goudronné avec celle d'un cordage blanc, nous trouverons en général que les forces employées pour plier la corde goudronnée, sont à peine d'un sixième plus considérables que celles qu'il faut employer pour vaincre la roideur de la même corde non goudronnée : car, en prenant pour exemple les différentes cordes blanches ou goudronnées que nous avons soumises à l'expérience, nous trouvons qu'avec un cylindre de 4 pouces et une charge d'un millier, nous aurons :

Cordes blanches,

Les cordes chargées de 1025 livres.

N° 1. Six fils de carret, il faut, pour vaincre la roideur (*article* 107) . . . . 11 liv.

N° 2. Quinze fils de carret. 27

N° 3. Trente fils de carret. . . . . 50.

Cordes goudronnées.

Les cordes chargées de 1000 livres.

Corde de six fils de carret (*article* 113.) . . . . . 12 liv.

Corde de quinze fils de carret. 30

Corde de trente fils de carret. . . . . 65.

La roideur des deux espèces de corde diffère peu pour les cordes de six et de quinze fils (1); il n'y a que dans les gros

---

(*) En comparant les résultats trouvés pour les cordes goudronnées, comme nous l'avons fait, *art.* 108, pour les cordes blanches, l'on trouve que la roideur

cordages ou l'augmentation de roideur pour les cordes gou-dronnées devient sensible; mais il paraîtrait qu'elle dépend encore ici, au moins en grande partie, comme nous l'avions déjà trouvé dans les cordes imbibées d'eau, de l'augmentation du terme constant, ou du degré de tension indépendant de la charge, que le goudron, en remplissant les interstices de la corde, fait contracter à tous les fils qui la composent.

115. Lorsqu'on a soumis à l'expérience, du vieux cordage goudronné, l'on a trouvé qu'il avait à peu près la même roideur que le cordage goudronné neuf : si d'un côté, par l'usé, les parties du chanvre se détendent ; de l'autre, l'exposition à l'air et à la pluie durcit le goudron : trois cordes, l'une de six fils de carret, l'autre de quinze, et la troisième de trente fils de carret, qui servaient depuis quinze mois dans les manœu-vres d'un vaisseau qui venait de faire campagne, ont donné à peu près les mêmes résistances que les cordes neuves gou-dronnées.

116. Rien n'est si facile que d'appliquer à la pratique les résultats qui précèdent : nous allons en donner un exemple, en cherchant les forces nécessaires pour plier les cordes de nos expériences autour d'un rouleau d'un pied de diamètre; mais il faut toujours remarquer, comme nous le verrons plus bas, (*art.* 121), que les forces nécessaires pour plier les cordes dans la méthode d'Amontons, ne sont que la moitié de celles qu'il faudrait employer pour vaincre cette roideur en élevant un poids avec une poulie ou un cabestan.

Nous trouvons, *art.* 107, qu'une corde blanche de trente fils de carret, se roulant autour d'un cylindre de 4 pouces de

---

des cordes goudronnées suit à peu près le rapport du nombre des fils de carret qui les composent.

diamètre, exige, pour faire descendre le cylindre, une force de 50 livres sous une charge de 1025 livres. Nous trouvons également qu'il faut 5 livres de force pour une charge de 25 livres. C'est donc indépendamment de la quantité constante, une force de 45 livres par millier, et 4 livres à peu près pour la force constante indépendante de la charge; mais comme la charge et le rouleau sont soutenus par deux cordes, la constante qui répond à une seule corde n'est que de 2 livres : ainsi si nous voulons nous servir de cette corde sur une poulie de 12 pouces de diamètre, il faut prendre, pour les forces qui plient la corde, le tiers des quantités trouvées pour un rouleau de 4 pouces; ce sera $\frac{7}{10}$ livre pour la constante, et 15 livres par millier de charge. Nous calculerons, par le même moyen, les autres cordes, et nous aurons :

Forces nécessaires pour plier les cordes blanches autour d'un rouleau dans la Méthode de M. Amontons.

Corde blanche de trente fils de carret, n° 3.

Sur un rouleau de 4 pouces de diamètre, la quantité constante est. . . . . 2 liv.

La force proportionnelle à la charge est par quintal. 4,5

Sur un rouleau de 12 pouces, la force constante est de 0,7

La force proportionnelle à la charge est par quintal. . .1,5.

Corde blanche de quinze fils de carret, n° 2.

Sur un rouleau de 4 pouces, la force constante est de $\frac{5}{10}$ livre, et celle proportionnelle à la tension de 2,6 livres par quintal.

Corde blanche de six fils de carret, n° 1.

Sur un rouleau de 4 pouces de diamètre, la force constante

peut s'évaluer à $\frac{1}{10}$ livre, et la force proportionnelle aux charges, à 1,1 livre par quintal.

Corde goudronnée de trente fils de carret.

Sur un rouleau de 4 pouces, la force constante peut s'évaluer à 3,3 livres, et la force proportionnelle aux charges, à 5,8 livres par quintal.

Corde goudronnée de quinze fils de carret.

Sur un rouleau de 4 pouces, la force constante peut s'évaluer à une livre, et la force proportionnelle à la charge, à 2,8 liv. par quintal.

Corde goudronnée de six fils de carret.

Sur un rouleau de 4 pouces, la force constante peut s'évaluer à $\frac{2}{10}$ livre, et la force proportionnelle aux charges, à 1,2 livre par quintal.

Quant aux forces qui répondent à la grosseur des cordes, et qu'il faut employer pour les plier autour d'un rouleau, elles se calculeront assez exactement dans la pratique, en se conformant pour les cordes blanches, suivant qu'elles seront vieilles ou neuves, aux observations de l'article 109; et pour les cordes goudronnées les plus en usage dans la Marine, en supposant ces forces proportionnelles au nombre des fils de carret qui entrent dans la corde.

117. Les expériences des cordes goudronnées ont été faites pendant l'hiver par un vent d'ouest, le thermomètre de Réaumur de 5 ou 6 degrés au-dessus de la congélation; mais il paraît que la gelée augmente la roideur de cette espèce de cordage, sur-tout dans les grosses cordes : la corde de quinze fils de carret goudronnée, éprouvée, le thermomètre de 4 degrés au-dessous de la congélation, a demandé une force plus

grande à peu près d'un sixième que lorsque le thermomètre était de 6 degrés au-dessus de la congélation ; mais cette augmentation ne suit pas le rapport des charges ; c'est encore ici la partie de la force qui est constante, qui paraît augmenter le plus sensiblement.

Addition envoyée après le jugement du Prix, pour être insérée à la fin de l'art. 117, relatif à la roideur des cordes.

Dans le courant des expériences de cette Section, nous avons oublié de prévenir, et ce résultat a également lieu de quelque manière qu'on agisse, et de quelque procédé dont on se serve, pour éprouver la roideur des cordes, que si les cordes étant chargées, l'on relève le rouleau en le tournant à force de bras, et que l'on le laisse tomber tout de suite, la roideur de la corde sera souvent d'un tiers plus petite que dans nos expériences. Ce résultat a lieu avec les cordes blanches comme avec les goudronnées, avec les vieilles comme avec les neuves. Il est seulement plus sensible avec les grosses cordes et avec les neuves qu'avec les petites, avec les petits rouleaux qu'avec les gros ; mais si l'on laisse le rouleau remonté, quelque temps en repos, sans l'obliger à redescendre, l'on trouvera que la roideur de la corde augmente sensiblement, et qu'elle ne parvient à sa limite, telle que nous l'avons trouvée dans nos expériences, qu'après un repos de 5 ou 6 minutes. Ainsi dans un mouvement alternatif où les forces seraient employées à faire monter et descendre un poids, comme, par exemple, dans les sonnettes qui servent à élever le mouton pour battre les pilotis, la roideur de la corde serait un peu moindre que dans nos expériences. Il en serait de même d'une corde qui passerait sur deux poulies très proches l'une de l'autre : pour peu que le mouvement fût rapide, la force qu'il faudrait employer pour vaincre la roideur de la corde, en la pliant sur la deuxième poulie, serait moindre, quoique sous le même degré de tension, que la force employée à la plier sur la première.

Il paraît résulter de cette observation, que les parties de la corde pliée ne se redressent que lentement, comme nous l'observerons dans la théorie des cordes, et que la roideur plus ou moins grande dépend du redressement des parties.

Cette observation, au surplus, doit rarement influer dans le calcul des machines destinées à la Marine, dont les mouvemens sont lents, et où les poulies sont presque toujours assez éloignées l'une de l'autre, pour que chaque partie de la corde, en passant d'une poulie à l'autre, ait le temps de reprendre toute sa roideur. D'ailleurs il est presque toujours nécessaire, dans l'évaluation des machines, de calculer les résistances dans le cas le plus désavantageux pour les forces motrices.

SECTION DEUXIÈME.

Deuxième méthode pour déterminer, par l'expérience, la force nécessaire pour plier les cordes, et pour vaincre le frottement d'un cylindre, ou d'une roue qui roule sur un plan.

118. La méthode que je vais décrire, et qui m'a été utile pour déterminer la roideur des cordes, et le frottement des cylindres qui roulent sur des plans horizontaux, est plus directe que celle de M. Amontons : elle a d'ailleurs l'avantage de faire connaître les forces nécessaires pour plier une corde sur un rouleau d'un pied de diamètre ; ce qui n'est pas praticable dans la première méthode, sans employer un contrepoids pour soutenir le poids du rouleau, ce qui, multipliant les forces, jette nécessairement de l'incertitude dans le résultat des expériences.

Frottement des rouleaux.

119. L'on a posé sur deux tréteaux de 6 pieds de hauteur, solidement assis (*fig.* 14, n°s 1 et 2), deux pièces de bois équarries : sur ces deux pièces de bois, l'on a fixé deux règles de chêne, DD, D'D' dressées à la varlope, et polies avec une peau de chien de mer : l'on a fait tourner avec soin deux cylindres de bois de gaïac, l'un de 6 pouces de diamètre, et l'autre de 2 pouces : l'on a fait également exécuter au tour plusieurs cylindres de bois d'orme, depuis 2 jusqu'à 12 pouces de diamètre.

L'on a posé successivement les rouleaux sur les deux règles de chêne, de manière que l'axe des rouleaux se trouvait, ainsi qu'on le voit (*fig.* 14), perpendiculaire à l'alignement des règles dont on avait arrondi les arêtes : les deux règles étaient parfaitement de niveau : l'on suspendait des deux côtés du rouleau des poids de 50 livres, avec des ficelles très flexibles de 2 lignes de tour, et dont la roideur n'était pas le trentième de celle de notre corde de six fils de carret : au moyen de plusieurs ficelles distribuées sur les rouleaux, et chargées chacune de 50 livres de chaque côté, l'on produisait sur les règles une pression déterminée : l'on cherchait ensuite, au moyen d'un petit contre-poids que l'on suspendait alternativement des deux côtés du rouleau, qu'elle était la force nécessaire pour lui donner un mouvement continu insensible, ou pour vaincre son frottement. Voici le résultat des expériences dans lesquelles, à chaque essai, l'on commençait par ébranler le rouleau.

Rouleaux de bois de gaïac.

CHARGE des* ROULEAUX, leur poids compris.	FORCES qui produisent un mouvement continu très lent.	
	DIAMÈTRE des rouleaux, 6 pouces.	DIAMÈTRE des rouleaux, 2 pouces.
100 liv.	0,6 liv.	1,6 liv.
500	3,0	9,4
1000	6,0	18,0

Il résulte de cette Table, que le frottement des cylindres qui roulent sur des plans horizontaux, est en raison directe des pressions, et inverse du diamètre des rouleaux. Nous avons éprouvé que les enduits ne donnent ici aucune diminution sensible dans les frottemens.

Rouleaux de bois d'orme.

Les rouleaux de bois d'orme ont donné un frottement de $\frac{2}{5}$ plus grand que les rouleaux de gaïac : avec un rouleau d'orme de 6 pouces de diamètre, nous avons trouvé, pour une pression de 1000 livres, le frottement de 10 livres, et de 5 livres avec un rouleau de 12 pouces de diamètre : l'on remarque seulement que, sous les petites pressions, le frottement paraît un peu plus grand que celui qui résulterait de la loi des frottemens proportionnels aux pressions; mais cette différence est trop peu considérable, pour pouvoir produire des erreurs sensibles dans la pratique.

Évaluation de la roideur des cordes d'après les Expériences de cette nouvelle Méthode.

120. Le frottement des rouleaux nous étant connu par l'article qui précède, nous allons, au moyen de quelques expériences, chercher les forces qui sont nécessaires pour plier des cordes chargées de différens poids, posées sur ces mêmes rouleaux, ou sur des poulies du même diamètre.

PREMIÈRE EXPÉRIENCE.

Corde blanche, n° 3, de trente fils de carret, sur rouleau de bois d'orme, de 12 pouces de diamètre, pesant 110 livres.

Ier Essai. Chaque côté de la corde étant chargé de 100 livres, il a fallu un poids de 5 livres pour faire mouvoir le système d'un mouvement insensible continu.

IIe Essai. Chargé de 300 livres de chaque côté, il a fallu 11 livres.

IIIe Essai. Chargé de 500 livres, il a fallu 20 livres.

IIe EXPÉRIENCE.

Même corde, n° 3, de trente fils de carret, sur rouleau de bois d'orme, de 6 pouces de diamètre, pesant 25 livres.

Ier Essai. Chaque côté chargé de 200 livres, il faut, en imprimant une vitesse insensible au rouleau, pour que le mouvement soit continu, une traction de 18 livres.

IIIe EXPÉRIENCE.

Même corde de trente fils de carret, sur rouleau de gaïac, de 6 pouces de diamètre, pesant 50 livres.

Ier Essai. Le rouleau chargé de 200 livres de chaque côté, il faut un poids de 16 livres pour produire un mouvement continu.

IVᵉ EXPÉRIENCE.

Même corde de trente fils de carret sur rouleau de gaïac,
de 2 pouces de diamètre, pesant 4 livres et demie.

Iᵉʳ Essai. Chargé de 25 livres de chaque côté, il faut, en imprimant une vitesse insensible, pour que le mouvement soit continu, une force de traction de 11 livres.

IIᵉ Essai. Chargé de 200 livres, il faut, en imprimant une vitesse insensible, pour que le mouvement soit continu, une traction de 52 livres.

Vᵉ EXPÉRIENCE.

Corde de quinze fils de carret, nº 2, sur rouleau de gaïac,
de 6 pouces de diamètre, pesant 50 livres.

Iᵉʳ Essai. Chaque côté chargé de 25 livres, il faut. 1 liv. ¾

IIᵉ Essai. Chaque côté chargé de 100 livres. . . 6

IIIᵉ Essai. Chaque côté chargé de 200 livres. . . 11

IVᵉ Essai. Chaque côté chargé de 500 livres.. . . 24.

VIᵉ EXPÉRIENCE.

Corde de six fils de carret, nº 1, sur rouleau de gaïac,
de 6 pouces de diamètre.

Iᵉʳ Essai. Chaque côté chargé de 100 livres, il faut 3 liv.

IIᵉ Essai. Chaque côté chargé de 200 livres. . . . 6.

Calcul des Expériences pour le rouleau de 12 pouces.

120. En ajoutant le poids du rouleau à celui dont les cordes sont chargées, nous aurons le résultat de la première expérience sous la forme suivante :

		Le frottement calculé d'après l'art. 119.	
Iʳᵉ EXPÉRIENCE. Iᵉʳ ESSAI. Pression.	315 liv.		1,5 liv.
IIᵉ ESSAI.........	721	....	3,6.
IIIᵉ ESSAI.........	1130	....	5,6.

17

En retranchant ces frottemens des quantités trouvées à chaque expérience, il reste, pour la force qui plie la corde sur un rouleau de 12 pouces de diamètre :

Ire EXP. Ier ESSAI. La corde chargée de 100 liv. Roideur de la corde 3,5 liv.
IIe ESSAI.................... 300 .... 7,4.
IIIe ESSAI.................... 500 .... 14,4.

Nous trouverions, *art.* 116, par la méthode de M. Amontons, que les forces nécessaires pour plier une pareille corde sur un rouleau de 12 pouces, sont :

Pour une tension de 100 livres. . . . . 2,2 liv.
Pour une tension de 300 livres. 5,2
Pour une tension de 500 livres. . . . . 8,2.

Calcul pour les trois cordes, avec un rouleau de gaïac
de 6 pouces de diamètre.

Corde n° 3, de trente fils de carret.

Dans la troisième expérience, les règles sont chargées de 466 livres, le frottement, *art.* 119. . . . . 2,8 liv.;
il reste, pour la force due à la roideur de la corde. . 13,2.
Nous trouverions pour cette force, par la méthode de M. Amontons, *art.* 116. . . . . 7,4 liv.

Corde n° 2, de quinze fils de carret.

Dans la cinquième expérience, les règles sont chargées, dans le troisième essai, de 461 livres; le frottement des rouleaux est de. . . . . 2,8 liv.;
il reste, pour la roideur de la corde. 8,2
Nous trouverions, par la méthode de M. Amontons, *art.* 116. . . . . 3,7 liv.
Dans le quatrième essai de la même expérience, les règles

sont chargées de 1074 livres, le frottement est de 6,4 liv.;

il reste, pour la roideur de la corde, ... 17,6

Nous trouverions, *art.* 116, pour cette force. . . . 8,9 liv.

Corde n° 1, de six fils de carret.

Dans la sixième expérience, les règles sont chargées au deuxième essai de 456 liv., c'est pour le frottement .   2,7 liv.;

il reste, pour la roideur de la corde, ... 3,3

Nous trouverions, par l'*art.* 116 . . . . 1,5 liv.

Il résulte des calculs qui précèdent, que la force nécessaire pour plier une corde autour d'une poulie mobile sur son axe, est double de celle que nous avons trouvée par la méthode de M. Amontons; il n'y a que la corde de trente fils de carret, première et troisième expériences, qui ne donne pas tout-à-fait le double des forces déterminées par l'*art.* 116; mais cette différence doit être attribuée à ce que la roideur de notre corde n'a été éprouvée, par cette deuxième méthode, qu'à la fin de nos opérations, lorsqu'elle était usée par un grand nombre d'essais; au lieu que, lorsqu'elle a été mise en expérience, par la méthode de M. Amontons, elle n'avait été encore rompue que par quelques opérations décrites au commencement de la Section précédente.

La correspondance que nous trouvons ici entre des résultats auxquels nous sommes parvenus par deux marches d'expériences absolument différentes, leur sert de preuves réciproques. Il n'est plus question que de voir pourquoi les forces trouvées par notre deuxième méthode sont doubles de celles trouvées par la première.

121. (*) La *fig.* 15, qui correspond au n° 2 de la 13ᵉ *fig.*,

---

représente une partie de l'appareil de M. Amontons; la corde QP soutient la charge P : en Π est le poids qui plie la corde autour du rouleau : la roideur de la corde fait prendre à sa partie inférieure une courbure eng, excentrique au cercle de la section du rouleau; mais la partie supérieure nL de la corde qui se déroule reprenant son état naturel, n'oppose point de résistance, en sorte que la partie supérieure de la corde est verticale et tangente au rouleau : dans le moment où l'on suppose que tout le système est prêt à se mouvoir, le rouleau étant entraîné par le poids Π, le centre de gravité doit répondre à la verticale rL; et si QP est une verticale passant par le centre de gravité P du poids, l'on aura, lorsque le rouleau sera supposé entraîné d'un mouvement insensible et uniforme, l'équation $P.Qr = \Pi Rr$ ou $\Pi = \frac{P.Qr}{2rC}$: mais dans la 16e *fig.* où la corde soutient des poids des deux côtés d'un rouleau ou d'une poulie, comme dans les expériences de la deuxième méthode, si le poids $(P + \Pi)$ entraîne le poids P d'un mouvement insensible uniforme, le côté de la corde qui soutient le poids P prendra la courbure eng, la même sous le même degré de tension que dans la 15e *fig.* du côté $P + \Pi$; la corde se dépliera sans effort, et sera tangente à la poulie. L'on aura donc, à cause du mouvement supposé insensible et uniforme, l'équation. . . . . .
$(P + \Pi) RC = P (rC + rQ)$, d'où $\Pi = \frac{P.Qr}{RC}$, quantité double de celle que nous venons de trouver pour la méthode de M. Amontons.

En finissant ce Chapitre, nous préviendrons ceux qui voudraient recommencer les expériences de cette Section, sous des

---

du rayon du rouleau, au lieu que la traction moyenne passe par le centre de la corde : si l'on employait de grosses cordes, il faudrait y avoir égard dans les calculs.

pressions de 1000 et de 1200 livres, qu'elles exigent beaucoup d'attention, parce que la mobilité des rouleaux les rend dangereuses dans le moment où l'on charge les cordes : nous devons aussi les avertir de s'assurer toujours, dans les expériences en grand, de la solidité des nœuds. Il ne faut jamais charger les cordes au-delà de 80 livres par fil de carret, quoiqu'en général elles puissent soutenir, sans se rompre, de 100 à 120 livres. Après deux mois de travail, les évènemens m'avaient rendu très circonspect, et je savais perdre plusieurs heures à prendre des précautions pour la sûreté des hommes que j'employais.

CHAPITRE II.

Du frottement des axes.

122. DANS les cabestans, les grues et les poulies destinées à soutenir de grandes pressions, l'on emploie presque toujours des axes de fer qui roulent dans des boîtes de cuivre : dans les petites manœuvres et dans le gréage des vaisseaux, les poulies sont ordinairement de bois de gaïac, portées par des axes de chêne vert ou de buis : l'on commence même, dans nos ports, à ne plus employer que des axes de chêne vert, qui sont plus sûrs et moins cassans que ceux de buis. Nous allons traiter ici chaque objet suivant son degré d'utilité dans la pratique. Ainsi nous commencerons par les axes de fer et les boîtes de cuivre; nous passerons de là aux poulies de gaïac sur axe de chêne vert. Nous parcourrons ensuite les frottemens de plusieurs

autres matières qui sont quelquefois employées dans les mouvemens de rotation.

Établissement pour exécuter les Expériences.

123. Une poulie C (*fig.* 17, n°s 1 et 2) d'un pied de diamètre bien centrée, est soutenue, au moyen de son axe, sur deux pièces de bois BB et B′B′ : cette poulie se trouve élevée de 10 pieds au-dessus du sol du hangar où les expériences ont été exécutées : une corde qui passe dans la gorge de la poulie, porte, au moyen de deux crochets, des poids P et P′, formés d'un assemblage de gueuses de 50 livres chacune, qui sont percées à leur extrémité comme au n° 3 de la même *figure* : l'on passe une corde dans le trou des gueuses, et l'on en attache ensemble une quantité suffisante pour former le poids que l'on veut mettre en expérience. Dans notre *figure* il y a six gueuses liées ensemble de chaque côté de la poulie; le milieu de l'axe AA′ (*fig.* 17, n° 2) qui porte la poulie, est tourné avec soin; mais ses deux extrémités sont équarries, entrent dans des mortaises, et se fixent solidement aux deux pièces de bois BB, B′B′.

Pour que les expériences soient régulières, il faut que l'axe soit posé horizontalement, et la poulie exactement centrée; autrement elle varie dans ses mouvemens de rotation, et se jette à droite et à gauche contre les pièces de bois.

Lorsqu'on veut déterminer le frottement de l'axe, qui se trouve, dans cette expérience, joint aux forces nécessaires pour plier la corde, l'on ajoute alternativement de chaque côté un petit poids p (*), l'on donne ensuite un mouvement insensible,

---

(*) Dans chaque expérience, il faut alternativement observer, avec une petite charge p, les chutes de chaque côté de la poulie : on prend la moyenne entre ces deux observations.

et l'on observe en demi-secondes le temps que le poids $P+p$ emploie, en tombant de 6 pieds, pour parcourir les trois premiers et les trois derniers pieds de sa chute.

Dans toutes les expériences qui vont suivre, nous chercherons seulement à déterminer le frottement des axes dans les machines en mouvement, parce qu'il est impossible de trouver rien de régulier lorsqu'on veut ébranler le système après un temps quelconque de repos : nous en expliquerons les raisons dans le courant de ce Chapitre.

SECTION PREMIÈRE.

Frottement des axes de fer dans des boîtes de cuivre.

124. L'axe de fer dont nous nous sommes servis avait 19 lignes de diamètre; la poulie avait 144 lignes de diamètre; le jeu de l'axe, dans le trou de la poulie, n'était que d'une ligne trois quarts : le corps de la poulie était de bois de gaïac; mais elle avait été garnie à son centre d'une boîte de cuivre; le tout pesait 14 livres.

Frottement des axes de fer dans des boîtes de cuivre sans enduit.

125. L'on a fixé l'axe de la poulie aux deux pièces de bois B B et B'B' (*fig.* 17, n° 2); l'on a fait ensuite passer une corde sur la poulie : des hommes agissant aux deux extrémités de cette corde, comme s'ils sonnaient une cloche, ont fait tourner avec activité la poulie sur son axe, pour lui donner tout le poli dont elle peut être susceptible : après cette opération, absolument nécessaire pour faire disparaître les irrégularités, l'on a commencé les expériences.

PREMIÈRE EXPÉRIENCE.

L'on s'est servi, dans cette expérience, d'une ficelle de 3 lignes de circonférence, à laquelle l'on a attaché un poids de 103 livres de chaque côté de la poulie; il a fallu un petit contre-poids p de 6 livres, pour produire un mouvement lent et irrégulier.

II° EXPÉRIENCE.

L'on s'est servi, dans cette expérience, de la corde n° 1, de six fils de carret; elle a été chargée de 200 livres de chaque côté de la poulie; il a fallu :

Ier Essai. Pour donner un mouvement lent et irrégulier, il faut ajouter réciproquement de chaque côté 10,5 liv.

II° Essai. Avec une force de 13 livres et demie, les trois premiers pieds de chute parcourus en $\frac{12}{2}''$, les trois autres en $\frac{6}{2}''$.

III° EXPÉRIENCE.

L'on s'est servi de la même corde de six fils de carret; elle a été chargée de 400 livres de chaque côté; il a fallu :

Ier Essai. 21 livres pour donner un mouvement lent et continu.

II° Essai. Avec 28 livres, les trois premiers pieds en $\frac{11}{2}''$, les trois autres en $\frac{5}{2}''$.

III° Essai. Avec 39 livres, les trois premiers pieds en $\frac{6}{2}''$, les trois autres en $\frac{3}{2}''$.

Résultat de ces trois Expériences.

Calcul du premier essai.

(*) Dans la première expérience, premier essai, les poids

(*) Il faut, comme on le verra à l'*art.* 157, évaluer le diamètre de l'axe de la poulie, non pas d'après la grosseur de l'axe, mais d'après celui du trou de la poulie, qui est ici 20, $\frac{3}{4}$ lignes.

étaient soutenus par une ficelle très flexible; ainsi la roideur de la corde peut être regardée comme nulle : le rapport du diamètre de la poulie à celui de son axe est très approchant, comme 7 à 1; ainsi le frottement réduit à l'axe sera de 42 liv., et $\dfrac{\text{Pression}}{\text{Frottement}} = \dfrac{206+14+6}{42}$. . . . . 5,4.

Dans la deuxième expérience, premier essai, l'on s'est servi de la corde de six fils de carret n° 1 : la force nécessaire pour la plier sur une poulie de 12 pouces, est, *art.* 116 et 120, pour une tension de 200 livres, 1,5 livre; ainsi il reste 9 livres pour le frottement; comme la corde a 4 lignes à peu près de diamètre, et que le centre de sa tension peut, dans la pratique, être supposé passer par son milieu, l'on aura 7,2 à 1 pour le rapport du diamètre de la poulie à celui de son axe. Ainsi la force employée pour vaincre le frottement, calculée relativement au rayon de l'axe, sera de 65 livres, d'où l'on tirera : $\dfrac{\text{Pression}}{\text{Frottement}} = \dfrac{400+14+10}{65}$. . . . . 6,5.

Dans la troisième expérience, premier essai, la corde est la même que la précédente; il faut donc un poids de 3 livres pour plier la corde, et $\dfrac{\text{Pression}}{\text{Frottement}} = \dfrac{800+14+21}{130}$ . . . . . 6,4.

Calcul du frottement d'après la poulie en mouvement.

L'on remarque d'abord, d'après le deuxième et le troisième essai de chaque expérience, que la vitesse n'influe pas au moins sensiblement sur le frottement, puisque les trois premiers pieds de chute sont toujours parcourus dans un temps à peu près double des trois derniers, ce qui annonce une vitesse uniformément accélérée, et une force accélératrice constante, d'où il résulte que le frottement est aussi constant; mais pour confirmer cette remarque, calculons nos essais d'après la for-

mule $Q = \frac{2a\mathrm{M}}{g\mathrm{T}^2}$, dans laquelle Q représente la force constante qui produit l'accélération de la chute; a est la chute
totale qui est de 6 pieds dans nos expériences; M est la masse
totale des poids en mouvement qu'il faut augmenter de 7 livres
pour l'énergie du *momentum* de la poulie qui pèse 14 livres,
et qui a un pied de diamètre; g est la force de la gravité
$= \frac{30 \text{ pieds}}{1''^2}$; T est le temps observé pour la chute des 6 pieds :
en calculant les essais d'après cette formule, nous aurons :

Deuxième expérience, deuxième essai, $Q = 2$ livres; ainsi
il reste 11 livres et demie pour la résistance due à la roideur
de la corde et au frottement, au lieu de 10 livres que nous
avions pour une vitesse insensible dans le premier essai de
cette même expérience.

Troisième expérience, deuxième essai, $Q = 5,2$; la force
employée était 28 livres; il reste 22,8 livres, au lieu de 21 livres
données dans le premier essai.

Troisième expérience, troisième essai, $Q = 16,9$ livres; la
force employée est de 39 livres; il reste 22,1 livres, au lieu
de 21 livres données par le premier essai.

126. Il résulte évidemment de ces différens essais, que la
vitesse n'influe que d'une manière insensible dans les frottemens. Si, dans la troisième expérience, nous prenons une
moyenne entre les trois essais pour déterminer le poids qui
équivaut à la roideur de la corde et au frottement, nous le
trouvons de 22 livres, et le rapport de la pression au frottement comme 6,1 à 1.

En nous servant d'une vieille corde très flexible, et dont
nous connaissions la roideur par les procédés dont nous avons
déjà fait usage, nous avons également trouvé que le même

axe chargé d'une pression de 2000 livres, le frottement était encore un peu moindre que le sixième de la pression, en sorte que le rapport de la pression au frottement se trouve moyennement, dans le fer et le cuivre, glissant sans enduit l'un sur l'autre, comme $6 \frac{3}{10}$ à 1 : l'on ne trouve d'exception à cette règle, que lorsque la pression de l'axe et des boîtes est au-dessous de 200 livres; pour lors la loi du frottement augmente, non-seulement dans les mouvemens insensibles, mais encore relativement à l'augmentation des vitesses. Cette variété paraît ne pouvoir s'attribuer qu'à l'imperfection du poli, et qu'à quelques inégalités élastiques dont les surfaces sont hérissées, qui ne sont pas pliées en entier par des pressions au-dessous de 200 livres. Une remarque qui confirme cette idée, c'est que lorsque les axes ont été enduits de quelques matières graisseuses, et que, par un mouvement continu, sous une pression de 5 ou 600 livres, ils ont acquis tout le degré de poli dont ils sont susceptibles, le plus ou moins de pression ne paraît plus influer, au moins sensiblement, sur le rapport de la pression au frottement, qui reste le même sous tous les degrés de vitesse : il semblerait que les inégalités flexibles des surfaces une fois couchées et collées l'une contre l'autre, ne peuvent plus se relever, et perdent leur élasticité.

Du frottement des axes de fer dans des chapes de cuivre garnies de différens enduits, avec enduit de suif.

127. Le suif bien pur, sans mélange et sans fibres, est de tous les enduits celui qui réussit le mieux pour adoucir le frottement des machines. Nous en avons frotté notre axe et l'intérieur de notre chape; nous avons fait ensuite tourner notre poulie pendant plusieurs minutes, pour que le suif se répandît uniformément, et qu'il prît le même degré de con-

sistance : l'on a attaché différens poids à la corde de six fils de carret, n° 1, et l'on observait une chute de 6 pieds, comme dans l'article qui précède.

IVe EXPÉRIENCE.

Ier Essai. L'on s'est servi, dans cette expérience, d'une petite ficelle très flexible, de 2 lignes de circonférence, et dont la roideur peut être négligée : en chargeant cette ficelle de 100 livres de chaque côté, il a fallu, pour donner un mouvement lent et continu, une force de traction de 2,5 liv.

IIe Essai. Avec un poids de 6 liv., les trois premiers pieds de la chute sont parcourus en $\frac{7}{2}''$, les trois autres en $\frac{3}{2}''$.

Ve EXPÉRIENCE.

Ier Essai. La corde n° 1, de six fils de carret, a été chargée de 200 livres de chaque côté; il a fallu, pour donner un mouvement lent et continu, une traction de 6,5 liv.

IIe Essai. Avec une traction de 10 liv., les trois premiers pieds en $\frac{7}{2}''$, les trois autres en $\frac{3}{2}''$.

VIe EXPÉRIENCE.

Ier Essai. La même corde, n° 1, chargée de 400 livres, il faut, pour donner un mouvement lent et continu, une traction de 13 liv.

IIe Essai. Avec 18 livres, 3 pieds en $\frac{11}{2}''$, et 3 pieds en $\frac{4}{2}''$.

IIIe Essai. Avec 24 livres, 3 pieds en $\frac{6}{2}''$, et 3 pieds en $\frac{4}{2}''$.

Résultat de ces Expériences.

Calcul du premier Essai.

Dans la quatrième expérience, premier essai, la roideur de la corde est nulle; ainsi, $\frac{\text{Pression}}{\text{Frottement}} = \frac{217}{17,5}$ . . . . 12,4.

Dans la cinquième expérience, l'on s'est servi d'une corde

de six fils de carret : ainsi, en suivant le procédé de l'*art.* 125,

l'on aura $\frac{\text{Pression}}{\text{Frottement}} = \frac{400 + 14 + 6}{36}$ . . . . = 11,6.

Dans la sixième expérience, premier essai, la corde est tendue par 400 livres; il faut 3 livres pour la plier; il reste 10 livres pour le frottement réduit à l'axe; l'on aura

$\frac{\text{Pression}}{\text{Frottement}} = \frac{800 + 14 + 13}{72}$ . . . . 11,5.

Calcul du deuxième et troisième Essai.

Quatrième expérience, deuxième essai, l'on a $Q = 3,4$ liv.; en suivant le procédé de l'*art.* 125, la force employée était 6 livres; il reste donc 2,6 livres pour le frottement et la roideur de la corde : dans le premier essai de cette même expérience, l'on avait 2,5 livres.

Cinquième expérience, deuxième essai, l'on a $Q = 3,7$ liv.; nous avons employé, pour produire le mouvement, une force de 10 livres; il reste 6,3 livres : dans le premier essai, l'on avait eu 6,5 livres.

Sixième expérience, deuxième essai, l'on a $Q = 5,9$ liv.; nous avons employé, pour produire la chute, une force de 18 livres; il reste 12,1 livres, au lieu de 13 livres données par le premier essai.

Sixième expérience, troisième essai, l'on a $Q = 13,2$ liv.; nous avons employé une force de 24 livres pour produire la chute; il reste 10,8 livres, au lieu de 13 livres données par le premier essai.

Ainsi, dans les axes enduits de suif très pur, le rapport de la pression au frottement est comme 11 et demie à 1 pour les petites vitesses; mais nous avons trouvé (*art.* 92) que lorsqu'une lame de cuivre glisse sur une lame de fer enduite de suif, le frottement est à peu près le onzième de la pression; ainsi, ces deux genres d'expérience se correspondent, et se servent de preuves réciproques.

Remarquons cependant que, dans le mouvement des axes, nous avons toujours trouvé le frottement moindre que dans celui du traîneau. Il semble en effet que, dans le mouvement de rotation, les parties en contact peuvent se désengrener bien plus facilement que lorsque les surfaces glissent l'une sur l'autre. Voici encore une remarque qui distingue ces deux espèces de frottemens. Lorsque l'on fait passer plusieurs fois les lames de cuivre sur les lames de fer sans renouveler l'enduit, le suif s'use et le frottement augmente : l'on éprouve cet effet beaucoup moins sensiblement dans le frottement des axes. Les quatre dernières expériences ont été faites sans renouveler l'enduit, et répétées quatre ou cinq fois chacune; le frottement, à la dernière, n'avait pas paru augmenter sensiblement : d'ailleurs, dans le frottement des surfaces qui glissent l'une sur l'autre, lorsque ces surfaces ont été réduites aux plus petites dimensions possibles, comme à quatre points de contact avec les têtes de clous (art. 93 et 94), le suif n'empêchant qu'imparfaitement le contact des surfaces, diminue moins le frottement que lorsque les surfaces ont de l'étendue. Mais, dans le frottement des axes, quoique le contact se fasse par la tangente des surfaces, le frottement n'a jamais été trouvé plus grand que la onzième partie de la pression, au lieu qu'avec les quatre têtes de clous glissant sur les lames de fer enduites de suif, il était à peu près le neuvième de la pression.

Le calcul des essais où les poids ont acquis de la vitesse dans leur chute, nous apprend que le frottement diminue un peu à mesure que la vitesse augmente. Nous avions déjà fait cette remarque dans les expériences de l'art. 90; mais comme toutes

les machines de rotation employées dans la Marine sont ordinairement manœuvrées à bras d'hommes, et n'élèvent des
fardeaux qu'avec de petites vitesses, la diminution du frottement due à l'augmentation de vitesse, ne doit presque jamais
influer dans la pratique. Il ne restera à ce sujet aucun doute,
si l'on remarque que, dans le dernier essai, une vitesse
moyenne de 6 pieds en 5 secondes n'a paru diminuer le frottement que de la cinquième partie de ce qu'il a été trouvé
avec une vitesse insensible : d'ailleurs cette diminution du
frottement, en augmentant les vitesses, n'a lieu qu'avec des
enduits de suif; elle n'est pas sensible avec les enduits mous,
tels que le vieux oing et l'huile, comme nous allons le voir
tout à l'heure.

*Frottement des axes de fer dans des chapes de cuivre, avec
enduit de vieux oing.*

128. L'axe de fer et la chape de cuivre enduits de suif dans
l'expérience qui précède, ont été essuyés avec beaucoup de
soin; l'on y a substitué un enduit de vieux oing : dans les
trois premières expériences, les poids étaient soutenus par
une ficelle de 2 lignes de circonférence; dans les suivantes,
par notre corde n° 1, de six fils de carret.

VII° EXPÉRIENCE.

Ier Essai. Chaque côté de la ficelle, chargé de 50 livres, il
a fallu, pour donner un mouvement lent et continu, augmenter d'un côté la charge de 2,5 liv.

VIII° EXPÉRIENCE.

Ier Essai. Chaque côté de la même ficelle, chargé de 100 liv.,
il a fallu 3,7 liv.

IXe EXPÉRIENCE.

Ier Essai. Chaque côté de la même ficelle, chargé de 150 liv., il a fallu 5,7 liv.

Xe EXPÉRIENCE.

Ier Essai. Avec la corde n° 1, de six fils de carret, chargée de 100 livres de chaque côté, il a fallu, pour donner un mouvement lent, incertain et continu, une traction de 4,3 liv.

IIe Essai. Avec une traction de 9 livres, les trois premiers pieds de la chute ont été parcourus en $\frac{6''}{2}$, les trois autres en $\frac{3''}{2}$.

XIe EXPÉRIENCE.

Ier Essai. La corde de six fils de carret, chargée de 200 liv. de chaque côté, il faut, pour produire un mouvement incertain et continu, une traction de 8,5 liv.

IIe Essai. Avec une traction de 14 livres, 3 pieds en $\frac{8''}{2}$, 3 pieds en $\frac{4''}{2}$.

IIIe Essai. Avec une traction de 20 livres, les 6 pieds en $\frac{7''}{2}$.

XIIe EXPÉRIENCE.

Ier Essai. La corde de six fils de carret, chargée de 400 liv. de chaque côté, l'on produit un mouvement incertain, avec une traction de 17 liv.

IIe Essai. Avec une traction de 22 livres, 3 pieds en $\frac{11''}{2}$, 3 pieds en $\frac{5''}{2}$.

IIIe Essai. Avec une traction de 28 livres, 3 pieds en $\frac{8''}{2}$, 3 pieds en $\frac{3''}{2}$.

Calcul du premier Essai de chaque Expérience.

Dans la septième expérience et dans les deux suivantes, la force employée à plier la ficelle peut être regardée comme

nulle; ainsi, en réduisant la force qui représente le frottement, d'après la différence des diamètres du rayon et de
l'axe, nous aurons :

VIIe EXPÉRIENCE. Ier ESSAI. $\dfrac{\text{Pression}}{\text{Frottement}} = \dfrac{100+14+3}{17,5}$ .... 6,7.

VIIIe EXPÉRIENCE. Ier ESSAI............ $= \dfrac{200+14+4}{26}$ .... 8,3.

IXe EXPÉRIENCE. Ier ESSAI............ $= \dfrac{300+14+6}{40}$ .... 8,0.

Dans la dixième expérience, premier essai, la tension de
la corde de six fils de carret est de 100 livres; il faut, par
l'*art.* 116, une force de $\frac{-}{10}$ livres pour la plier sous cette
charge autour d'une poulie d'un pied de diamètre : nous
avons trouvé 4,3 livres pour la force totale; il reste 3,6 livres
pour le frottement : dans la huitième expérience, avec la
ficelle, sous le même degré de pression, nous avons eu
3,7 livres. Si nous réduisons tous les frottemens à l'axe de la
poulie, le rapport du diamètre de la poulie à celui de son
axe, étant ici, à cause de la grosseur de la corde, comme
7,2 à 1, nous aurons, en retranchant les forces nécessaires
pour plier la corde de six fils de carret :

Xe EXPÉRIENCE. Ier ESSAI. $\dfrac{\text{Pression}}{\text{Frottement}} = \dfrac{200+14+4}{26}$ .... 8,4.

XIe EXPÉRIENCE. Ier ESSAI............ $= \dfrac{400+14+8}{50}$ .... 8,4.

XIIe EXPÉRIENCE. Ier ESSAI............ $= \dfrac{800+14+17}{101}$ .... 8,2.

Calcul du frottement suivant le degré de vitesse.

Nous n'avons pas cherché à déterminer l'influence des
vitesses, dans les expériences où les poids étaient soutenus
par des ficelles, parce que, dans les chutes accélérées, les
poids éprouvent des chocs qui auraient pu casser les ficelles

et occasionner des accidens; mais en se servant de la corde de six fils de carret, nous avons eu :

Dixième expérience, deuxième essai. La force accélératrice (*art.* 125) Q=4,3 livres qu'il faut retrancher de 9 livres; ainsi, il reste 4,7 livres pour la résistance due à la roideur de la corde et au frottement de l'axe : nous avons trouvé, dans le premier essai, 4,3 livres; ainsi la vitesse n'a pas influé, au moins sensiblement, dans le frottement.

Onzième expérience, deuxième essai. Q=4,7 livres; dans l'expérience, la force employée était de 14 livres; il reste 9,3 livres, au lieu de 8,5 livres trouvées dans le premier essai.

Onzième expérience, troisième essai. Q=12,2 livres. La force employée était de 20 livres; ainsi, il reste 7,8 livres, au lieu de 8,5 livres données par le premier essai.

Douzième expérience, deuxième essai. Q=4,1 livres. La traction employée est de 22 livres; il reste 17,9, au lieu de 17 livres données, dans cette expérience, par le premier essai.

Douzième expérience, troisième essai. Q=11,1 livres. La traction employée était de 28 livres; ainsi, il reste 16,9 livres pour le frottement et la roideur de la corde, au lieu de 17 liv. trouvées par le premier essai : ainsi il paraît que l'on peut, dans la pratique, supposer, sans erreur sensible, que les vitesses n'influent point sur le frottement.

129. Il résulte donc de ces expériences, que le frottement des axes de fer, dans des chapes de cuivre, est beaucoup moins adouci par le vieux oing que par le suif; que le rapport de la pression au frottement est une quantité constante, non-seulement sous tous les degrés de pression, mais encore sous tous les degrés de vitesse : car, dans le calcul du deuxième et du troisième essai de chacune de nos expériences, nous n'avons

jamais trouvé que le frottement diminuât sensiblement, quelque rapides que fussent les chutes : il semble donc que la diminution du frottement trouvée avec les enduits de suif, à mesure que les vitesses augmentent, doit être attribué à la dureté du suif qui, interposé entre les points de contact, oppose une telle résistance à la pression, qu'il faut un certain temps de repos pour que les surfaces se touchent immédiatement, et qu'elles se touchent plus ou moins suivant le degré de vitesse.

Si cet effet n'a pas lieu avec le vieux oing, c'est que, par sa fluidité, il n'oppose qu'une faible résistance à la compression, et que le contact est le même avec tous les degrés de vitesse : voici le résultat de plusieurs expériences qui confirment l'opinion que nous avançons ici.

Du frottement des axes de fer dans des boîtes de cuivre enduites d'huile d'olive, ou seulement onctueuses, et telles à peu près qu'elles se trouvent dans l'usage des machines qui n'ont pas été enduites depuis long-temps.

130. En essuyant le vieux oing dont les surfaces étaient enduites dans les expériences qui précèdent, elles ont resté onctueuses, parce que le suif avait pénétré dans les pores du métal; et l'on a trouvé par l'expérience, que depuis une pression de 200 livres jusqu'à celles de 1000 et 1200 livres, le rapport de la pression au frottement a été le même que dans l'article qui précède, c'est-à-dire, comme 8 à 1.

131. Lorsque nous avons mis un enduit d'huile d'olive sur notre surface onctueuse, le rapport de la pression au frottement a été encore trouvé comme 8 à 1, et même un peu plus petit, mais jamais au-dessous de 7 ½ à 1 : ces résultats se trouvent conformes à ceux de *l'art.* 94.

132. Dans l'usage ordinaire des machines, les axes de fer et les boîtes de cuivre ont été enduits anciennement de quelque matière graisseuse que l'on ne renouvelle que de loin en loin. Il entrait dans le plan de notre travail, de faire des recherches sur cette espèce de frottement : nous nous sommes servis d'un axe de fer qui portait une poulie de cuivre, et qui servait depuis trois mois à manœuvrer des poids de plus de cinq milliers, sans que l'enduit de suif dont il avait été garni eût été renouvelé : l'axe ainsi que le trou de la poulie étaient très doux au toucher, sans cependant laisser de graisse sur les doigts : cette poulie, soumise à l'expérience, nous a donné, pour le rapport de la pression au frottement, $7\frac{1}{2}$ à 1 : d'autres axes du même genre et dans les mêmes circonstances, ont quelquefois donné ce rapport un peu plus petit, mais presque jamais au-dessous de 7 à 1, ni au-dessus de 8 à 1 : ainsi, dans les usages ordinaires, relatifs à la Marine, où toutes les manœuvres étant exposées à l'air, à la pluie et au soleil, les axes de fer à boîte de cuivre conservent rarement long-temps les suifs et les autres enduits dont ils ont été garnis au commencement de la campagne ; l'on doit calculer le frottement comme $\frac{1}{7\frac{1}{2}}$ de la pression.

SECTION TROISIÈME.

Résultat de plusieurs Expériences pour connaître le frottement des différentes espèces de bois qui entrent ordinairement dans les machines de rotation.

133. Pour rendre les frottemens plus sensibles, nous nous sommes servis, dans toutes les expériences qui vont suivre, de poulies de 12 pouces de diamètre, montées sur des axes de 3 pouces ; en sorte que le rapport du diamètre de la poulie au

diamètre de son axe était comme 4 à 1 : quelquefois l'on fixait les axes à la poulie, et on les faisait tourner dans des boîtes attachées solidement aux pièces de bois BB (*fig.* 17) : l'on trouvait le même frottement que lorsque la poulie était mobile autour de son axe.

Comme nous avons déjà remarqué que le frottement des bois qui sortent de la main de l'ouvrier varie pendant quelque temps, et diminue sensiblement à mesure que, par le mouvement de rotation, sous une pression considérable, les parties des surfaces se polissent et se condensent ; pour être assurés d'avoir ces frottemens à peu près au même degré où ils se trouvent dans le mouvement ordinaire des machines, nous faisions enduire de suif les axes avant de commencer nos expériences ; ensuite, au moyen d'une corde posée dans la gorge de la poulie, et chargée de 1000 ou 1200 livres, nous produisions, à force de bras, un mouvement de rotation pendant une heure ou deux : dans le cours de cette opération, le suif était rafraîchi deux ou trois fois.

Axe de chêne vert, boîte de gaïac.

134. Lorsque l'axe de chêne vert et la poulie de gaïac ont été enduits de suif, l'on a trouvé le rapport de la pression au frottement moyennement, comme 26 à 1.

En essuyant l'enduit, la surface restant seulement onctueuse, le rapport du frottement à la pression a été trouvé comme 17 à 1.

Axe de chêne vert, boîte d'orme.

135. L'axe de chêne vert, dans des boîtes d'orme, est, dans tous nos essais, celui qui a constamment moins de frottement.

Enduits de suif, le rapport de la pression au frottement a été trouvé comme 33 à 1.

En essuyant les boîtes et l'axe, les surfaces restant seulement onctueuses, le frottement a été réduit au vingtième de la pression.

Axe de buis, poulie de gaïac.

136. Une poulie de bois de gaïac, tournant sur un axe de buis enduit de suif, a donné le rapport de la pression au frottement, comme 23 à 1.

L'axe et la boîte essuyés et restant onctueux, le rapport de la pression au frottement a été trouvé comme 14 à 1.

Axe de buis, boîte d'orme.

137. Un axe de buis enduit de suif, et tournant dans des boîtes d'orme, a donné le rapport de la pression au frottement, comme 29 à 1.

En essuyant l'axe et la boîte de la poulie, ce rapport a été trouvé comme 20 à 1.

Axe de fer, boîte de bois.

138. Les axes de fer, dans leurs mouvemens de rotation sur le bois, ont donné des effets analogues à ceux que nous avons aperçus en faisant mouvoir nos traîneaux armés de règles de fer ou de cuivre sur le madrier dormant ; lorsque les poulies sortent de la main de l'ouvrier, et qu'elles n'ont encore reçu aucun enduit, l'on produit un mouvement uniforme très lent, avec des axes de fer tournant dans des boîtes de gaïac : une traction qui répondait au vingtième de la pression, a produit un mouvement uniforme d'un pouce en 40″, et qui a été continué sur 2 pieds de chute : l'on a toujours

eu des mouvemens uniformes assez lents, tant que la force de traction a été au-dessous du quinzième de la pression; mais lorsqu'elle a été le douzième de la pression, les 6 pieds de chute ont été parcourus en moins de 5 secondes.

Cette augmentation de frottement, à mesure que les vitesses augmentent, n'a absolument lieu que lorsque les chapes de bois sortent de la main de l'ouvrier : car, en faisant tourner une poulie de bois de gaïac pendant une heure sur un axe de fer, avec une pression de 1000 livres, sans employer aucun enduit, la vitesse cessait peu à peu d'influer sur le frottement qui, pour lors, était le vingtième de la pression, sous tous les degrés de vitesse; même rapport que nous avions trouvé dans les vitesses insensibles, avant que les fibres flexibles dont la surface du bois est hérissée, eussent perdu leur élasticité et leur roideur par un long mouvement de rotation.

En enduisant de suif l'axe de fer, et en le faisant tourner quelque temps avant de commencer les expériences, l'on trouve encore que le rapport de la pression au frottement est comme 20 à 1 : l'on trouve un rapport plus grand, mais variable, entre la pression et le frottement dans l'instant où l'enduit vient d'être rafraîchi : il paraît même, dans ce dernier cas, que l'augmentation de vitesse diminue un peu le frottement, mais pas assez sensiblement pour qu'il faille y avoir égard dans la pratique.

Les parties élastiques dont les surfaces du bois poli à neuf sont hérissées, perdent, dans moins de 3 minutes, toute leur élasticité, lorsqu'au lieu de faire frotter les axes à sec dans les boîtes, on les garnit de suif, et que l'on produit un mouvement de rotation sous des pressions de sept à huit cents livres.

Ces observations s'accordent très bien avec la théorie du

frottement, que nous avons cherché à expliquer dans le troisième Chapitre du premier Livre.

REMARQUES.

139. Lorsque les axes de bois, tournant dans des chapes
de bois, sont seulement onctueux, et que le suif a été essuyé,
l'augmentation de vitesse ne paraît pas diminuer au moins
sensiblement les frottemens. Cet effet n'a eu lieu que dans
le moment où le suif venait d'être rafraîchi; mais beaucoup
moins que nous ne l'avions déjà observé avec des axes de fer
dans des chapes de cuivre.

140. Le rapport de 17 à 1 que nous avons trouvé; celui de
la pression au frottement, pour axe de chêne vert, dans des
boîtes de gaïac, après avoir essuyé l'enduit, est un peu plus
grand que celui des poulies de la même nature, employées à
gréer les vaisseaux, et qui servent depuis plusieurs mois sans
qu'on ait rafraîchi les enduits. Plusieurs axes et poulies de
ce genre, qui venaient de faire une campagne de six mois,
étant doux, luisans, polis au toucher, sans cependant graisser
les doigts, ont donné le rapport de la pression au frottement
entre les nombres 16 et 13 à 1, et la vitesse a toujours très
peu influé sur les frottemens.

141. Lorsque des axes secs ou enduits, de toute espèce de
bois, sont employés à soutenir des poulies, le premier effort
qu'il faut employer pour vaincre le frottement, est une quantité très incertaine et très irrégulière; en voici la raison :
comme il faut toujours conserver un peu de jeu entre l'axe
et la boîte, si nous supposons (*fig.* 18) que l'axe, au commencement du mouvement, est placé de manière que le point
du contact réponde à une tangente horizontale, l'axe se déta-

chera du fond de la boîte sans aucun effort, et avec la même facilité qu'un cylindre qui roule sur un plan horizontal; il s'élèvera ensuite dans la boîte jusqu'à ce que le point de contact soit en g, dont la tangente gf est telle relativement à la verticale Cf, que la normale $Cg : gf$, comme la pression est au frottement; en sorte que l'effort nécessaire pour ébranler, après un certain temps de repos, un axe renfermé dans une boîte, dépend du jeu, de la position de l'axe et de la compressibilité du bois.

142. Nous ne pouvons trop répéter que, quoique les bois qui sortent de la main de l'ouvrier nous paraissent bien unis à l'œil et au toucher, il s'en faut de beaucoup qu'ils aient acquis le degré de poli qu'ils prennent sous de grandes pressions, dans un mouvement de rotation de plusieurs heures : un axe de chêne vert, de 36 lignes de diamètre, tourné avec soin, et posé sur des boîtes de gaïac non enduites, a donné, sous une pression de 400 livres, pendant les dix premières minutes de son mouvement, le sixième à peu près de sa pression pour son frottement : après 30 minutes de mouvement, le frottement était à peu près le dixième de la pression : l'on a fait encore une autre remarque relative à la vitesse, c'est que, pendant les premières minutes, le frottement paraissait augmenter avec les vitesses; mais dès que, par un mouvement continu de plusieurs heures, l'axe a eu pris tout le degré de luisant et de poli dont il peut être susceptible, le frottement paraît plutôt diminuer qu'augmenter, à mesure que les vitesses augmentent.

SECTION QUATRIÈME.

*Expériences pour déterminer la résistance due à la roideur
des cordes dans les machines en mouvement.*

143. Dans les expériences du premier Chapitre de ce Livre,
nous avons seulement déterminé les forces nécessaires pour
plier les cordes autour d'un rouleau, lorsque le mouvement
du rouleau est insensible; il se pourrait qu'avec une vitesse
finie, l'effet qui résulte de la roideur des cordes fût augmenté
ou diminué; c'est ce que nous allons chercher ici par l'expérience.

Nous nous sommes servis, comme à l'*art.* 127, d'une poulie
à boîte de cuivre et à axe de fer, que nous avons enduite de
suif : le diamètre de la poulie était, comme dans *cet article*,
de 144 lignes, et celui de l'axe de 20 lignes et demie; mais, au
lieu d'employer, comme à l'*art.* 127, la corde n° 1, de six
fils de carret, nous nous sommes servis de celle de trente
fils, n° 3, dont nous connaissions la roideur dans les vitesses
insensibles, par les différentes expériences qui précèdent.

PREMIÈRE EXPÉRIENCE.

Iᵉʳ Essai. Chaque côté de la corde étant chargé de 100 liv.,
il a fallu, pour produire un mouvement lent et continu, une
traction de 7,5 liv.

IIᵉ Essai. Avec une force de 12 liv., les trois premiers pieds
ont été parcourus en $\frac{6}{2}''$, les trois autres en $\frac{3}{2}''$.

IIIᵉ Essai. Avec 15 liv. de traction, trois pieds en $\frac{4}{2}''$, trois
pieds en $\frac{3}{2}''$.

IIᵉ EXPÉRIENCE.

Iᵉʳ Essai. Chaque côté chargé de 200 livres, il a fallu,
pour donner un mouvement lent et continu, une traction de
11 liv.

IIe Essai. Avec 15 livres de traction, trois pieds en $\frac{12}{2}''$, trois pieds en $\frac{6}{2}''$.

IIIe Essai. Avec 19 livres de traction, trois pieds en $\frac{7}{2}''$, trois pieds en $\frac{3}{2}''$.

IIIe EXPÉRIENCE.

Ier Essai. Chaque côté chargé de 400 livres, il faut, pour donner un mouvement continu, 20,5 liv.

IIe Essai. Avec 24 livres, trois pieds en $\frac{12}{2}''$, trois pieds en $\frac{6}{2}''$.

IIIe Essai. Avec 31 livres, trois pieds en $\frac{6}{2}''$, trois pieds en $\frac{4}{2}''$.

IVe EXPÉRIENCE.

Ier Essai. Chaque côté chargé de 600 livres, il faut, pour donner un mouvement incertain et continu, 31,5 liv.

IIe Essai. Avec 37 livres, trois pieds en $\frac{12}{2}''$, trois pieds en $\frac{7}{2}''$.

Résultat de ces Expériences.

144. Il faut d'abord remarquer, avant de chercher à calculer nos expériences, que la corde de trente fils de carret n'a été employée ici qu'à la fin de notre travail, et que, depuis trois mois, elle servait à toutes les manœuvres de nos opérations : ainsi, elle était dans le même état où nous l'avons trouvée dans les expériences de l'*art.* 120; mais nous avons vu que, pour lors, sous une tension de 500 livres, il fallait une force de 14,4 livres pour la plier autour d'un rouleau de 12 pouces; que cette force était composée de deux parties, l'une constante, qui a été trouvée, *art.* 116, une livre $\frac{4}{10}$, mais qui doit être réduite ici à quelque chose de moins; nous continuerons cependant à l'évaluer sur le pied de 1,4 livre, parce que la différence ne peut pas influer sensiblement dans

les résultats : l'autre partie est proportionnelle aux forces de tension, et se trouve ici de 13 livres pour 500 livres, ou de 2,6 livres par quintal.

Calcul du premier essai de chaque Expérience.

145. L'axe étant enduit de suif, le frottement doit être ici comme il a été trouvé à l'*art*. 127, le $11\frac{1}{2}$ de la pression : le diamètre de la poulie est augmenté, de chaque côté, de la moitié de l'épaisseur de la corde qui a 28 lignes de tour : le diamètre de la poulie est au diamètre de son axe, comme 7,5 à 1 : ainsi, les poids qu'il faut attacher à la circonférence des poulies, pour vaincre les frottemens, sont la $7,5 \times 11,5$, ou la quatre-vingt-sixième partie de la pression. Ainsi nous aurons :

Première expérience, premier essai. La pression de l'axe est de 221 livres : ainsi, le poids qu'il faut attacher à la poulie pour vaincre le frottement, est de 2,6 livres : celui que nous avons employé dans cet essai, est de 7,5 livres; il reste donc 4,9 livres pour la roideur de la corde; cette roideur calculée d'après les données de l'*art*. qui précède, donne ici, pour la tension qui est de 100 livres, 4 livres, au lieu de 4,9 livres.

Deuxième expérience, premier essai. La pression de l'axe est de 425 livres; le frottement doit donc être de 4,9 livres : nous avons employé 11 livres pour donner un mouvement continu; il reste 6,1 livres pour la roideur de la corde, qui, calculée d'après les données de l'*art*. qui précède, serait de 6,6 livres.

Troisième expérience, premier essai. La pression de l'axe est de 834 livres; divisée par 86 livres, l'on a 9,7 livres pour le frottement : nous avons employé 20,5 livres pour donner un mouvement continu; il reste 10,8 livres pour la roideur de la corde : nous la trouvons, par l'*art.* précédent, de 11,8 livres.

Quatrième expérience, premier essai. La pression de l'axe est de 1245 livres; le frottement est donc 14,5 livres : nous avons employé 31,5 livres pour donner un mouvement continu; il reste 17 livres pour la roideur de la corde, qui, calculée d'après l'*art.* qui précède, est de 17 livres.

Calcul des Essais pour la corde en mouvement.

Première expérience, deuxième essai. La force accélératrice Q, calculée comme à l'*art.* 125, donne Q=4,4 livres : la force de traction employée dans cet essai, est de 12 livres; il reste 7,6 livres pour le frottement de l'axe et la roideur de la corde, que nous trouvons 7,5 livres dans le premier essai.

Première expérience, troisième essai. Q=7,4 : la force employée est de 15 livres; il reste encore 7,6 livres, comme dans le deuxième essai : ainsi, dans cette expérience, la vitesse n'a point influé sur la roideur des cordes.

Deuxième expérience, deuxième essai. Q=2,1 livres : la force employée, dans cet essai, est de 15 livres; il reste 12,9 livres, au lieu de 11 livres données par le premier essai.

Deuxième expérience, troisième essai. Q=6,8 livres : la force employée est de 19 livres; il reste 12,2 livres, au lieu de 11 livres données par le premier essai.

Troisième expérience, deuxième essai. Q=4,1 livres : la force employée, dans cet essai, est de 24 livres; il reste 19,9 livres, au lieu de 20,5 livres données par le premier essai.

Troisième expérience, troisième essai. Q=13,4 livres : la

force employée est ici de 31 livres; il reste 17,6 livres, au lieu de 20,5 livres données au premier essai.

Quatrième expérience, deuxième essai. Q = 5,5 livres : la force de traction employée dans cette expérience, est de 37 livres; il reste 31,5 livres, comme dans le premier essai.

Il suit du calcul de tous ces essais, que la force qui se perd dans les manœuvres des machines, à vaincre la roideur des cordages, paraît indépendante de la rapidité des mouvemens; et que les vitesses, plus ou moins grandes de la corde et du rouleau, n'entrent dans le calcul des machines que pour des quantités qui peuvent être négligées dans la pratique, surtout dans les machines en usage dans la Marine, où des poids de plusieurs milliers ne sont jamais élevés à force de bras qu'avec des degrés de vitesse très lents : voici encore quelques remarques qui confirmeront les résultats donnés par les calculs qui précèdent : l'on voit d'abord, dans tous les essais, que les trois derniers pieds de la chute ont toujours été parcourus dans un temps qui n'est que la moitié de celui où les trois premiers pieds ont été parcourus, ce qui annonce que la force accélératrice était à peu près constante, et conséquemment que le plus ou moins de vitesse ne l'augmentait ni ne la diminuait pas sensiblement.

Si d'ailleurs vous augmentez, sous tous les degrés de tension, la puissance capable de vaincre le frottement et la roideur du cordage seulement d'un dixième, quelque vitesse primitive que vous imprimiez ensuite au système, il continuera à se mouvoir en s'accélérant, ou au moins sans être retardé; ce qui sûrement n'aurait pas lieu, si l'augmentation de vitesse augmentait la résistance due à la roideur des cordes d'une manière sensible. Pour être plus sûr des conclusions que l'on peut tirer de cette expérience, il faut la répéter avec des poulies de gaïac sur des axes de chêne vert très fin et seulement onctueux : le frottement étant moindre que pour les axes de fer à chape de cuivre, produira de moindres erreurs dans l'estimation des roideurs des cordes : d'ailleurs, avec des axes seulement onctueux, il paraît que la vitesse n'influe point sur les frottemens; au lieu qu'avec des axes enduits de suif, les grandes vitesses les diminuent un peu.

Cependant, il faut avouer qu'il n'est pas exactement vrai que l'augmentation de vitesse n'augmente pas les résistances dues à la roideur des cordages : cette augmentation paraît surtout sensible lorsque les cordes ne sont tendues que par des forces au-dessous de 100 livres. L'on a estimé, par beaucoup d'essais, qu'en pareil cas une vitesse de 8 pouces par seconde pouvait augmenter d'un peu plus d'une livre les résistances dues à la roideur de notre corde de trente fils de carret; mais cette augmentation de résistance paraît être une quantité constante pour le même degré de vitesse, quelle que soit la tension; en sorte qu'elle cesse d'être sensible sous les grandes tensions, et qu'il n'y a guère de circonstance où l'on ne puisse la négliger dans la pratique : cette augmentation relative à la vitesse, paraît d'ailleurs beaucoup plus grande dans les cordes neuves que dans les vieilles, dans les cordes goudronnées que dans les cordes blanches.

Résultat général.

146. Il résulte de toutes les expériences détaillées jusqu'ici, que, relativement à la pratique dans toutes les machines de rotation, le rapport de la pression au frottement peut toujours être supposé constant; et que la vitesse y influe trop peu pour qu'on doive y avoir égard; que la résistance qu'il faut vaincre pour plier une corde sur un rouleau, est représentée par une

formule composée de deux termes (*) : le premier est une quantité constante indépendante de la tension et de la forme $\frac{nr^{\mu}}{R}$, où n est une quantité constante que l'expérience détermine; r^{μ} est une puissance du diamètre de la corde, et R le diamètre du rouleau. Le second terme, $\frac{n'r^{\mu}T}{R}$, où n' est une quantité constante; r^{μ}, à peu près la même puissance du diamètre de la corde que dans le premier terme : T est la tension de la corde; ainsi l'on a, pour la formule qui donne la roideur de la corde $\frac{r^{\mu}}{R}(n + n'T)$; la puissance μ, comme nous l'avons déjà dit plus haut, est une quantité qui varie suivant la flexibilité de la corde : dans les cordes neuves et dans les cordes goudronnées, composées de cinq ou six fils de carret et au-dessus, nous trouvons $\mu = 2$; dans les cordes plus qu'à demi-usées $\mu = \frac{3}{2}$.

CHAPITRE III.

Théorie de la roideur des cordes; application des expériences qui précèdent, au calcul des Machines.

SECTION PREMIÈRE.

De la roideur des cordes.

147. Les cordes sont formées de plusieurs torons; chaque toron de plusieurs fils de carret; par la double torsion du fil de carret, pour former le toron, et du toron, dans le sens

---

(*) Voyez *article* 109 *et suivans.*

contraire, pour former la corde, le fil de carret, lorsque la corde est achevée, se trouve réduit à peu près aux deux tiers de sa longueur. Je n'entrerai ici dans aucun détail sur la fabrique des cordes, parce que je ne puis rien ajouter à un excellent ouvrage de M. Duhamel, sur la Corderie, où l'on trouve, avec tout ce qui se pratique dans nos corderies, des vues neuves et utiles sur les moyens d'augmenter la force, la flexibilité des cordes, et de perfectionner cet art.

148. Une corde ARBR′A′ (*fig.* 19) étant placée sur une poulie, et chargée d'un poids à chacune de ses extrémités, si l'on suppose que ce soit le poids P′ qui entraîne le poids P, la corde opposant, par sa roideur, une résistance aux forces qui la plie, prendra à peu près la forme qu'elle a dans la *fig.* : si, par le centre de gravité de chaque poids, l'on fait passer une verticale Pf, P′$f′$ qui rencontre le diamètre horizontal RR′ de la poulie en f et en $f″$, le poids P qui monte agira avec le bras de levier Cf, et le poids P′ qui descend avec le bras de levier C$f″$; en sorte que, dans le cas où le poids P′ commence seulement à entraîner le poids P, l'on aura, dans le cas d'équilibre, $P(CR + Rf) = P′(CR′ - Rf′)$, d'où $(P′-P)CR = P.Rf + P′.Rf′$; lorsqu'une fois les poids seront en mouvement, la quantité P′— P qui sera donnée par cette formule sera exacte, si la corde n'a aucune élasticité; car si la corde était parfaitement élastique, à mesure que la partie RA de la corde se plierait sur la poulie, et que la partie de la corde BR′ se déplierait, la quantité de ressorts tendus du côté où le poids se lève, serait la même que celle qui se détendrait du côté du poids qui descend : ainsi, si la corde était parfaitement élastique, c'est-à-dire, si tous les élémens tendaient à se rétablir avec la même mesure d'action qu'il

faut employer pour les plier, la roideur de la corde n'aurait plus aucune influence dans le mouvement du système; en sorte que, si les deux poids P et P′ étaient égaux, et que l'on imprimât un mouvement primitif, la hauteur dont un des poids P s'éleverait, étant égale à celle dont l'autre poids P′ descendrait, la force vive serait constante, comme elle l'est dans tout assemblage de corps liés par des ressorts ou par des leviers flexibles et élastiques.

Mais cela n'arrive pas ainsi, parce que les cordes n'ont qu'une élasticité très imparfaite; et s'il faut employer une certaine force pour les plier, elles restent ensuite dans la situation où cette force les a mises : veut-on les redresser, il faut une nouvelle action dans le sens contraire : cette seconde force, nécessaire pour remettre la corde dans son premier état, est en général beaucoup moindre que celle qu'il a fallu pour la plier; elle augmente un peu, suivant que le temps depuis lequel la corde est pliée a été plus long; mais, quand même nous la supposerions nulle, ce qui, dans le mouvement des poulies, approche peut-être assez de la vérité, toujours est-il certain que, puisqu'il n'y a aucune traction, la force vive employée à plier la corde, est perdue pour l'agent qui fait monter le poids : ainsi, cette force sera déterminée par $P' - P = \frac{P.Rf + P'.R'f'}{CR}$, et dans le cas de $R'f'' = 0$, par $P' - P = \frac{P.Rf}{CR}$: par nos expériences, nous trouvons $P' - P$ dans les grosses cordes neuves, proportionnel au carré des diamètres de la corde : dans les cordes demi-usées, nous le trouvons proportionnel à la puissance $\frac{3}{2}$ du diamètre; et dans les cordes très petites et très flexibles, MM. Amontons et Désaguilliers l'ont trouvé proportionnel au simple diamètre.

149. Lorsque les poids sont soutenus et manœuvrés sur

un tambour ou sur une poulie par des chaînes, au lieu de l'être par des cordes, le frottement des chaînons qui se plient pour envelopper la poulie, produit une résistance analogue à la roideur des cordes. Dans la *fig.* 20, nous supposons la chaîne composée d'une très grande quantité de chaînons : chaque chaînon est lié au chaînon voisin, au moyen d'un axe : le n° 2 de la *fig.* 20 représente un chaînon vu de champ.

Si l'on suppose que ce soit le poids P' qui entraîne le poids P, la pression qu'éprouve l'axe du chaînon en a, qui correspond au diamètre horizontal de la poulie, sera égale au poids P, et le frottement de cet axe sera $\frac{P}{n}$, n étant la quantité constante qui mesure le rapport de la pression au frottement. Si r est le rayon de l'axe du chaînon, le *momentum* du frottement du poids P, relativement à cet axe, sera $\frac{Pr}{n}$; ainsi il faut, pour satisfaire à cette condition, qu'en élevant une verticale par le centre de gravité du poids P, elle rencontre le diamètre horizontal CR de la poulie en un point f, tel que l'on ait toujours $P \cdot af = \frac{Pr}{n}$, a étant le centre de l'axe : ainsi, si P' est tel que l'on ait $(P' - P)Ca = P \cdot af = \frac{Pr}{n}$, le mouvement pourra être continu, et l'on aurait, dans ce cas, pour le frottement d'un des côtés de la chaîne, en nommant R le rayon de la poulie, augmenté de la moitié de l'épaisseur de la chaîne, $P' - P = \frac{Pr}{nR}$; mais comme il faut vaincre le frottement des axes des chaînons des deux côtés de la poulie, l'on aura très approchant $(P' - P) = \frac{2Pr}{nR}$. Ainsi, la résistance due au frottement des chaînons sera proportionnelle au produit de la tension par l'axe des chaînons, divisé par le rayon de la poulie, augmenté de la moitié de l'épaisseur de la chaîne.

Il y a ici une analogie entre les résistances produites par le frottement des axes des chaînons, et celles trouvées pour la roideur des cordes très flexibles, qui pourrait peut-être avoir quelque utilité dans la théorie de la roideur des cordes.

SECTION DEUXIÈME.

Application des Expériences qui précèdent au calcul des Machines.

150. Dans le premier Livre de ce Mémoire, nous avons déterminé le frottement d'un traîneau mené par une puissance parallèle au plan de contact, et nous avons fait glisser successivement, l'une sur l'autre, des surfaces de différentes natures et de différentes étendues : dans le deuxième Livre, nous avons déterminé le frottement des axes, et la roideur des cordes pliées sur différens rouleaux : dans les observations que l'on trouve jointes à nos expériences, nous avons été obligés, pour les réduire, de calculer les différentes machines qui ont servi à nos épreuves. L'objet de cette Section se trouve donc déjà en partie rempli : ainsi il ne nous reste qu'à chercher des formules générales qui puissent s'appliquer à toutes les machines d'usage dans la Marine.

Nous allons d'abord commencer par le calcul du plan incliné, en supposant que la force qui élève un corps sur ce plan a une direction quelconque : nous calculerons après cela les machines de rotation, et principalement le palan, composé d'un nombre de poulies quelconques, en supposant que la direction des cordes soit verticale, et en faisant entrer dans le calcul le frottement et la roideur des cordes : nous chercherons ensuite la théorie de ces mêmes machines, en supposant que les puissances agissent suivant des directions quelconques :

nous appliquerons les formules qui résulteront de notre théorie au cabestan.

Théorie du plan incliné.

151. Le plan incliné, représenté par la ligne CB (fig 21), forme, avec la ligne horizontale CA, un angle. . . . . . . n.

La direction de la corde TF forme en D, avec le plan incliné, un angle. m.

Le poids du traîneau chargé est . . . . P.

La tension de la corde TF est. . . . . T.

Décomposons ces forces en deux autres, l'une parallèle au plan incliné, et l'autre qui lui soit perpendiculaire, nous aurons :

Force suivant BC, dépendante du poids P. . . . P sin n.
Force suivant BC, dépendante de la tension T. . T cos m.
Force perpendiculaire à BC, dépendante de P. . . P cos n.
Force perpendiculaire à BC, dépendante de T. . T sin m.

Comme nous avons trouvé, dans le premier Livre, que le frottement du traîneau, une fois en mouvement, est égal à une petite constante dépendante de la cohérence des surfaces, plus à une partie constante μ de la pression, nous aurons, dans le cas d'un mouvement uniforme très lent,

$$A + \frac{P \cos n - T \sin m}{\mu} = T \cos m - P \sin n, \quad \text{d'où}$$

$$T = \frac{A\mu + P(\cos n + \mu \sin n)}{\mu \cos m + \sin m}.$$

Cette formule est suffisante dans la pratique, quels que soient les degrés de vitesse et de pression, lorsque les bois frottent sans enduit sur les bois, ou les métaux sur les métaux; mais lorsque les bois frottent sur les métaux, la quantité μ diminue un peu à mesure que la vitesse augmente : l'on trouve, dans les expériences du premier Livre, toutes les données nécessaires pour déterminer cette quantité μ, suivant la nature des surfaces, l'ancienneté et la nature des enduits, et suivant le degré de vitesse.

Si, dans la formule qui précède, en supposant l'angle n du plan incliné constant, l'on voulait faire varier l'angle m, ou, ce qui revient au même, la direction de la corde qui soutient le traîneau, de manière que la tension T fût un *minimum,* l'on aurait $\mu = \frac{\cos m}{\sin m}$. Si, dans la formule, l'on fait n et $m = 0$, l'on aura $T = A + \frac{P}{\mu}$; c'est le cas du traîneau tiré horizontalement sur un plan horizontal; c'est le cas de toutes les expériences du premier Livre.

PREMIÈRE REMARQUE.

152. Nous avons vu, par les expériences du premier Livre, qu'il y a deux espèces de frottement; celui qu'il faut vaincre pour détacher le traîneau après un certain temps de repos, et celui du traîneau une fois en mouvement. Nous avons trouvé que, dans les bois glissant sur les bois, le premier genre de frottement est toujours beaucoup plus considérable que le dernier : dans le chêne, par exemple, glissant à sec sur le chêne, il est à peu près comme 4 à 1; ainsi, toutes les fois que le traîneau s'arrête, il faut employer un grand effort pour lui faire reprendre son mouvement. Cet effort est aussi nuisible aux hommes qu'aux machines dont il délie bientôt toutes les parties. Il faut donc, autant qu'il est possible, que, dans cette espèce de frottement, les agens puissent produire un mouvement continu, ou au moins il faut que, par quelques moyens assez simples, l'on puisse ébranler et dé-

tacher les surfaces après un certain temps de repos. Dans les expériences du premier Livre, je faisais souvent glisser mon traîneau à force de bras sous de très grandes pressions; mais toutes les fois que le traîneau s'arrêtait, les forces de deux hommes que j'employais n'auraient pas été suffisantes, si je ne les avais aidés en détachant le traîneau d'un coup de marteau. Il y a des cas où l'on pourrait faciliter l'ébranlement du traîneau, en le faisant porter (*fig.* 22) par une courbure convexe sur le plan incliné : car, pour lors, au moindre ébranlement, il roulerait sur cette courbure; mais, si l'on ne veut pas employer ce moyen, et que, par la destination de la machine, l'on se trouve nécessité d'arrêter souvent le mouvement des traîneaux, il faudra se conformer aux expériences du premier Livre, et ne mettre en contact que des surfaces qui puissent se détacher aisément l'une de l'autre; telles sont, par exemple, deux surfaces hétérogènes, comme les bois et les métaux; tels sont aussi les métaux glissant sur les métaux avec enduit de suif.

IIᵉ REMARQUE.

153. Les différens résultats trouvés dans notre premier Livre, pourront peut-être servir à perfectionner une des opérations des plus importantes de nos ports; c'est celle de lancer les vaisseaux à l'eau sur un plan incliné : cette manoeuvre s'exécute ordinairement en soutenant le bâtiment par un assemblage de charpente et de cordage que l'on appelle son berceau; deux pièces de bois posées parallèlement à la quille, et à peu près de même longueur, servent de base au berceau. Ces deux pièces de bois sont posées et glissent sur un chantier très solide et très uni, formé par des lits de pièces de bois qui se joignent et qui sont posées perpendiculairement à la direction de la quille : ce chantier est couvert, dans tous

les points où la base du berceau doit glisser, d'un enduit de suif très épais; on donne au chantier une inclinaison du côté de la mer, qui est rarement de moins de 10 lignes par pied et de plus de 14 lignes, ce que l'on fait dépendre du plus ou moins de pesanteur du vaisseau : dans cette opération, les surfaces de contact sont souvent chargées de plus de 7000 livres par pied carré.

La grande quantité de suif dont le chantier est enduit, les différentes accores et les clefs qui soulèvent le vaisseau, et que l'on ne fait sauter que dans l'instant où l'on veut le mettre à l'eau, empêchent que le plan des deux pièces de bois qui forment la base du berceau, et qui doit glisser sur le chantier, ne s'engrène dans la surface de ce chantier; le vaisseau part ordinairement tout seul par le seul ébranlement qu'il éprouve en coupant deux gros câbles qui le soutiennent au sommet du chantier. Il est absolument nécessaire, pour le succès de cette opération, que la couche de suif interposée entre la base du berceau et le chantier, soit très épaisse, très pure, et que le suif ait beaucoup de consistance : quelquefois l'on met sur le suif un second enduit de vieux oing; mais il paraît, par toutes nos expériences, que ce procédé est vicieux, que le vieux oing ne fait que ramollir le suif, accélérer le rapprochement des surfaces, et augmenter le frottement.

Lorsqu'une fois le vaisseau est en mouvement, il paraîtrait, d'après l'*art.* 63 et suivans, que le frottement des bois enduits de suif n'étant que le vingt-septième de la pression, et l'inclinaison du plan étant toujours au moins de 10 lignes par pied, le vaisseau devrait s'accélérer avec beaucoup plus de rapidité; c'est aussi ce qui arrive presque toujours; mais cependant, quelquefois il s'arrête au milieu de sa marche. Voici, d'après nos expériences, les raisons de cet évènement; il s'en faut de beaucoup que les surfaces du bois qui sortent de la main de l'ouvrier aient acquis le degré de poli qu'elles avaient dans nos expériences successives; mais nous avons trouvé que des bois polis à neuf, et enduits de suif, donnent beaucoup d'irrégularité dans les frottemens, qui, au lieu d'être le vingt-septième de la pression, sont souvent le douzième et le trei-zième : or, comme l'inclinaison du chantier, à 10 lignes par pied, ne donne pas tout-à-fait, pour la force accélérante, le quatorzième de la pression, il n'est pas étonnant que le bâti-ment s'arrête souvent au milieu de sa course : un moyen de prévenir en partie cet évènement, serait de faire glisser à plusieurs reprises, en enduisant de suif, un traîneau chargé d'un grand poids, sur les surfaces qui doivent se trouver en contact lorsque le berceau court sur le chantier : par cette opération préparatoire, l'on ferait disparaître les inégalités qui rendent les frottemens irréguliers dans les surfaces neuves; mais ce qui pourrait peut-être encore mieux réussir, ce serait de former le dernier lit ou la surface du chantier avec des pièces de bois d'orme, en donnant une plus grande largeur aux surfaces en contact. J'ai toujours trouvé, en mettant en expérience un traîneau de chêne porté par un madrier de bois d'orme enduit de suif, le fil du bois se recoupant à angle droit, que non-seulement le frottement est moindre que dans le chêne sur le chêne, mais qu'il est, surtout dans les surfaces neuves, beaucoup moins irrégulier : il paraîtrait que les iné-galités dont la surface du bois d'orme est couverte, étant très-flexibles, se plient avec facilité dans la marche du traîneau, et produisent moins d'irrégularité que le chêne dont les fibres sont beaucoup plus dures. D'ailleurs, ce qui est décisif ici, c'est que l'engrenage des parties, qui produit la grande résis-tance que l'on éprouve en détachant les surfaces après un

22

certain temps de repos, se fait dans le bois d'orme glissant sur le chêne, beaucoup plus lentement que dans le chêne contre chêne.

Voici encore une cause des irrégularités du frottement du berceau glissant sur le chantier; le vaisseau qui part d'abord lentement, s'accélère ensuite, et la vitesse est telle, que les surfaces de contact contractent un degré de chaleur capable de les enflammer. Par là il arrive que la couche de suif interposée entre les surfaces de contact se fond, et perd toute sa consistance; en sorte que la base du berceau joint la surface du chantier, comme s'il n'y avait point de suif interposé entre les surfaces de contact : or, dans le cas où les surfaces sont seulement onctueuses, nous avons trouvé que le frottement est le seizième de la pression : ici il doit être encore plus grand, parce que la chaleur fond le suif jusque dans les pores du bois : si, par cette cause ou par quelque autre, le vaisseau vient à s'arrêter, le suif interposé entre les surfaces se trouvant entièrement fondu, elles s'engrèneront, dans un instant, comme si les bois étaient secs, et il faudra, pour détacher de nouveau le berceau, employer une force qui soit au moins le tiers de la pression; aussi arrive-t-il souvent qu'après un pareil accident, il n'y a d'autre moyen, pour faire mouvoir le vaisseau, que de séparer les surfaces en contact, et d'y mettre un nouvel enduit.

Nous n'étendrons pas plus loin nos réflexions sur cet objet; nous laissons à MM. les Officiers de marine qui dirigent actuellement les constructions des vaisseaux du Roi, à décider si, d'après nos expériences, il n'y aurait pas quelque moyen certain d'assurer le succès de cette importante opération; l'on peut tout attendre de leur capacité, de leur zèle, de cette fermentation générale qui, dans nos ports, embrase tous les esprits, et qui se modifiant, suivant les circonstances, mène également à la gloire dans les combats, et aux découvertes utiles dans les Arts. Je voudrais que la destination de ce Mémoire me permît de rendre ici justice au commandant respectable du département où j'ai fait mes expériences : tout ce qui peut être utile à la perfection de l'Art et au bien du service y est accueilli, encouragé et protégé : les officiers qui le secondent se prêtent à ses vues avec autant d'honnêteté que de zèle, et le plus faible talent qui veut se rendre utile, rencontre partout des hommes de génie qui l'éclairent. Si des occupations et des voyages nécessités m'avaient permis de profiter à loisir d'une position aussi heureuse, ce Mémoire serait probablement meilleur (*).

Théorie des machines de rotation.

154. Nous avons vu, dans toutes les expériences qui précèdent, que le frottement des axes est toujours proportionnel aux pressions : nous avons vu que les forces nécessaires pour plier une corde autour d'une poulie, peuvent toujours être représentées par la quantité $\frac{A+BT}{R}$, dans laquelle (*art.* 146), $A = nr^q$, et $B = n'r^\mu$, r étant le rayon de la corde, R celui de la poulie, T la tension de la corde, n et n' sont des coefficiens constans donnés par nos expériences ; q, dans la pratique, peut être supposé égal à μ, quantité qui varie suivant la nature de la corde, suivant qu'elle est plus ou moins usée.

(*) *Note ajoutée depuis le jugement de l'Académie.* Les expériences détaillées dans ce Mémoire ont été faites dans le port de Rochefort, à la fin de 1779. M. de la Touche, que la mort a enlevé au commencement de l'année 1781, y commandait alors le département de la Marine : dès qu'il fut convaincu que mon travail avait un objet utile, il voulut bien s'en occuper avec cet air d'intérêt si précieux et si rare dans les gens en place, mais qui caractérise toujours le citoyen honnête et le chef éclairé.

Roue ou poulie chargée de deux poids.

155. Au lieu de supposer la poulie mobile autour de son axe, fixons-la (*figure 23*) à cet axe dont le rayon est CB, et supposons que cet axe soit porté par la chape F*n*BR, dont le rayon est plus grand que celui de l'axe de la poulie; que R soit le rayon de la poulie chargée d'un côté par le poids P, de l'autre par le poids P′, qui est supposé suffisant pour entraîner le poids P, vaincre le frottement et la roideur de la corde. Comme le plus ou le moins de vitesse du système change très peu l'énergie de cette double résistance, le poids P′ continuera à descendre avec la vitesse qui lui sera imprimée sans s'accélérer ni retarder; mais comme nous supposons ici du jeu entre l'axe et la boîte qui le porte, l'axe roulera d'abord jusques en B, en sorte que la tangente BN fera, avec la ligne horizontale QBQ′, un angle QBN, tel que le frottement de tout le système porté et en équilibre sur le point B, l'empêche de glisser le long de BN; ainsi, si $m=$ le rapport de la pression au frottement, l'on aura $\dfrac{\sin \text{QBN}}{\cos \text{QBN}}=\dfrac{1}{m}$, et en supposant le rayon des tables égal à l'unité, l'on trouvera

$$\sin \text{QBN} = \frac{1}{(m^2+1)^{\frac{1}{2}}}, \quad \text{et} \quad \cos \text{QBN} = \frac{m}{(1+m^2)^{\frac{1}{2}}};$$

si actuellement du centre de l'axe C l'on abaisse la verticale CK, et que la ligne horizontale QQ′ rencontre les verticales qui passent par le centre de gravité des deux poids en Q et Q′, l'on verra que, puisque le système est en équilibre autour du point B lorsque le poids P′ emporte d'un mouvement insensible et uniforme le poids P, l'on doit avoir

$$P(QK + KB) = P'(Q'K - KB);$$

or $QK=R$, rayon de la poulie, et $KB = CB \sin BCK = \dfrac{r}{(1+mm)^{\frac{1}{2}}}$, d'où l'on tirera

$$P\left(R + \frac{r}{(1 + m^2)^{\frac{1}{2}}}\right) = P'\left(R - \frac{r}{(1 + mm)^{\frac{1}{2}}}\right).$$

L'on pourrait encore avoir la même valeur de P' par un autre moyen plus direct : la somme des forces qui agissent suivant la résultante et verticale EB est P + P'; ainsi la pression du plan de contact en B est $\frac{m(P + P')}{(1 + m^2)^{\frac{1}{2}}}$; or, lorsque le mouvement est parvenu à l'uniformité, le centre C de l'axe doit rester immobile dans l'espace; ainsi toutes les forces et· les réactions du frottement doivent être en équilibre autour du centre C, et puisque le frottement du point $B = \frac{P + P'}{(1 + m^2)^{\frac{1}{2}}}$, nous aurons $PR + \frac{(P + P')r}{(1 + m^2)^{\frac{1}{2}}} = P'R$ qui se trouve exactement la même formule que nous avions eue tout à l'heure par la première méthode; la quantité P' donnée par cette dernière formule dépend seulement du frottement; si l'on avait égard à la roideur des cordes, elle serait

$$PR + \frac{(P + P')r}{(1 + m^2)^{\frac{1}{2}}} + A + BP = P'R,$$

parce que la force nécessaire pour plier une corde autour d'un rouleau dont le rayon est R, étant $\frac{A + BP}{R}$, le *momentum* de cette force agissant avec un levier R, sera A + BP.

PREMIÈRE REMARQUE.

156. Le frottement des axes dans les boîtes, que nous avons rigoureusement déterminé dans l'*article* qui précède, et que nous trouvons égal à $\frac{P + P'}{(1 + m^2)^{\frac{1}{2}}}$, est plus petit que celui dont nous nous sommes servis dans nos expériences, où nous

avons supposé le frottement égal à la quantité $\frac{P+P'}{m}$; mais
comme dans nos expériences, m n'a jamais été moindre que
le nombre 6, les erreurs qui auraient pu en résulter sont
insensibles; puisqu'en prenant pour m le nombre 6, l'on
trouve $(1+m^2)^{\frac{1}{2}}=6,08$, qui ne diffère du nombre 6 que
d'une quantité que l'on peut négliger dans des recherches de
ce genre.

DEUXIÈME REMARQUE.

157. Si au lieu de faire mouvoir l'axe dans la concavité de
la boîte, comme aux deux derniers articles, c'était (*fig.* 24)
la boîte ou la concavité du trou de la poulie qui tournât sur
l'axe fixe, ce qui est le cas de toutes les poulies mobiles dont
on fait usage pour la manœuvre des vaisseaux, le problème
aurait la même solution que le précédent; car puisque le
poids P' (*fig.* 24) entraîne le poids P, et que, par la supposition, le mouvement est uniforme, il y a équilibre entre
toutes les puissances, en y comprenant la réaction du frottement. Ne nous occupons pas pour cet instant de la roideur du cordage. Comme nous supposons qu'il y a du jeu
entre le trou de la poulie et son axe, et que le poids P' entraîne le poids P; lorsque le mouvement sera parvenu à l'uniformité, le point de contact B sera tel, qu'en faisant passer
par ce point une tangente BN, la résultante BE de la somme
des poids P et P', dirigée suivant une verticale BE, ne fera
que commencer à faire glisser les surfaces de contact rete-
nues par le frottement; nous aurons donc ici, comme à l'*ar-
ticle* 155, pour la pression suivant BC, $\frac{(P+P')m}{(1+m^2)^{\frac{1}{2}}}$; mais si
C est le centre de l'axe, et C' celui de la poulie, l'on remar-
quera que le rayon BC de l'axe étant prolongé, doit néces-

sairement passer par le centre C' de la poulie; l'on remarquera encore, que lorsque le mouvement sera parvenu à l'uniformité, le centre C' de la poulie restera fixe dans l'espace. Ainsi l'on aura égalité entre le *momentum* des puissances et la réaction du frottement; et comme ce frottement est encore ici $\dfrac{(P+P')}{(1+m^2)^{\frac{1}{2}}}$, l'on trouvera, comme à l'*article* 155, en nommant r' le rayon du trou de la poulie,

$$PR + \frac{P+P'r'}{(1+m^2)^{\frac{1}{2}}} = P'R.$$

Cette dernière formule offre, relativement aux poulies mobiles sur leurs axes, une remarque intéressante; c'est que le *momentum* du frottement ne dépend pas du diamètre de l'axe, mais uniquement du trou de la poulie.

Calcul d'un palan composé d'un nombre quelconque de poulies, les directions de toutes les cordes étant parallèles et verticales.

158. Le palan que nous allons calculer ici est un des plus en usage dans la Marine. Dans la *figure* 25 qui le représente, nous avons beaucoup écarté les poulies l'une de l'autre, sans cependant les séparer par des cloisons, comme elles le sont ordinairement dans la pratique, ce qui aurait rendu notre *figure* trop confuse.

La chape supérieure en A est dormante, et attachée à des crochets; la chape inférieure en B est mobile, et soutient le poids P; une extrémité de la corde est fixée au point a, et la corde enveloppe successivement les poulies b, c, d, e, f, g, h, etc., et est soutenue à son autre extrémité par une force en Q.

Soit la tension de la corde qui va de a en b. . . **T**.
Celle de la corde qui va de b en c. . . . . **T'**.
Celle de la corde qui va de c en d. . . . . **T''**.
Celle de la corde, etc. . . . . **T$^{\prime\mu'}$**.

T$^{\prime\mu'}$ représentant la tension de la corde, après qu'elle a enveloppé, depuis le point a, un nombre μ de poulies.

Supposons, pour simplifier, toutes les poulies égales, et ayant R pour rayon (*), et r pour rayon de leur axe, par *l'article* qui précède, lorsque le mouvement sera parvenu à l'uniformité, le frottement de l'axe de la première poulie b sera $\dfrac{(T+T')}{(1+m^2)^{\frac{1}{2}}}$, celui de la poulie c sera $\dfrac{(T'+T'')}{(1+m^2)^{\frac{1}{2}}}$ etc., mais puisque nous supposons le palan en mouvement, il faut que la tension T' de la partie de la corde qui va de b en c, soit telle, qu'elle fasse tourner la poulie b autour de son axe, quoique retenue, dans l'autre sens, par la tension T de la corde ab, par le frottement de l'axe, et par la résistance due à la roideur de la corde qu'il faut plier sur une poulie dont le rayon est R; ainsi le mouvement étant supposé parvenu à l'uniformité, nous formerons, d'après les *articles* qui précèdent, les équations suivantes pour chaque poulie :

$$R(T'-T) = \frac{(T+T')r}{(m^2+1)^{\frac{1}{2}}} + A + BT,$$

$$R(T''-T') = \frac{(T'+T'')r}{(m^2+1)^{\frac{1}{2}}} + A + BT',$$

$$R(T'''-T'') = \frac{(T''+T''')r}{(m^2+1)^{\frac{1}{2}}} + A + BT'',$$

$$R(T'^{\mu'} - T^{v(\mu-1)'}) = \frac{(T'^{\mu'}+T^{v(\mu-1)'})r}{(m^2+1)^{\frac{1}{2}}} + A + BT^{v(\mu-1)'}.$$

Ces équations se résoudraient facilement par les méthodes

(*) Par rayon de l'axe r, nous entendons celui du trou de la poulie.

données pour intégrer les différences finies; mais comme c'est ici le cas le plus simple de ce genre d'intégration, et que nous n'avons que des progressions géométriques à sommer, nous n'aurons besoin que de l'Analyse élémentaire. Faisons pour simplifier,

$$C = \frac{\left(R + \frac{r}{(1+m^2)^{\frac{1}{2}}} + B\right)}{R - \frac{r}{(m^2+1)^{\frac{1}{2}}}}, \quad \text{et} \quad D = \frac{A}{R - \frac{r}{(1+m^2)^{\frac{1}{2}}}},$$

nos équations se trouveront réduites par cette substitution, à

$$T = T. \dots \dots \dots \dots = T + \frac{D(1-1)}{C-1},$$

$$T' = TC + D = TC + D. \dots \dots = TC + \frac{D(C-1)}{C-1},$$

$$T'' = T'C + D = TC^2 + DC + D. \dots = TC^2 + \frac{D(C^2-1)}{C-1},$$

$$T''' = T''C + D = TC^3 + D(C^2 + C + 1) = TC^3 + \frac{D(C^3-1)}{C-1},$$

$$T'^{\mu'} = T'^{(\mu-1)'}C + D = TC^\mu + D(C^{\mu-1} + C^{\mu-2} + \text{etc.} + 1)$$

$$= TC^\mu + \frac{D(C^\mu-1)}{C-1}.$$

Remarquons à présent que puisque le poids P est supposé s'élever d'un mouvement uniforme, toute l'action momentanée de la pesanteur est soutenue et détruite par des cordes que nous supposons parallèles et verticales; ainsi

$$(T + T' + T'' + \text{etc.} + T'^{\mu'}) = P,$$

où $T'^{\mu'}$ est la tension de l'extrémité de la corde tenue en Q; ainsi, en faisant une somme de toutes nos équations, nous trouverons

$$P = \frac{T(C^{\mu+1}-1)}{C-1} + \frac{D(C^{\mu+1}-1)}{(C-1)^2} - \frac{(\mu+1)D}{C-1},$$

d'où nous tirerons en quantités connues,

$$T = \frac{P(C-1) - \frac{D(C^{\mu+1}-1)}{(C-1)} + (\mu+1)D}{C^{\mu+1}-1}.$$

En substituant, dans une des équations de notre suite, cette valeur de T, nous aurons tout de suite en quantités connues la tension de la partie de la corde qui y correspond; nous trouverons, par exemple, que la force Q, qui peut produire un mouvement uniforme, est

$$T'^{\mu'} = \frac{C^\mu\left[P(C-1) + (\mu+1)D - \frac{D(C^{\mu+1}-1)}{C-1}\right]}{C^{\mu+1}-1} + \frac{D(C^\mu-1)}{C-1};$$

mais si l'on remarque que nous avons supposé $D = \dfrac{A}{R - \frac{r}{(1+m^2)^{\frac{1}{2}}}}$,

et que A représente la force constante nécessaire pour plier la corde, il suit de nos expériences que, lorsqu'on manœuvre un palan avec une corde au-dessous de dix ou douze fils de carret, l'on peut négliger la quantité A, et par conséquent D, et pour lors la formule précédente se réduit à

$$T'^{\mu'} = \frac{C'^\mu.P.(C-1)}{C^{\mu+1}-1}.$$

Si l'extrémité de la corde, au lieu d'être soutenue par une puissance Q, passait sur une poulie F, la tension de la corde

en Q, étant donnée par la formule de cet article, l'on aurait
facilement la pesanteur d'un poids G, qui, attaché à l'extrémité de cette corde, pourrait entretenir le mouvement uniforme d'un palan.

159. Le palan dont nous venons de donner le calcul, est
celui qui est le plus en usage dans la Marine; mais il faut
avouer que notre théorie n'est pas parfaitement exacte quant
à la pratique, parce que nous supposons ici que toutes les
cordes sont exactement verticales et parallèles; au lieu que,
dans la pratique, elles sont obligées de biaiser pour aller d'une
poulie à l'autre, suivant que la chape mobile B est plus ou
moins proche de la chape dormante A. Du défaut du paral-
lélisme des cordes, il résulte encore que comme les poulies
portées par la même chape sont séparées entre elles par
une cloison, s'il y a beaucoup de jeu entre le trou de la
poulie et son axe, la poulie s'incline et frotte contre la cloison; d'ailleurs en s'inclinant, le rapport du diamètre de la
poulie au diamètre de son axe diminue, et la poulie ne porte
sur son axe que par les arêtes extérieures de son trou qui
est bientôt évasé et dénaturé; par là les frottemens augmentent et deviennent d'une irrégularité qui ne peut être soumise à aucune théorie. Pour diminuer ces défauts, il faut
forer les poulies bien perpendiculairement à leur plan, arrondir un peu les arêtes de leur trou; mais surtout faire en
sorte, dans les manœuvres, que la direction des cordes passe,
le plus exactement qu'il sera possible, dans le plan de la poulie perpendiculairement à l'axe de rotation.

Calcul du frottement des axes, lorsque les directions des puissances ne sont pas parallèles entre elles.

160. La *figure* 26 représente le plan d'une roue ou d'un tour coupé perpendiculairement à son axe. Le centre de rotation est en C; l'axe a pour rayon CT $= r$; la puissance Q qui fait mouvoir la machine, a pour rayon celui de la roue CQ $=$ R', et agit perpendiculairement à ce rayon, suivant la direction QR'; la résistance P qu'il faut vaincre, agit suivant la direction PR, perpendiculaire au rayon CP $=$ R, qui est celui du cylindre ou de l'arbre du tour.

Prolongeons la direction R'Q, suivant laquelle la puissance Q agit, de manière qu'elle rencontre en S la direction RP de la résistance; que la résultante de ces deux forces soit TS, T sera le point de contact de la boîte, dont nous voyons, dans la *figure*, une partie TN qui soutient l'axe du tour. Comme nous supposons ici le mouvement parvenu à l'uniformité, et que la roue est entraînée suivant QR', il faut que la direction de la résultante ST fasse, avec la tangente TO, un angle, tel que la force résultante, décomposée dans la direction de la tangente, soit égale au frottement; ainsi, si nous nommons Z la force de la résultante ST, nous aurons $\frac{Z\overline{m}}{(1 + mm)^{\frac{1}{2}}}$ pour la pression de l'axe et de la boîte, d'où, en suivant la même marche que dans les *articles* qui précèdent, l'on tirera PR $+ \frac{Zr}{(1 + m^2)^{\frac{1}{2}}} =$ QR'. L'on y joindrait, si l'on voulait, les forces nécessaires pour plier la corde; mais il n'est question ici que du frottement. Pour déterminer la valeur de Z, par le centre C de la roue et par le point S, soit tiré la ligne CS, qui forme, avec les directions QS et PS, les angles H et H'; décomposons la force suivant SQ en une force suivant SC, et une force perpendiculaire à cette ligne; faisons-en autant pour la force suivant SP, la somme des forces suivant SC, sera $Q \cos H + P \cos H'$; la somme des forces perpendiculaires à CS, à cause que c'est la force Q qui entraîne le système, sera $Q . \sin H - P . \sin H'$. Ainsi la force, suivant la résultante ST, sera

$$Z = [(Q \cos H + P \cos H')^2 + (Q \sin H - P \sin H')^2]^{\frac{1}{2}}$$
$$= [Q^2 + P^2 + 2PQ \cos(H + H')]^{\frac{1}{2}};$$

ainsi l'on aura, pour l'équation générale des *momentum*,

$$PR + \frac{[Q^2 + P^2 + 2PQ \cos(H + H')]^{\frac{1}{2}} r}{(1 + m^2)^{\frac{1}{2}}} = QR',$$

d'où l'on tire $\qquad Q = a + (a^2 + b^2)^{\frac{1}{2}},$

en faisant

$$a = -\frac{PRR' - \dfrac{Pr^2 \cos(H + H')}{1 + m^2}}{R'^2 - \dfrac{r^2}{1 + m^2}}, \text{ et } b^2 = \frac{P^2 \left(\dfrac{r^2}{1 + m^2} - R^2 \right)}{R'^2 - \dfrac{r^2}{1 + mm}}.$$

L'on simplifiera beaucoup notre formule relativement à la pratique, si l'on remarque que le frottement étant toujours une petite partie de la pression, $Q = \frac{PR}{R'}$ peut être regardé comme une valeur assez approchée pour qu'on puisse la substituer dans le petit terme qui exprime le frottement; ainsi l'équation avant d'être réduite, deviendra

$$\frac{PR}{R'} + \frac{Pr}{R'} \cdot \frac{\left[\dfrac{R^2}{R'^2} + 1 + \dfrac{2R}{R'} \cos(H + H') \right]^{\frac{1}{2}}}{(1 + m^2)^{\frac{1}{2}}} = Q.$$

Si l'on veut avoir égard à la roideur des cordes, il faudra ajouter à la quantité qui représente Q celle $\frac{f\mu}{R'}(n+n'P)$, qui se détermine, d'après nos expériences, suivant la nature et l'usé des cordes ; la quantité Q ainsi déterminée, substituée à la place de Q, dans le terme qui représente le frottement et la roideur de la corde, donnera une seconde approximation, si l'on ne croit pas la première assez exacte. La valeur de Q que nous trouvons ici pour les tours, convient également aux poulies dans le cas où les directions des cordes ne sont pas parallèles ; la dernière formule se simplifie même pour la poulie, parce qu'il faut faire $R = R'$.

PREMIÈRE REMARQUE.

161. La formule qui précède, où nous trouvons, par approximation, le frottement égal à $\dfrac{\frac{Pr}{R'}\left[\frac{R^2}{R'^2}+1+\frac{2R}{R'}\cos(H+H')\right]^{\frac{1}{2}}}{(1+mm)^{\frac{1}{2}}}$, offre quelques réflexions, relativement à l'angle $(H+H')$ que doivent former entre elles les directions de la puissance et de la résistance, pour que le frottement s'évanouisse, ou au moins pour qu'il devienne un *minimum*; il est clair d'abord que ce frottement diminuera à mesure que $\cos(H+H')$ diminuera s'il est positif, et augmentera s'il est négatif; et comme, à cause du rayon égal à l'unité, $\cos(H+H')$ pris négativement, ne peut pas être plus grand que -1, il s'ensuit que le frottement sera le moindre possible lorsque $\cos(H+H')=-1$, tant que $\frac{R^2}{R'^2}+1$ sera plus grand que $\frac{2R}{R'}$; car s'il était plus petit, il faudrait déterminer $\cos(H+H')$, en faisant

$$\frac{R^2}{R'^2}+1+\frac{2R}{R'}\cos(H+H')=0,$$

ce qui rendrait le frottement nul; ainsi, par exemple, dans les poulies où $R = R'$, si $\cos(H + H') = -1$, le frottement s'évanouit, dans lequel cas la puissance et la résistance sont opposées et dirigées suivant une même ligne.

Du Cabestan.

162. La théorie qui précède, et l'équation qui en résulte, s'appliquent facilement au calcul du cabestan.

La *figure* 27 représente le plan d'un cabestan, ou une section perpendiculaire à son arbre vertical; les puissances Q, Q', Q'', etc., sont placées à l'extrémité des bras CQ, et comme elles sont distribuées également, il n'en résulte aucune pression sur l'axe; l'axe qui frotte contre la boîte, a pour rayon $CT = r$; l'arbre autour duquel s'enveloppe la corde, a pour rayon $CP = R$; les bras du cabestan mesurés depuis le point C, centre de rotation du cabestan, jusques aux points Q, Q', etc., où les puissances sont appliquées, ont pour rayon $CQ = R'$; l'on remarquera que, comme dans le cabestan, les puissances Q, Q', etc., sont développées uniformément autour du centre C, il s'ensuit que la somme des forces estimées suivant une direction quelconque, sera égale à 0, d'où la pression de l'axe sur la boîte, et conséquemment le frottement qui en résultera sera nul; ainsi, dans l'équation de l'*article* 160, où nous trouvons

$$PR + \left[\frac{P^2 + Q^2 + 2PQ \cos(H + H')}{(1 + mm)^{\frac{1}{2}}} \right]^{\frac{1}{2}} r = QR',$$

la puissance Q, qui se fait équilibre à elle-même, ne doit pas entrer dans le terme qui représente le frottement; ainsi l'on aura

$$\frac{PR}{R'} + \frac{Pr}{R'(1+m^2)^{\frac{1}{2}}} = Q;$$

et en faisant entrer dans le calcul la roideur du cable PN, nous aurons généralement

$$Q = \frac{PR}{R'} + \frac{Pr}{R'(1+m^2)^{\frac{1}{2}}} + \frac{f^\mu}{R'}(n+n'P),$$

où f représente le demi-diamètre de la corde.

EXEMPLE.

163. Pour faciliter aux artistes l'intelligence de la théorie qui précède, nous allons donner une application au cabestan en calcul numérique.

L'on veut élever, au moyen de la corde PR, un poids de huit mille livres. La corde PR est une corde goudronnée de cent vingt fils de carret, qui pourrait porter douze à quatorze milliers sans se rompre. L'axe du cabestan est de fer; la boîte, dans laquelle il tourne est de cuivre; l'on suppose que cet axe n'a pas été enduit de suif depuis quelque temps; en sorte que le rapport de la pression au frottement est, *art.* 132, comme 7 et demie à 1.

Le rayon CT de l'axe est égal à. . . . . 2 pouces.
Le rayon CP de l'arbre est égal à. 10
Le bras CQ du cabestan est égal 10 pieds. . 120.

L'on cherche la somme des forces Q, Q', etc., qu'il faut distribuer à l'extrémité des bras du cabestan.

Nous avons trouvé, *art.* 116, par la méthode de M. Amontons, dont, *art.* 121, il faut doubler le résultat, qu'une corde goudronnée, de trente fils de carret, exige, pour être pliée autour d'un rouleau de 4 pouces de diamètre, une force constante de 6,6 livres, et une force proportionnelle à la tension, à raison de 116 livres par millier. Comme l'arbre de notre cabestan a 20 pouces de diamètre, les forces nécessaires pour plier la corde autour de cet arbre, ne seront que le cinquième de celles que nous venons de trouver; ce sera 1,3 liv. pour la force constante, et 23,2 livres par millier; et comme nous avons ici une tension de huit milliers, nous aurons, pour la force totale qui plierait la corde de trente fils de carret autour de notre rouleau, 186,9 livres.

Mais nous avons vu, *art.* 116, que les forces nécessaires pour plier différentes cordes goudronnées autour d'un même rouleau, sont assez approchantes entre elles, comme le nombre des fils de carret qui composent ces cordes; ainsi, comme nous nous servons ici d'un câble de cent vingt fils de carret, il faudra une force pour plier ce câble, quadruple de celle que nous aurions employée avec la corde de trente fils; nous aurons donc ici, pour cette force, 747,6 livres; ainsi nous aurons dans l'équation de l'article qui précède,

$$\frac{f^\mu(n + n'\mathrm{P})}{\mathrm{R}} = 747,6,$$

d'où

$$\frac{f^\mu(n + n'\mathrm{P})}{\mathrm{R}'} = \frac{\mathrm{R}}{\mathrm{R}'}.747,6 = \frac{10}{10.12}.747,6 = 62,3 \text{ liv.};$$

$$\frac{\mathrm{PR}}{\mathrm{R}'} = \frac{8000.10}{10.12} = 666,7 \cdot \frac{\mathrm{PR}}{\mathrm{R}'(1 + m^2)^{\frac{1}{2}}} = \frac{8000.2}{10.12[(7+\frac{1}{2})^2 + 1]^{\frac{1}{2}}} = 17,7;$$

d'où

$$\mathrm{Q} = 666,7 + 62,3 + 17,7 = 746,7 \text{ liv.}$$

24

Comme un homme, en poussant d'un mouvement continu la barre d'un cabestan, peut faire à peu près un effort de 25 liv., il faudrait trente hommes sur ce cabestan pour élever le poids de 8000 liv.; il y a à peu près 80 liv. de forces employées à plier la corde et à vaincre le frottement des axes; ainsi il y a au moins trois hommes dont l'action est perdue dans l'effet de ce cabestan.

DU FROTTEMENT

DE LA POINTE DES PIVOTS.

Expériences pour déterminer le frottement qu'éprouvent les corps qui tournent sur la pointe d'un pivot. Théorie de ce frottement.

1. J'AI déjà essayé de donner *(pages 234 et suivantes, dans le IXe volume des Savans Étrangers)* la théorie du frottement des pivots et des chapes; mais les expériences rapportées dans ce Mémoire, ne sont ni assez nombreuses, ni faites d'après une méthode assez exacte, pour donner à la théorie l'étendue et la certitude qu'elle exige; j'ai donc cru nécessaire de revenir sur cet objet, et d'en faire le sujet d'un mémoire particulier qui servira de suite à mon travail sur le frottement des machines.

2. On suspend ordinairement les aiguilles de boussole, et généralement les corps qui doivent tourner sur la pointe d'un pivot, au moyen d'une chape d'agathe ou de quelque matière très dure. Les pivots sont d'acier trempé, et le plus souvent revenu à l'état de ressort; la chape a dans son creux une forme conique, terminée à son sommet par une petite calotte concave, dont le rayon de courbure est très petit. La pointe du pivot conique sur laquelle la chape est portée, forme à son sommet une petite surface courbe convexe, dont le rayon de courbure doit être encore plus petit que ce-

lui du fond de la chape; mais malgré tous les soins que l'artiste peut porter dans l'exécution des chapes, j'ai toujours
trouvé par l'expérience que la courbure du fond était très
irrégulière, et que le frottement d'une chape d'agathe, tournant sur la pointe d'un pivot, était souvent cinq ou six fois
plus considérable que le *momentum* du frottement d'un plan
d'agathe très poli tournant sur le même pivot. Ainsi des essais
faits avec des chapes ordinaires, ne pouvaient pas me servir
de guides, pour déterminer les lois du frottement des pivots,
et il m'a fallu chercher un genre d'expérience qui fît disparaître autant qu'il est possible, tout ce qui tient à des élémens dont nous n'avons aucun moyen pratique de nous procurer les mesures.

3. Au lieu de suspendre, par le moyen d'une chape, le
corps porté sur la pointe d'un pivot, je le fais porter sur cette
pointe par un plan très poli, en ayant soin, pour empêcher
le corps de glisser, que son centre de gravité soit très bas
relativement au point de suspension; je fais ensuite pirouetter
le corps autour du pivot, en lui imprimant un mouvement
de rotation; j'observe très exactement, au moyen d'une montre à secondes, le temps que le corps emploie à faire les quatre
ou cinq premiers tours. J'en déduis un tour moyen pour déterminer la vitesse primitive; je compte ensuite le nombre
des tours qu'il fait avant de s'arrêter.

L'on conçoit que dans ce mouvement, la vitesse du corps
est ralentie en même temps par la résistance du frottement
de la pointe du pivot, et par celle de l'air qui frappe contre
le corps; mais si l'on donne certaine figure au corps, telle,
par exemple, que celle d'une cloche de verre, et qu'en posant cette cloche sur la pointe d'un pivot, on la fasse tourner

autour de son axe; la résistance de l'air, lorsque le mouvement sera peu rapide, et lorsque la cloche pèsera cinq ou six gros, pourra se négliger relativement au *momentum* du frottement; c'est ce dont il sera d'ailleurs facile de se convaincre par l'expérience, en prolongeant le cylindre qui forme la cloche par un cylindre de carton très léger, qui aura la même longueur que la cloche, car quoique pour lors la résistance de l'air sous le même degré de vitesse, doive être à peu près double de ce qu'elle était avant qu'on eût prolongé le cylindre, l'on trouvera cependant que dans des degrés de vitesse peu considérables le ralentissement du mouvement est à peu près le même dans les deux cas.

Pour être plus sûr des résultats, j'ai fait une partie des expériences en suspendant dans le vide (*fig.* 28), sur la pointe d'un pivot, une fourchette formée d'un fil de laiton *akhb*, garnie en *d* d'un plan, ou, ce qui vaut mieux, dans plusieurs expériences, d'une lentille concave de verre, dont le rayon de courbure était de 2 à 3 lignes, la fourchette est chargée en *a* et *b* de deux plaques de métal, l'on imprime un mouvement de rotation à la fourchette au moyen d'une tige mobile *efk* formant crochet en *f*, et que l'on introduit dans le col de la cloche sous laquelle l'on a fait le vide.

Mais il est bon d'avertir que cet appareil est inutile dans presque tous les résultats où l'on ne cherche pas à déterminer l'influence de la vitesse sur le frottement; car, si l'on se contente de donner un mouvement très lent, tel, par exemple, que la fourchette qui a 2 pouces de distance entre ses branches, fasse son premier tour dans plus de sept à huit secondes; si d'ailleurs les deux pièces de métal *a* et *b* réunies avec la fourchette, pèsent un peu plus de cinq ou six gros, pour lors le frottement est assez considérable, relativement à

la résistance de l'air, pour qu'il soit inutile d'avoir égard à
cette résistance ; il suffit de couvrir la fourchette avec une
grande cloche pour la mettre à l'abri des courans d'air.

*Formules qui représentent le ralentissement d'un corps qui
se meut autour d'un axe fixe, le mouvement étant retardé par une force constante.*

4. La formule qui donne le ralentissement d'un pareil
mouvement, est exprimée par

$$A dt = - du \int \frac{\mu r^2}{a},$$

dans laquelle A représente le *momentum* de la force retardatrice, dt l'élément du temps, u la vitesse d'un point placé à
la distance a de l'axe de rotation ; μ une molécule du corps,
dont la distance à l'axe de rotation est r.

Pour le prouver, soit (*fig.* 31) AB, n° 1, le corps qui tourne
autour de l'axe CC' ; que AKB (*fig.* 31, n° 2) représente une
section du corps perpendiculaire à l'axe de rotation. Soit
$ca = a$; la vitesse d'un point donné $a = u$, $c\mu = r$, la vitesse
d'une petite molécule μ sera $\frac{ur}{a}$; et la variation instantanée
du *momentum* de cette molécule autour de CC' sera $\frac{\mu r^2 du}{a}$;
comme il y a égalité entre le *momentum* de la force supposée
constante, qui agit pour retarder le mouvement, et la somme
des incrémens du *momentum* de toutes les molécules μ, il en
résultera l'équation

$$A dt = - du \int \frac{\mu r^2}{a}.$$

En faisant dans cette formule dx l'espace parcouru dans
le temps dt par un point dont la visesse est u, elle

deviendra

$$A\,dx = -u\,du \int \frac{\mu r^2}{a};$$

et si A ou le *momentum* qui retarde le mouvement est une quantité constante ; si de plus au commencement du mouvement la vitesse u est égale à b, la formule intégrée donnera

$$2Ax = (b^2 - uu) \int \frac{\mu r^2}{a};$$

d'où il résulte que si le *momentum* A du frottement est une quantité constante; si b est la vitesse primitive, si X est l'espace parcouru par le point dont la vitesse primitive est b, depuis l'instant où l'on a observé cette vitesse jusqu'à la fin du mouvement, l'on aura à la fin du mouvement,

$$A = \frac{b^2}{2X} \int \frac{\mu r^2}{a}.$$

Ainsi, en faisant tourner un même corps sur la pointe d'un pivot avec plus ou moins de vitesse, si le *momentum* A de la résistance qui ralentit son mouvement est une quantité constante, comme $\int \frac{\mu r^2}{a}$ est aussi une quantité constante, quel que soit le degré de vitesse primitive b.

$\frac{b^2}{2X}$ sera aussi une quantité constante.

PREMIÈRE EXPÉRIENCE.

5. J'ai pris une cloche de verre qui avait 48 lignes de diamètre, et 60 lignes de hauteur. Elle pesait 5 onces. Je l'ai placée sur la pointe d'un pivot, et après lui avoir successivement donné différens degrés de vitesse autour de ce pivot, j'ai observé très exactement le temps qu'elle employait à faire le premier tour, ce qui me donnait pour vitesse moyenne

celle qui répondait à la moitié de ce premier tour; j'ai compté ensuite le nombre de tours que faisait la cloche avant de s'arrêter, en tenant compte de la moitié du premier tour, auquel répondait la vitesse déterminée; il en a résulté,

Ier Essai. La cloche fait un tour en 4″, et s'arrête après 34 tours $\frac{1}{10}$.

IIe Essai. La cloche fait un tour en 6″$\frac{1}{4}$, et s'arrête après 14 tours $\frac{1}{15}$.

IIIe Essai. La cloche fait un tour en 11″, et s'arrête après 4 tours $\frac{6}{10}$.

REMARQUE.

Pour déterminer d'une manière suffisamment exacte dans cette expérience la vitesse moyenne, lorsque cette vitesse est considérable, au lieu d'observer le temps où la cloche parcourt un seul tour, l'on observe celui où elle parcourt les quatre premiers tours, ce qui donne la vitesse moyenne au second tour; l'on observe ensuite le nombre de tours qu'elle parcourt avant de s'arrêter depuis ce deuxième tour.

Résultat de cette Expérience.

6. Nous avons vu, *art.* 4, que si b est la vitesse primitive, X l'espace parcouru depuis le commencement jusqu'à la fin du mouvement, A le *momentum* constant de la force retardatrice, $\int \frac{\mu r^2}{a}$ la somme du produit de chaque molécule par le carré de sa distance r à l'axe de rotation divisée par la quantité a distance à l'axe de rotation du point dont la vitesse primitive est b, l'on aura à la fin du mouvement,

$$A = \frac{b^2}{2X} \int \frac{\mu r^2}{a}.$$

Mais puisque dans les trois essais qui précèdent, l'on s'est servi de la même cloche, $\int \frac{\mu r^2}{a}$ est la même quantité; ainsi $\frac{b^2}{X}$ doit se trouver une quantité constante si A est constant, *et vice versâ*. Mais, dans chaque essai, nous avons compté le temps employé par la fourchette à faire une révolution entière. Ainsi, la vitesse moyenne ou la vitesse à la moitié de cette première révolution sera mesurée par la circonférence parcourue, divisée par le temps employé à la parcourir. L'espace parcouru jusqu'à l'extinction du mouvement, sera mesuré par le nombre de tours parcourus depuis l'instant où l'on a déterminé la vitesse moyenne jusqu'à la fin du mouvement. Ainsi, en calculant les trois essais, l'on formera la table suivante :

Ier ESSAI. 1 tour en 4″, s'arrête à 34 $\frac{1}{10}$ tour, d'où résulte. . . . . $\frac{b^2}{X} = \frac{1}{546}$.

IIe ESSAI. . . . . . . 6″ $\frac{1}{4}$ . . . . . 14 $\frac{1}{12}$ . . . $\frac{1}{551}$.

IIIe ESSAI. . . . . . 11″. . . . . 4 $\frac{5}{10}$ . . . $\frac{1}{557}$.

Il résulte donc certainement de cette expérience que la quantité $\frac{b^2}{X}$, et par conséquent la quantité A qui exprime le *momentum* du frottement, sont des quantités constantes, quel que soit le degré primitif de vitesse; que par conséquent la vitesse n'entre pour rien dans la résistance due au frottement des pivots, qui, d'après cette observation, est nécessairement proportionnelle à une fonction de la pression. En faisant cette expérience dans le vide comme nous l'avons indiqué à l'*art. 3*, on peut se servir d'un corps beaucoup moins pesant et d'une forme quelconque, et l'on trouvera le même résultat.

Momentum *du frottement des pivots sous différentes natures de contact.*

7. L'on a courbé, ainsi qu'il est représenté à la *fig.* 28, un fil de laiton de 9 pouces de longueur, les branches parallèles *ak*, *bh* sont à 24 lignes de distance l'une de l'autre; la courbe *kdh* est un demi-cercle qui réunit les deux branches; sa longueur est très approchante de 3 pouces; les deux branches verticales et parallèles ont également chacune 3 pouces de longueur; l'on attache avec de la cire, aux extrémités *a* et *b*, deux pièces de métal, et l'on fixe de la même manière en *d*, pour servir de chape, un petit plan très poli des différentes matières dont on veut déterminer le frottement sur la pointe du pivot. Au sommet du support en *g*, l'on fixe une petite aiguille d'acier *gd* trempée, et dont il faut rendre la pointe plus ou moins fine, arrondie ou obtuse, suivant la nature des chapes, et suivant la pression qu'elles doivent éprouver, ainsi qu'on le verra dans la suite de ce Mémoire. L'extrémité de l'aiguille dont nous nous sommes servis dans les expériences qui vont suivre, vue à la loupe, paraissait former un angle conique de 18 à 20 degrés.

IIe EXPÉRIENCE.

8. Plan de grenat *d* très poli servant de chape. Les pièces de métal *a* et *b* pesant chacune 2 gros, et la fourchette 1 gros $\frac{1}{3}$.

Ier ESSAI. La fourchette fait un tour en 12″, et s'arrête après 7 tours; d'où résulte $\frac{b^2}{X}$ . . . . $= \frac{1}{1008}$.

IIe Essai. La fourchette fait un tour en 23″, et s'arrête après 2 tours, d'où résulte $\frac{b^2}{X}$ . . . . = $\frac{1}{1050}$.

IIIe EXPÉRIENCE.

9. Plan d'agate très poli sous la même charge.

Ier Essai. La fourchette fait un tour en 9″, et s'arrête après 10 tours $\frac{1}{2}$; d'où résulte $\frac{b^2}{X}$ . . . . . . $\frac{1}{851}$.

IIe Essai. La fourchette fait un tour en 15″, et s'arrête après 3 tours $\frac{3}{4}$; d'où résulte $\frac{b^2}{X}$ . . . . . . $\frac{1}{844}$.

IVe EXPÉRIENCE.

10. Plan de cristal de roche très poli sous la même charge.

Ier Essai. La fourchette fait un tour en 13″, et s'arrête après 4 tours $\frac{5}{8}$; d'où résulte $\frac{b^2}{X}$ . . . . . . $\frac{1}{781}$.

IIe Essai. La fourchette fait un tour en 14″ $\frac{1}{2}$, et s'arrête après 3 tours $\frac{3}{4}$; d'où résulte $\frac{b^2}{X}$ . . . . . . $\frac{1}{787}$.

Ve EXPÉRIENCE.

11. Plan de verre d, très poli; même charge.

Ier Essai. La fourchette fait un tour en 8″ $\frac{3}{4}$, et s'arrête à 7 tours $\frac{1}{2}$; d'où résulte $\frac{b^2}{X}$ . . . . $\frac{1}{570}$.

IIe Essai. La fourchette fait un tour en 4″ $\frac{1}{4}$, et s'arrête à 2 tours $\frac{9}{10}$; d'où résulte $\frac{b^2}{X}$ . . . . $\frac{1}{589}$.

VIe EXPÉRIENCE.

12. Plan d'acier trempé et poli; même charge.

Ier Essai. La fourchette fait un tour en 17″, et s'arrête à 1 tour $\frac{3}{4}$; d'où résulte $\frac{b^2}{X}$ . . . . $\frac{1}{510}$.

IIe Essai. La fourchette fait un tour en $8''$, et s'arrête après 7 tours $\frac{1}{4}$; d'où résulte $\frac{b^2}{X}$ . . . . $\frac{1}{464}$.

Résultat de ces cinq Expériences.

13. Il résulte des cinq expériences que nous venons de rapporter, que la quantité A, qui exprime le *momentum* du frottement, étant proportionnelle à $\frac{b^2}{X}$, puisque la pression est la même dans les cinq expériences, si l'on prend dans chaque expérience la quantité moyenne qui représente $\frac{b^2}{X}$, nous aurons les *momentum* du frottement de la pointe de notre aiguille contre les plans de grenat, d'agate, de cristal de roche, de verre et d'acier, dans le rapport des nombres $\frac{1}{1029}$, $\frac{1}{847}$, $\frac{1}{784}$, $\frac{1}{579}$, $\frac{1}{487}$. En sorte que le *momentum* du frottement du plan de grenat étant représenté par l'unité, l'on aura pour le *momentum* du frottement de rotation des autres matières, le tableau suivant :

Frottement du grenat. 1,000
　　　　de l'agate. 1,214
　　　　du cristal de roche. 1,313
　　　　du verre.. 1,777
　　　　de l' acier. . . . . 2,257.

De la forme plus ou moins aiguë qu'il faut donner à la pointe des pivots.

14. J'ai fait arrondir successivement en cône plus ou moins aigu l'extrémité d'une aiguille d'acier; j'ai voulu voir par-là si le changement de figure influerait sur le frottement. Je ne rapporterai ici que les résultats.

En conservant la même charge et la même distribution que dans la deuxième expérience, j'ai trouvé que la pointe du pivot étant taillée à 45 degrés, l'on avait $\frac{b^2}{X}$;

Pour le grenat représenté par. . . . . $\frac{1}{2500}$,

Pour l'agate. . . . . $\frac{1}{2100}$,

Pour le verre. . . . . $\frac{1}{1400}$,

Pour l'acier trempé et parfaitement poli. . . $\frac{1}{2000}$.

En donnant ensuite à cette pointe une forme plus aiguë, de manière que l'angle du cône qui la termine, vu à la loupe, ne pouvait guère s'évaluer à plus de six ou sept degrés, j'ai trouvé, toujours sous la même pression, que la quantité $\frac{b^2}{X}$ était représentée,

pour l'agate par. . . . . $\frac{2}{800}$,

pour le verre par. . . . . $\frac{2}{450}$,

pour l'acier trempé et poli. . . . . $\frac{1}{230}$.

En comparant, d'après ces différens essais, le *momentum* du frottement de rotation de la pointe de différens pivots contre un plan d'agate, l'on trouve la quantité $\frac{b^2}{X}$, qui représente le *momentum* de ce frottement,

Pour un pivot à 45° $\frac{b^2}{X}$ . . . $= \frac{1}{2100}$,

15° . . . . . . $\frac{1}{1200}$,

6° . . . . . . $\frac{1}{800}$.

REMARQUE.

15. Par la comparaison des expériences, dont nous venons de donner les résultats, il paraît que pour les plans de grenat, d'agate et de verre sous une pression de 5 gros $\frac{1}{3}$, le frottement augmente à mesure que les pivots sont plus aigus, mais qu'il suit à peu près le même rapport. Il n'en est pas de même du plan d'acier ; en effet, le rapport du *momentum* de rotation du frottement du grenat, de l'agate et du verre, augmente sensiblement à mesure que l'on donne une forme plus aiguë à la pointe du pivot ; en sorte que nous trouvons pour l'agate et l'acier roulant sur une pointe taillée à 45 degrés, les frotte-mens presque égaux, puisqu'ils sont représentés pour l'agate par $\frac{1}{2100}$, et pour l'acier par $\frac{1}{2000}$, tandis qu'en suspendant la même charge sur une pointe dont on estimait l'angle de 6 à 7 degrés, ce même *momentum* était, pour le plan d'agate, représenté par $\frac{1}{800}$, et pour l'acier, par $\frac{1}{230}$.

L'on ne peut, ce me semble, attribuer ces variétés qu'à l'ir-régularité de la contexture des métaux, et sur-tout de l'acier ; en l'examinant à la loupe, l'on aperçoit que la surface la mieux polie de ce métal, est parsemée d'une infinité de trous irré-guliers. C'est dans ces trous que pénètre la pointe d'un pivot, lorsqu'elle est très-aiguë, et pour lors le frottement doit aug-menter suivant que le pivot s'enfonce plus ou moins entre les parties irrégulières qui forment ces trous ; ce qui est beau-coup moins considérable dans le grenat, l'agathe et le verre, dont la surface ne présente pas ordinairement des enfonce-mens aussi sensibles.

Nous devons prévenir avant de terminer cette remarque, et l'expérience ainsi que le raisonnement l'indiquent d'avance, que les résultats que nous venons de trouver ne peuvent pas s'appliquer à tous les degrés de pression; lorsque les poids qui chargent la pointe des pivots sont très petits, au-dessous, par exemple, de 100 grains, l'on trouve très peu d'avantage à donner à ces pivots un angle de plus de 18 à 20 degrés. Cette observation est surtout importante dans la suspension des aiguilles de boussole, qui sont soutenues par une chape, dont l'angle conique ne peut pas être très obtus; autrement l'aiguille ne conserverait pas nécessairement dans les différentes positions le même centre de mouvement, et il serait impossible d'en avoir la direction d'une manière exacte. Mais comme on peut le voir dans le volume de l'Académie, de l'année 1789 (*Théorie et expériences sur l'aimant*), que dans des aiguilles aimantées, de même longueur et de différens poids, le *momentum* de la force directrice est dans un moindre rapport que celui des poids, comme nous verrons tout à l'heure que le *momentum* du frottement des pivots est presque toujours dans un rapport plus grand que celui des poids, et jamais au-dessous. Il en résulte que les aiguilles les plus légères étant celles qui approchent le plus de la véritable direction du méridien magnétique, l'on doit dans ce cas toujours tailler les pointes des pivots sous un angle moindre que 18 degrés.

Du momentum *du frottement des pivots comparés sous différens degrés de pression.*

16. L'on a pris un petit plan de verre très poli, il a été fixé en *d* (*fig.* 28); l'on a mis en *a* et *b* successivement des pièces de métal de différens poids; l'on a fait ensuite tourner la fourchette *akhb* sur la pointe d'un pivot dont l'angle était à peu près de 45 degrés, et l'on a eu :

VIIe EXPÉRIENCE.

17. La fourchette pèse 1 gros $\frac{1}{3}$, chaque pièce de métal a et b pèse 2 gros, ainsi le pivot est chargé de 5,33 gros; les plaques de métal a et b sont à 24 lignes de distance l'une de l'autre, ou à 12 lignes de l'axe de rotation.

Ier Essai. La fourchette fait 1 tour en 24″, et s'arrête après 2 tours, d'où $\frac{b^2}{X}$ . . . . $= \frac{1}{1152}$.

IIe Essai. La fourchette fait un tour en 14″, et s'arrête à 5 tours $\frac{3}{4}$; d'où $\frac{b^2}{X}$ . . . . $\frac{1}{1127}$.

IIIe Essai. La fourchette fait un tour en 10″, et s'arrête à 11 tours $\frac{3}{4}$, d'où $\frac{b^2}{X}$ . . . . $\frac{1}{1175}$.

VIIIe EXPÉRIENCE.

18. La fourchette est chargée de deux pièces de métal pesant ensemble 15 gros $\frac{1}{3}$; ainsi le pivot est chargé de 16,66 gros.

Ier Essai. La fourchette fait 1 tour en 9″, et s'arrête à 10 tours $\frac{1}{4}$, d'où $\frac{b^2}{X}$ . . . . $= \frac{1}{830}$.

IIe Essai. La fourchette fait 1 tour en 13″, et s'arrête à 4 tours $\frac{3}{4}$, d'où $\frac{b^2}{X}$ . . . . $\frac{1}{802}$.

IXe EXPÉRIENCE.

19. La fourchette est chargée de quatre pièces de métal, pesant ensemble 30 gros $\frac{2}{3}$, ainsi le pivot est chargé de 32 gros.

Ier Essai. La fourchette fait 1 tour en 11″, et s'arrête à 5 tours $\frac{3}{8}$, d'où $\frac{b^2}{X}$ . . . . $\frac{1}{650}$.

IIe Essai. La fourchette fait 1 tour en 22″, et s'arrête à 1 tour $\frac{6}{20}$, d'où $\frac{b^2}{X}$ . . . . $\frac{1}{665}$.

Xe EXPÉRIENCE.

Plan de Grenat.

20. L'on a substitué un plan de grenat au plan de verre. Je ne rapporterai ici que le résultat de cette expérience.

Ier Essai. Le pivot chargé de 5 gros $\frac{1}{3}$, l'on a eu $\frac{b^2}{X} = \frac{1}{2400}$.

IIe Essai. Le pivot chargé de 16 gros $\frac{1}{3}$ a donné $\frac{b^2}{X} = \frac{1}{1550}$.

Je n'ai pas cru nécessaire de faire un plus grand nombre d'expériences avec des plans de grenat dont la surface n'est jamais aussi homogène que celle du verre, et dont les différens points, placés successivement sur la pointe d'un pivot, donnent, dans les expériences, des quantités de frottement qui ne sont pas les mêmes. L'on éprouve la même variété avec des plans d'agate; c'est ce qui m'a obligé de m'en tenir à déterminer les lois du frottement des pivots sous différentes pressions, avec des plans de verre bien polis, qui donnent des frottemens plus considérables que le grenat et que l'agate, mais plus de régularité dans les résultats.

Résultat des Expériences VII, VIII *et* IX.

21. Nous avons vu, *art.* 4, que le *momentum* du frottement des pivots est, par la formule,

$$A = \frac{b^2}{2X} \int \frac{u r^2}{a}.$$

Dans les expériences qui précèdent, $\int \frac{u r^2}{a}$ est composé de deux parties; la masse de la fourchette et celle des deux pièces

26

de métal *a* et *b* attachées aux deux extrémités de cette fourchette, et ayant un rayon de 12 lignes pour leur distance à
l'axe de rotation.

La fourchette (*fig.* 28) pèse 1 $\frac{1}{3}$ gros; le demi-cercle *kdh* a à
peu près 3 pouces de développement; les deux branches *hb*, *ka*,
ont chacune 3 pouces; ainsi le demi-cercle pèse $\frac{4}{9}$ gros ou
0,44; les deux branches verticales *ka*, *hb* ayant même rayon
que les plaques de métal, pèsent 0,89 gros ; ainsi, *g* étant la
force de la gravité, l'on a, pour le demi-cercle qui forme
le sommet de la fourchette (*),

$$\int \frac{\mu r^2}{a} = \frac{0,22 \, \text{gros.12 lig.}}{g} ;$$

pour les deux branches,

$$\int \frac{\mu r^2}{a} = \frac{0,89 \, \text{gros.12 lig.}}{g} ,$$

et pour toute la fourchette,

$$\int \frac{\mu r^2}{a} = \frac{1,11 \, \text{gros.12 lig.}}{g} ,$$

quantité qu'il faut ajouter dans chaque expérience à la quantité
$\int \frac{\mu r^2}{a}$ donnée par le poids des pièces *a* et *b*.

(*) Pour déterminer par le calcul la valeur de $\int \frac{\mu r^2}{a}$ répondant à un demi-
cercle *kdh* (*fig.* 28), suspendu sur le pivot *cd*. Soit $dm = s$, $dq = x$, $qm = y$,
le rayon $ck = a$, l'on aura $\frac{\mu r^2}{a} = \frac{ds y^2}{a}$, mais dans un cercle $y \cdot ds = a \cdot dx$: ainsi
$\frac{\mu r^2}{a} = y dx$; et $\int \frac{\mu r^2}{a}$ sera par conséquent pour la moitié du cercle *kdh* égal
à la moitié de l'aire du cercle entier; ainsi cette quantité $\int \frac{\mu r^2}{a} = \frac{kdh \cdot kc}{2}$. Mais
comme ici le fil de laiton qui forme le demi-cercle *kdh*, pèse 0,44 gros, la
n asse de ce laiton sera représentée par son poids, divisé par la force de gravité *g*.
Ainsi $\int \frac{\mu r^2}{a} = \frac{0,22 \, \text{gros. 12 lignes}}{g}$.

Ainsi, dans la septième expérience, où les deux pièces de métal pèsent ensemble 4 gros, l'on aura

$$\int \frac{\mu r^2}{a} = \frac{5,11 \text{ gros. 12 lig.}}{g}.$$

Pour la huitième expérience, où les deux plaques pèsent ensemble 15,33 gros, l'on aura

$$\int \frac{\mu r^2}{a} = \frac{16,44 \text{ gros. 12 lig.}}{g}.$$

Dans la neuvième expérience, les quatre plaques réunies pèsent ensemble 30,67 gros, $\int \frac{\mu r^2}{a} = \frac{31,78 \text{ gros. 12 lig.}}{g}$.

Ainsi, en substituant dans la formule $A = \frac{b^2}{2X} \cdot \int \frac{\mu r^2}{a}$, la valeur moyenne de $\frac{b^2}{X}$, tirée de nos expériences, et celle de $\int \frac{\mu r^2}{a}$, que nous venons de calculer, nous aurons

7e *Exp.* Le pivot chargé de 5,33 gros. $A = \frac{1}{2.1151} \cdot \frac{5,11 \text{ gros. 12 lig.}}{g}$.

8e *Exp.* . . . . 16,66. . . . . $\frac{1}{2.816} \cdot \frac{16,44 \text{ gros. 12 lig.}}{g}$.

9e *Exp.* . . . . 32 . . . . . $\frac{1}{2.657} \cdot \frac{31,78 \text{ gros. 12 lig.}}{g}$.

Ainsi, si nous supposons que le *momentum* du frottement est comme la puissance m de la pression, et si nous comparons les trois résultats qui précèdent, nous aurons les proportions suivantes, dont il faut tirer la valeur de m.

VIIe et VIIIe EXP. $\overline{16,66}^m : \overline{5,33}^m :: \frac{16,44}{816} : \frac{5,11}{1151}$.

VIIe et IXe EXP. $\overline{32,00}^m : \overline{5,33}^m :: \frac{31,78}{657} : \frac{5,11}{1151}$.

De la première proposition, l'on tirera $m = 1,328$
De la deuxième. . . . . $= 1,333$
$\overline{}$
$2,661.$

En prenant une moyenne. . . . $m = 1,33 = \frac{4}{3}$.

22. Toutes les fois que nous avons employé des pointes de pivot qui formaient des angles de plus de 20 degrés, nous avons eu, ainsi que nous venons de le trouver, le *momentum* du frottement égal à la puissance $\frac{3}{4}$ de la pression : ce résultat a eu également lieu, à quelques irrégularités près dont nous avons donné la raison, pour les plans d'agate, pour ceux de grenat, pour ceux de verre, ainsi que pour les lentilles de verre de 3 à 4 lignes de rayon et au-dessus. Lorsque ces lentilles sont faites avec soin, il paraît que le frottement n'est pas sensiblement augmenté par leur courbure, et elles donnent à peu près le même *momentum* de frottement que les plans de verre. Les chapes coniques, telles que celles que l'on emploie pour soutenir les aiguilles de boussole, ont toujours donné un *momentum* de frottement plus grand que les plans de la même matière. Mais, sous différentes pressions, ce *momentum* a suivi souvent les mêmes lois que les plans ; quelquefois cependant l'irrégularité de la courbure de la chape a fait varier le résultat des expériences, de manière à ne pouvoir en rien conclure, lorsque l'on a chargé successivement une pointe de pivot taillée sous un angle de 7 à 8 degrés ; le *momentum* du frottement n'a presque jamais suivi un rapport moindre que la puissance $\frac{3}{2}$ de la pression. Il arrive même quelquefois, lorsque la pointe est très fine et la pression considérable, que cette pointe se plie ou se rompt, ce qui donne des irrégularités qui ne sont plus soumises à aucune loi.

Il faut encore remarquer que lorsque les pivots ont été soumis à beaucoup d'expériences sous de fortes charges, et que l'on se sert ensuite de ces mêmes pivots pour de nouvelles expériences sous des charges plus légères, pour lors l'on trouve que le *momentum* des pressions est à peu près porportionnel aux charges. C'est ce que la théorie indique, comme nous le verrons tout à l'heure.

Enfin, la dureté du plan qui sert de chape, la dureté du pivot, et la nature de l'acier dont il est formé, paraissent influer beaucoup sur la valeur du *momentum* du frottement. Parmi plusieurs aiguilles tirées du même paquet, de la même grosseur, et auxquelles j'avais donné une trempe et un recuit communs, il y en eut qui, quoique taillées sous le même angle, donnèrent constamment un *momentum* de frottement plus grand que les autres : il n'y a au surplus que l'expérience et le tâtonnement qui m'aient pu jusqu'ici faire distinguer les aiguilles propres à servir de pivots.

Application de la théorie aux résultats des expériences qui précèdent.

23. Nous avons déjà donné les détails de cette théorie (*pages 330 et suivantes, neuvième volume des Savans étrangers*). Nous allons développer ici de nouveau la partie de cette théorie qui est le plus immédiatement applicable aux résultats des expériences qui précèdent.

Que le plan *ab* (*fig.* 29) représente la section horizontale d'un pivot, sur laquelle porte le corps qui tourne autour du centre C. Le cercle de contact étant représenté en *ab* n° 2, il est clair que dans la supposition actuelle où deux plans sont en contact, chaque point *m* du cercle de contact éprouvera une pression égale à celle des autres points ; et si l'on augmente la charge ou la pression totale, la pression de chaque point augmentera proportionnément à la charge entière. Ainsi, comme nous avons trouvé par l'expérience, que le frottement des corps qui glissent l'un sur l'autre, est toujours proportionnel aux pressions; si l'on nomme p la pression d'un point quelconque m, $\frac{p}{n}$ sera le frottement qui résulte de cette pression, n étant une quantité constante.

L'on aura de plus, en multipliant la pression p de chaque point par la surface du cercle de contact aeb, une quantité égale à la pression entière, ou au poids P qui représente la charge du pivot. Ainsi si l'on fait r le rayon du cercle de contact, c le rapport de la circonférence au rayon, l'on aura,

$$P = p \frac{cr^2}{2};$$

mais si l'on veut avoir le *momentum* du frottement, l'on trouvera que le *momentum* du frottement pour une surface élémentaire en m, est représenté par $\frac{p.m.Cm}{n}$. Faisons, (*fig.* 29, n° 2), $bb' = ds$, $Cm = x$; nous aurons $m\mu = \frac{xds}{r}$, et le *momentum* du frottement en m pour la petite surface élémentaire $mm'\,\mu\mu'$, seront par conséquent $\frac{pxxdxds}{nr}$; d'où résulte pour le *momentum* entier de la surface en contact, la quantité $\frac{pcr^3}{3n}$.

Nous venons de voir que la pression entière P est égale à $\frac{pcr^2}{2}$; ainsi le *momentum* du frottement sera représenté par la quantité $\frac{2cPr}{3n}$.

Ainsi, toutes les fois que la section du pivot sera une quantité invariable, les *momentum* du frottement seront proportionnels aux pressions. Ce résultat se trouve conforme à l'expérience : car toutes les fois que la pointe d'un pivot avait été soumise à une forte pression qui avait écrasé et usé cette pointe, l'on trouvait sous les petites charges les *momentum* du frottement de ce même pivot, proportionnels aux pressions.

24. Si au lieu de déterminer les *momentum* du frottement, en supposant que sous tous les degrés de pression la surface du contact est la même, l'on cherchait, d'après la cohérence ou la compressibilité des parties du pivot supposées données, et égale pour tous les points, quelle serait, sous divers degrés de compression, l'étendue de cette surface, pour que la pression de chaque point fût égale à la cohérence de ce point, l'on tirerait de l'équation $\frac{pcr^2}{2} = P$, $r = \left(\frac{2P}{cp}\right)^{\frac{1}{2}}$, et en substituant cette valeur de r dans la formule $\frac{2cPr}{3n}$ qui, d'après l'article précédent, exprime le *momentum* du frottement, l'on aura,......

$\left(\frac{c}{p}\right)^{\frac{1}{2}} \times \frac{(2P)^{\frac{3}{2}}}{3n}$; ainsi toutes les fois qu'en faisant varier la pression P l'on supposera le rayon du cercle de contact tel, que la pression p de chaque point soit une quantité constante, égale à la cohérence, l'on aura le *momentum* du frottement proportionnel à la puissance $\frac{3}{2}$ de la pression P, ou de la charge du pivot; c'est-à-dire que, dans une expérience où l'on placerait d'abord un poids très léger sur la pointe d'un pivot très fin, et dont les points de l'extrémité conique se rompraient peu à peu jusqu'à ce qu'ils formassent un cercle de contact suffisant pour que la cohérence des parties fût égale à la pression qu'elles éprouvent, le nombre des points de contact serait nécessairement proportionnel aux poids, et le *momentum* du frottement d'un pareil pivot, en augmentant peu à peu sa charge, serait proportionnel à la puissance $\frac{3}{2}$ de la pression. C'est effectivement ce que l'expérience confirme; car toutes les fois que l'on emploie des pivots très aigus et trempés très roide, le *momentum* du frottement augmente dans un rapport plus grand que la puissance $\frac{4}{3}$ de la pression, que nous avons trouvé, par l'expérience, être celui des pivots obtus.

25. Lorsqu'on donne à l'extrémité du pivot la forme d'un angle obtus, pour lors le sommet du pivot peut être regardé comme l'extrémité d'un cône ou d'un solide de révolution, dont chaque point est comprimé par des forces moindres que la cohérence de ce point, et résiste par son élasticité. Le calcul du *momentum* des frottemens doit se faire de la manière qui va suivre.

Il sera prouvé, *dans les Recherches sur la force de torsion*, etc., par des expériences décisives, que lorsqu'un corps est pressé ou tiré, les compressions ou les dilatations de chaque point sont proportionnelles aux pressions et tractions, tant que les forces qui tirent ou qui compriment chaque point sont moindres que leur cohérence. Ainsi si (*fig.* 30, n° 1) B$f$$b$φ représente la courbe génératrice de l'extrémité du pivot, ou la courbe dont la révolution autour de l'axe fC′ forme le solide de révolution qui termine le pivot; si cette pointe est pressée par le plan Aa supposé inflexible, et dont le centre de gravité est en f, la pointe, quelle que soit sa figure, sera applatie, suivant un plan droit représenté à la coupe verticale par Bb, et au plan (*fig.* 30, n° 2), par le cercle B$k$$b$.

Mais puisque l'on peut supposer la compression de chaque point, proportionnelle à la quantité dont ce point a été déplacé, la pression du point f sera représentée par fC′, celle du point π par πm, celle du point b sera nulle. Ainsi, en nommant $\pi m, y$, la pression du point π sera représentée par φy, φ étant un coefficient constant relatif à la dureté du pivot; faisant à présent (*fig.* 30, n° 2), C$m = x$, $mm' = dx$, C$b = r$, $bb' = ds$; l'on aura, par la pression entière qu'éprouve le cercle B$k$$b$, la quantité $\int$φ$y . mm' . m\mu$, qui doit être égale à la pression totale P; ainsi $\int$φ$\frac{ydx.rds}{r} = $ P, et si le frottement des corps qui glissent est, comme l'expérience le prouve, dans un rapport constant n avec la pression, la somme des *momentum* du frottement du cercle de contact B$k b$ sera $\int \varphi \frac{y \cdot x^2 ds \cdot dx}{nr}$.

Pour intégrer ces deux quantités, il faut substituer à la place de y sa valeur donnée par la figure du pivot; supposons que cette figure soit celle d'un cône obtus, comme dans les expériences VII, VIII et IX, qui nous ont servi à déterminer suivant quelle loi le *momentum* du frottement variait relativement aux pressions. Faisons (*fig.* 3o, n° 1) $C'b=r; fC'=b.r$; nous aurons $\pi m = y = b(r-x)$; ainsi la somme de pression du cercle de contact représentée *fig.* 3o, n° 2, aura pour expression $\int \varphi \frac{xdxds}{r} b(r-x)$; cette quantité étant intégrée pour le cercle entier, en faisant C le rapport de la circonférence au rayon, est égale à $\varphi \frac{bCr^3}{6}$, qui exprime par conséquent la somme des pressions qu'éprouve la pointe comprimée du pivot. Ainsi si P est la charge du pivot, l'on aura $P = \varphi \frac{bCr^3}{6}$.

Le *momentum* du frottement dont nous avons trouvé la valeur élémentaire à l'article qui précède, représenté par $\frac{\varphi y x^2 dxds}{nr}$, deviendra pour le cône $\frac{\varphi x^2 dxds}{nr} b(r-x)$, et cette quantité intégrée pour tout le cercle du contact, sera égale à $\frac{Cb\varphi r^3}{6} \frac{r}{2n}$, dans laquelle, si l'on substitue à la place de r sa valeur $\left(\frac{6P}{Cb\varphi}\right)^{\frac{1}{3}}$, prise d'après l'équation que vient de donner la pression, l'on aura le *momentum* du frottement représenté par la formule,

$$\frac{1}{2n}\left(\frac{6}{Cb\varphi}\right)^{\frac{1}{3}} . P^{\frac{4}{3}}.$$

Ainsi, lorsque l'on fera porter un poids sur un pivot conique, dont la pointe se comprimera sans se rompre, le

27

momentum du frottement sera, sous différentes charges, proportionnel à la puissance $\frac{4}{3}$ de la pression : or, nous avons trouvé Exp. vii, viii et ix, et par les résultats calculés de ces expériences, que le *momentum* sur la pointe des cônes obtus, était comme la puissance 1,33 des pressions, quantité exactement la même que celle que vient de nous donner la théorie.

L'on peut voir dans le IXᵉ volume *des Savans étrangers*, une théorie assez étendue des mêmes frottemens, lorsque la pointe du pivot a une forme autre que la figure conique. Si elle était telle qu'à la *figure* 30, n° 1, où la naissance de la courbe de révolution forme à son sommet f un angle droit avec l'axe fC' du pivot, et s'il n'y avait qu'une très petite partie de la courbe de comprimée, l'on trouverait les *momentum* des frottemens, sous différens degrés de pression, proportionnels à la puissance $\frac{5}{4}$ des pressions; puissance moyenne entre celle où le pivot est terminé par un cercle invariable sous toutes les pressions, et celle où il est terminé par l'angle d'un cône obtus : ce qu'il était aisé de prévoir par le simple raisonnement.

RÉCAPITULATION.

26. En récapitulant les principaux objets de ce Mémoire, l'on trouve :

1°. Que le frottement des pivots est indépendant des vitesses, et qu'il est comme une fonction de la pression.

2°. Que le frottement du grenat est moindre que celui de l'agate, celui-ci moindre que celui du verre; mais que le frottement des différentes parties d'un plan de verre poli est moins irrégulier.

3°. Que la figure de la pointe du pivot, plus ou moins aiguë, influe sur la quantité du frottement, en sorte que lorsque j'ai fait pirouetter sur la pointe d'une aiguille un corps pesant plus de 5 ou 6 gros, l'angle le plus avantageux de cette pointe m'a paru être de 3o à 45 degrés; sous un moindre poids, l'on peut diminuer progressivement cet angle, sans que le frottement augmente d'une manière bien sensible : il peut même, sans un grand inconvénient, avec de bon acier, être réduit à 10 à 12 degrés, lorsque la charge ne passe pas 100 grains. Observation importante dans la suspension des corps légers sur des chapes.

4°. Lorsque l'on a voulu déterminer la loi du frottement des pivots sous différens degrés de pression, l'on a trouvé que pour un pivot du meilleur acier bien trempé, recuit au premier degré de ressort, la pointe en cône taillée à 45 degrés, le *momentum* du frottement était comme la puissance $\frac{4}{3}$ de la pression; que lorsqu'un pivot taillé sous un angle quelconque, avait été chargé d'un poids beaucoup plus considérable que ceux que l'on mettait ensuite en expérience sur ce même pivot, le frottement était pour ces derniers corps à peu près comme la pression. La théorie et l'expérience se sont trouvés exactement d'accord ensemble.

5°. Toutes les chapes que j'ai pu me procurer des meilleurs ouvriers, m'ont paru avoir beaucoup d'irrégularité dans leur concavité, le *momentum* de leur frottement sous des pressions de cinq ou six gros et au-delà, est toujours beaucoup plus considérable, et quelquefois triple et quadruple de celui d'un plan bien poli, de la même matière que ces chapes; enfin, pour soutenir ces chapes, il faut que la pointe des pivots soit taillée sous un angle moindre que pour soutenir un plan.

RECHERCHES

THÉORIQUES ET EXPÉRIMENTALES

Sur la force de torsion et sur l'élasticité des fils de métal. Application de cette théorie à l'emploi des métaux dans les Arts et dans différentes expériences de Physique. Construction de différentes balances de torsion, pour mesurer les plus petits degrés de force. Observations sur les lois de l'élasticité et de la cohérence.

I.

Ces Recherches ont deux objets : 1°. de déterminer la force élastique de torsion des fils de fer et de laiton, relativement à leur longueur, à leur grosseur, et à leur degré de tension. J'avais déjà eu besoin, dans un Mémoire sur les aiguilles aimantées, imprimé dans le *neuvième volume des Savans étrangers*, de déterminer la force de torsion des cheveux et des soies ; mais je ne m'étais point occupé des fils de métal, parce que l'objet utile à mes recherches, n'était pour lors que de choisir, à forces égales, les suspensions les plus flexibles, et que j'avais trouvé que les fils de soie avaient incomparablement plus de flexibilité que les fils de métal. Le second objet de ces Recherches est d'évaluer l'imperfection de la réaction élastique des fils de métal, et d'examiner quelles sont les conséquences que l'on en peut tirer, relativement aux lois de la cohérence et de l'élasticité des corps.

II.

La méthode pour déterminer la force de torsion, d'après l'expérience, consiste à suspendre par un fil de métal, un poids cylindrique, de manière que son axe soit vertical ou dans la direction du fil de suspension. Tant que le fil de suspension ne sera point tordu, le poids restera en repos ; mais si l'on fait tourner ce poids autour de son axe, le fil se tordra, et fera effort pour se rétablir dans sa situation naturelle; si pour lors l'on abandonne le poids, il oscillera plus ou moins de temps, suivant que la réaction élastique de torsion sera plus ou moins parfaite. Si, dans ce genre d'expérience, l'on observe avec soin la durée d'un certain nombre d'oscillations, il sera facile de déterminer, par les formules du mouvement oscillatoire, la force de réaction de torsion qui produit ces oscillations. Ainsi, en faisant varier la pesanteur du poids suspendu, la longueur des fils de suspension, et leur grosseur, l'on peut espérer de déterminer les lois de la réaction de torsion, relativement à la tension, à la longueur, à la grosseur, et à la nature de ces fils.

III.

Si le fil de métal était parfaitement élastique, si la résistance de l'air n'altérait pas l'amplitude des oscillations, le poids soutenu par le fil de métal, une fois en mouvement, oscillerait jusqu'à ce qu'on l'arrêtât. La diminution des amplitudes des oscillations ne peut donc être attribuée qu'à la résistance de l'air, et qu'à l'imperfection de l'élasticité de torsion; ainsi, en observant la diminution successive de l'amplitude de chaque oscillation, et en retranchant la partie de l'altération qu'il faut attribuer à la résistance de l'air, l'on pourra, au moyen des formules du mouvement oscillatoire, appliquées à ces expériences, déterminer suivant quelles lois cette force élastique de torsion est altérée.

IV.

Ces Recherches seront divisées en deux sections; dans la première, l'on déterminera la loi des forces de torsion, en supposant les forces de torsion proportionnelles à l'angle de torsion, supposition conforme à l'expérience, lorsque l'on ne donne pas une trop grande amplitude à l'angle de torsion : l'on donnera quelques applications de cette théorie à la pratique.

Dans la seconde section, l'on cherchera, par l'expérience, suivant quelles lois la force élastique de torsion est altérée dans les grandes oscillations : l'on fera usage de cette recherche pour déterminer les lois de la cohérence et de l'élasticité des métaux et de tous les corps solides.

V.

SECTION PREMIÈRE.

Formules du mouvement oscillatoire, en supposant la réaction de la force de torsion proportionnelle à l'angle de torsion, ou altérée par un terme très petit.

Un corps cylindrique B (*fig.* 32, *n°* 1) est soutenu par un fil RC, de manière que l'axe du cylindre est vertical, ou se trouve dans la prolongation du fil de suspension; l'on fait tourner ce cylindre autour de son axe, sans déranger cet axe de son à-plomb : il faut déterminer, dans la supposition des forces de torsion proportionnelles à l'angle de torsion, les formules du mouvement oscillatoire.

Le *n°* 2, *fig.* 32, représente une section horizontale du cylindre; tous les élémens du cylindre sont projetés sur cette section circulaire en π, π', π'', etc. L'on suppose que l'angle primitif de torsion soit ACM$=$A, et qu'après le temps t, cet angle soit ACm, ou qu'il soit diminué de l'angle MC$m=$S, en sorte que AC$m=$(A$-$S).

Puisque l'on suppose la force de torsion proportionnelle à l'angle de torsion, le *momentum* de cette force sera représenté par n(A$-$S), n étant un coefficient constant, dont la valeur dépendra de la nature du fil de métal, de sa longueur et de sa grosseur. Si l'on nomme v la vitesse d'un point quelconque π, au bout du temps t, lorsque l'angle de torsion est ACm, l'on aura, par les principes de Dynamique,

$$n(A - S)\, dt = \int \pi r d v,$$

où r est la distance Cπ du point π à l'axe de rotation C.

Mais si le rayon CA$'$ du poids cylindrique $=a$, et que la vitesse d'un point A$'$ de la circonférence du cylindre, soit au bout du temps t, représentée par u, l'on aura $v = \frac{ru}{a}$; d'où résulte

$$n(A - S)\, dt = du \int \frac{\pi r^2}{a};$$

et comme $dt = \frac{a dS}{u}$, l'on aura, pour l'équation intégrée,

$$n(2AS - SS) = uu \int \frac{\pi r^2}{a^2},$$

d'où l'on tire

$$dt = \frac{dS}{\sqrt{2AS - S^2}} \times \left(\frac{\int \pi r^2}{n} \right)^2.$$

Mais $\frac{dS}{\sqrt{(2AS - SS)}}$ représente un angle dont A est le rayon et S le sinus verse, qui s'évanouit lorsque S$=$o, et qui devient égal à 90° lorsque S$=$A.

Ainsi, le temps d'une oscillation entière sera

$$T = \left(\int \frac{\pi r^2}{n} \right)^{\frac{1}{2}} 180°.$$

VI.

Pour comparer la force de torsion avec la force de la gravité dans un pendule, il faut se ressouvenir que dans le pendule, le temps T d'une oscillation entière

$$= \left(\frac{\lambda}{g} \right)^{\frac{1}{2}} 180°,$$

où λ est la longueur du pendule, et g la force de gravité. Ainsi un pendule isochrone aux oscillations du cylindre, donne

$$\int \frac{\pi r^2}{n} = \frac{\lambda}{g};$$

de cette formule, l'on tirera facilement la valeur de n, d'après l'expérience, puisque les dimensions du cylindre ou du poids sont données, ainsi que le temps d'une oscillation qui détermine la valeur λ.

Si l'on voulait ensuite chercher un poids Q, qui agissant à l'extrémité du levier b, eût un *momentum* égal au *momentum* de la force de torsion, lorsque l'angle de torsion est (A — S), il faudrait faire $Qb = n(A - S)$.

VII.

Il faut actuellement chercher, pour un cylindre, la valeur de $\int \pi r^2$, que l'on trouvera égale à $\frac{\varphi \delta L . a^4}{4}$, où φ est le rapport de la circonférence au rayon, δ est la densité du cylindre, et a son rayon. Mais comme la masse M du cylindre $= \frac{\varphi \delta L a^2}{2}$, l'on a $\int \pi r^2 = \frac{M a^2}{2}$, et conséquemment $T = \left(\frac{M a^2}{2n} \right)^{\frac{1}{2}} 180°;$

en comparant, comme à *l'article précédent*, avec le pendule isochrone, il en résulte $\frac{\lambda}{g} = \frac{Ma^2}{2n}$, et comme gM est le poids P du cylindre, nous aurons $n = \frac{Pa^2}{2\lambda}$, ce qui donne une formule très simple pour déterminer n d'après l'expérience.

VIII.

Si la force de torsion, que nous avons supposée $n(A - S)$, était altérée par une quantité R, la formule du mouvement oscillatoire donnerait pour lors

$$[n(A - S) - R]\,dt = du \int \frac{\pi r^2}{a};$$

et mettant comme plus haut, à la place de dt, sa valeur $\frac{adS}{u}$, l'on a pour l'intégration

$$n(2AS - SS) - 2\int R dS = uu \int \frac{\pi r^2}{aa}.$$

Si l'on veut étendre cette intégration à une oscillation entière, il faut la diviser en deux parties, la première depuis M jusqu'en A, où la force de torsion accélère la vitesse u, tandis que la force retardatrice la diminue; la deuxième depuis A jusqu'en M′, où toutes les forces concourent à retarder le mouvement.

EXEMPLE Ier. Supposons R $= \mu(A - S)^m$; l'on aura, pour l'état de mouvement dans la première portion MA,

$$n(2AS - SS) + \frac{2\mu(A-S)^{m+1}}{m+1} - \frac{2\mu A^{m+1}}{m+1} = uu \int \frac{\pi r^2}{aa};$$

ainsi lorsque l'angle de torsion sera nul, ou que $(A - S) = 0$, l'on aura

$$nA^2 - \frac{2\mu A^{m+1}}{m+1} = UU \int \frac{\pi r^2}{aa}.$$

Considérons actuellement l'autre partie du mouvement depuis A jusqu'en M', et supposons l'angle AGm' = S'; nous trouverons, en nommant U la vitesse au point A,

$$\frac{nS'^2}{2} + \frac{\mu S'^{m+1}}{m+1} = \frac{UU - uu}{2} \int \frac{\pi r^2}{aa}.$$

Substituant à la place de U^2 sa valeur

$$\left(\frac{nA^2 - \dfrac{2\mu A^{m+1}}{m+1}}{\int \dfrac{\pi r^2}{a^2}} \right),$$

l'on aura pour l'intégration totale, lorsque la vitesse deviendra nulle, ou lorsque l'oscillation sera achevée,

$$(A - S') = \frac{2\mu}{n(m+1)} \frac{(A^{m+1} + S'^{m+1})}{A + S'};$$

et si les forces retardatrices sont telles qu'à chaque oscillation, l'amplitude soit peu diminuée, l'on aura, pour valeur très approchée de (A — S'),

$$(A - S') = \frac{2\mu A^m}{n(m+1)};$$

et si cette quantité (A — S') était assez petite pour être traitée comme une différentielle ordinaire, l'on aurait alors, pour un nombre Z d'oscillations,

$$\frac{2\mu}{n(m+1)} Z = \frac{1}{m-1} \left(\frac{1}{S^{m-1}} - \frac{1}{A^{m-1}} \right);$$

où S représente ce que devient A après un nombre d'oscillations Z. Ainsi l'on aura

$$S = \frac{1}{\left[\dfrac{2\mu(m-1)}{n(m+1)} . Z + \dfrac{1}{A^{m-1}} \right]^{\frac{1}{m-1}}},$$

qui détermine la valeur de S, après un nombre quelconque Z d'oscillations.

EXEMPLE II. Si

$$R = \mu(A - S)^m + \mu'(A - S)^{m'},$$

μ' et m' ayant d'autres valeurs que μ et m, l'on aura, en suivant le procédé du dernier exemple,

$$n(A - S) = \frac{2\mu}{m+1}\left(\frac{A^{m+1} + S^{m+1}}{A + S}\right) + \frac{2\mu'}{m'+1}\left(\frac{A^{m'+1} + S^{m'+1}}{A + S}\right);$$

et si la force retardatrice est beaucoup moindre que la force de torsion, l'on aura pour valeur approchée,

$$n(A - S) = 2\mu\frac{A^m}{m+1} + \frac{2\mu' A^{m'}}{m'+1}.$$

En général, si

$$R = \mu(A - S)^m + \mu'(A - S)^{m'} + \mu''(A - S)^{m''} + \text{etc.},$$

l'on aura toujours pour une oscillation, en supposant R beaucoup plus petit que la force de torsion,

$$n(A - S) = \frac{2\mu A^m}{m+1} + \frac{2\mu' A^{m'}}{m'+1} + \frac{2\mu'' A^{m''}}{m''+1} + \text{etc.}$$

IX.

Expériences pour déterminer la force de torsion.

Préparation.

Sur une petite planche KA (*fig.* 33), soutenue par quatre pieds, s'élève une potence ABD; le poteau montant AB, a quatre pieds de hauteur, la traverse horizontale DE glisse le long du montant, et se fixe au moyen d'une vis E; le cylindre ou le poids P, porte dans sa partie supérieure, dans la prolongation de son axe, un bout d'aiguille b, fixée à ce cylindre. Cette aiguille est saisie par la partie inférieure d'une double pince *a*, qui se serre par des vis; la partie supérieure de cette pince saisit l'extrémité inférieure du fil de suspension; la partie inférieure de cette même pince saisit l'extrémité de l'aiguille fixée au cylindre. L'extrémité supérieure du fil de suspension est prise par une autre pince *g*, attachée à la traverse DE. Sur la planche AK, qui sert de base à l'appareil, l'on pose un cercle divisé en degrés, dont le centre C doit être placé dans la prolongation de l'axe du cylindre; l'on attache au-dessous du cylindre un index *eo*, dont l'extrémité *o* réponde aux divisions du cercle.

X.

Expériences sur la torsion des fils de fer.

J'ai pris trois fils de clavecin, tels qu'on les trouve répandus dans le commerce, roulés sur des bobines, et numérotés.

Le fil de fer n° 12, supporte, avant de se rompre, 3 liv. 12 onces; les six pieds de longueur pèsent 5 grains.

Le fil de fer n° 7, supporte, avant de se rompre, un poids de 10 liv.; les six pieds de longueur pèsent 14 grains.

Le fil de fer n° 1, casse sous une tension de 33 liv.; les six pieds de longueur pèsent 56 grains.

PREMIÈRE EXPÉRIENCE.

Fil de fer n° 12, le cylindre pesant une demi-livre.

L'on a pris un cylindre de plomb pesant une demi-livre, que l'on a suspendu au fil de fer n° 12; ce cylindre avait 19 lignes de diamètre et 6 lignes $\frac{1}{2}$ de hauteur; le fil de suspension avait 9 lignes de longueur. L'on a fait tourner le cylindre autour de son axe, sans déranger cet axe de son aplomb, et l'on a eu les résultats suivans :

Ier Essai. Lorsque l'on fait tourner le cylindre autour de son axe, d'un angle plus petit que 180 degrés, il fait vingt oscillations sensiblement isochrones en. . . . . . . 120″.

IIe Essai. Mais en tordant de trois cercles, les dix premières oscillations ont été de 2 à 3 secondes plus longues que les dix premières ; et après les dix premières oscillations, l'amplitude des oscillations, qui était d'abord de trois cercles, se trouvait réduite à cinq quarts de cercle.

IIe EXPÉRIENCE.

Fil de fer n° 12, cylindre pesant deux livres.

Ier Essai. En suspendant au même fil de fer n° 12, un cylindre qui pesait 2 livres, ayant le même diamètre que le précédent, mais 26 lignes de hauteur, l'on a eu, pour un angle de torsion de 180 degrés et au-dessous, vingt oscillations sensiblement isochrones en. . . . . 242″.

IIIe EXPÉRIENCE.

Fil de fer n° 7, cylindre pesant une demi-livre.

Ier Essai. En suspendant au fil de fer, n° 7, le cylindre d'une demi-livre, l'on a eu, pour une torsion de 180 degrés et au-dessous, vingt oscillations sensiblement isochrones en. . . . . 42″.

IVe EXPÉRIENCE.

Fil de fer n° 7, cylindre pesant deux livres.

Essai. En suspendant au même fil un poids de 2 livres, les vingt oscillations ont été achevées en. . . . . . . 85″.

Ve EXPÉRIENCE.

Fil de fer n° 1, cylindre pesant une demi-livre.

EssAi. Lorsque l'on suspend à ce fil de fer de 9 pouces de longueur, un poids de demi-livre, sa roideur est si considérable, que ce poids n'est pas suffisant pour le redresser; en sorte que les oscillations sont très irrégulières, parce qu'elles dépendent, non-seulement de l'angle de torsion, mais encore de la courbure que le fil de fer conserve en sortant de dessus la bobine, quoiqu'il soit tendu par un poids de demi-livre.

VIe EXPÉRIENCE.

Fil de fer n° 1, cylindre pesant deux livres.

EssAi. Mais en suspendant à ce fil de fer de 9 pouces de longueur, un poids de deux livres, le fil est sensiblement redressé, et l'on a, pour un angle de torsion de 45 degrés et au-dessous, vingt oscillations sensiblement isochrones, en. . . . . 23″.

Continuation des Expériences.

Fil de laiton.

L'on a pris trois fils de laiton, correspondans par le numéro et à peu près par la grosseur, aux trois fils de fer que l'on vient de soumettre aux expériences.

Le fil de laiton n° 12, portait, au moment de sa rupture, 2 liv. 3 onces; les six pieds de longueur pèsent 5 grains.

Le fil de laiton n° 7, portait, au moment de sa rupture, 14 liv.; les six pieds de longueur pèsent 18 grains ½.

Le fil de laiton n° 1, casse sous une tension de 22 liv.; les six pieds de longueur pèsent 66 grains.

VIIᵉ EXPÉRIENCE.

Fil de laiton nᵒ 12, cylindre pesant une demi-livre.

Essai. La longueur du fil de suspension était de 9 pouces, comme dans les expériences qui précèdent; l'on y a suspendu le cylindre pesant une demi-livre, et l'on a eu pour un angle de torsion de 360 degrés et au-dessous, vingt oscillations sensiblement isochrones en. . . . . 220″

Mais avec un angle primitif de trois cercles de torsion les vingt premières oscillations ont duré 225 secondes; et après ces vingt premières oscillations, l'angle de torsion était encore de deux cercles à peu près.

VIIIᵉ EXPÉRIENCE.

Fil de laiton nᵒ 12, cylindre pesant deux livres.

Essai. Le fil de suspension étant de 9 pouces, et le cylindre pesant 2 livres, l'on a eu, pour un angle de 360 degrés et au‑dessous, vingt oscillations sensiblement isochrones en. . . . . 442″

Avec un angle primitif de trois cercles de torsion, les vingt premières oscillations ont duré à peu près 444 secondes, et l'angle primitif de torsion s'est trouvé réduit à deux cercles un quart.

IXᵉ EXPÉRIENCE.

Fil de laiton nᵒ 7, cylindre pesant une demi-livre.

Essai. La longueur du fil de suspension toujours de 9 pouces, l'angle primitif de torsion étant de 360 degrés et au‑dessous, l'on a eu vingt oscillations sensiblement isochrones en. . . . . 57″.

X.ᵉ EXPÉRIENCE.

Fil de laiton n° 7, cylindre pesant deux livres.

EssAI. La longueur du fil de suspension toujours de 9 pouces, l'angle primitif de torsion étant de 360 degrés et au-dessous, l'on a eu vingt oscillations sensiblement isochrones en. . . . . 110″.

Mais l'angle primitif de torsion étant de deux circonférences de cercle, l'on a eu les vingt premières oscillations en 111 secondes, et l'angle primitif de torsion, qui était de deux circonférences, s'est trouvé réduit à une circonférence et demie.

XI.ᵉ EXPÉRIENCE.

Fil de laiton n° 1, cylindre pesant une demi-livre.

EssAI. Sous une tension d'une demi-livre, le fil de suspension n'est pas entièrement redressé, et le temps des oscillations, dépendant en partie de sa courbure primitive, est incertain.

XII.ᵉ EXPÉRIENCE.

Fil de laiton n° 1, cylindre pesant deux livres.

EssAI. La longueur du fil de suspension toujours de 9 pouces, l'angle primitif de torsion étant de 50 degrés et au-dessous, l'on a eu vingt oscillations sensiblement isochrones en . . . . 32″.

Mais l'angle primitif de torsion étant de cinq quarts de cercle, l'on a eu les vingt premières oscillations en 33 secondes ½; et au bout de ces oscillations, l'angle primitif était réduit à un quart de cercle.

XIIIᵉ EXPÉRIENCE.

Fil de laiton nᵒ 7, cylindre pesant deux livres.

EssAI. La longueur des fils de suspension dans toutes les expériences précédentes, était de 9 pouces : comme l'on avait besoin de déterminer la force de torsion, relativement à la longueur des fils, l'on a donné 36 pouces de longueur à la suspension de cette expérience, et l'on a eu jusqu'à trois cercles de torsion et au-dessous, vingt oscillations sensiblement isochrones en . . . . 222″.

XI.

Résultat des expériences qui précèdent.

La force ou la réaction de la torsion des fils de métal doit être relative à leur longueur, à leur grosseur, à leur tension. Ainsi, pour pouvoir déterminer généralement la loi de cette réaction, nous avons été obligés, dans les expériences qui précèdent, de suspendre différens poids à des fils de fer et de laiton de grosseur et de longueur différentes : voici les résultats que ces expériences présentent.

Si l'on fait tourner autour de son axe le cylindre, sans déranger cet axe de la ligne verticale, ce fil se tordra ; lorsque l'on abandonnera le cylindre, le fil, par sa force de réaction, fera effort pour reprendre sa situation naturelle ; cet effort fera osciller le cylindre autour de cet axe, plus ou moins de temps, suivant que la force élastique sera plus ou moins parfaite.

Mais nous trouvons, par toutes les expériences qui précèdent, que lorsque l'angle de torsion n'est pas très *considérable*, le temps des oscillations est sensiblement isochrone ; ainsi nous pouvons regarder comme une première loi, que pour tous les fils de métal, lorsque les angles de torsion ne sont pas très grands, la force de torsion est sensiblement proportionnelle à l'angle de torsion.

Ayant trouvé par l'expérience que la force de réaction de torsion est proportionnelle à l'angle de torsion, il en résulte que toutes les formules oscillatoires que nous avons données, *articles* IV *et suivans*, d'après la supposition d'une force de torsion proportionnelle à l'angle de torsion, ou altérée par un terme très petit, peuvent être appliquées à ces expériences.

Ainsi, comme nous avons eu, *article* VII, au moyen de ces formules $T = \left(\frac{Ma^2}{2n} \right)^{\frac{1}{2}}$. 180 degrés, et que dans toutes les expériences qui précèdent, les cylindres de demi-livre et de 2 livres avaient le même diamètre, il en résulte que n doit être toujours proportionnel à $\left(\frac{M}{T^2} \right)$.

Ainsi, si la tension plus ou moins grande du fil n'a point d'influence sur la force de torsion, pour lors la quantité n pour un même fil, sera la même dans une tension de demi-livre et une tension de 2 livres, et par conséquent l'on aura T proportionnel à $M^{\frac{1}{2}}$. Comparons nos expériences faites avec deux poids, l'un d'une demi-livre, l'autre de 2 livres, dont les racines sont comme 1 est à 2.

PREMIÈRE EXPÉRIENCE. Le fil de fer n° 12, tendu par le poids d'une demi-livre, fait 20 oscillations en . . . 120″.

DEUXIÈME EXPÉRIENCE. Le même fil, tendu par un poids de 2 livres, fait 20 oscillations en . . . . 242″.

TROISIÈME EXPÉRIENCE. Fil de fer n° 7, tendu par le poids d'une demi-livre, fait 20 oscillations en . . . . 43″.

QUATRIÈME EXPÉRIENCE. Fil de fer n° 7, tendu par le poids de 2 livres, fait 20 oscillations en . . . . 85″.

La cinquième expérience ne peut pas se comparer avec la sixième.

Septième expérience. Fil de laiton n° 12, tendu par le poids d'une demi-livre, fait 20 oscillations en . . . 220″.

Huitième expérience. Fil de laiton n° 12, tendu par le poids de 2 livres, fait 20 oscillations en . . . . 442″.

Neuvième expérience. Fil de laiton n° 7, chargé du poids d'une demi-livre, fait 20 oscillations en . . . . 57″.

Dixième expérience. Fil de laiton n° 7, chargé du poids de 2 livres, fait 20 oscillations en . . . . 110″.

La onzième et la douzième expériences ne peuvent pas être comparées entre elles.

Il résulte donc de toutes ces expériences, qu'avec le même fil de métal, un poids de deux livres fait sensiblement ses oscillations dans un temps double de celui où un poids d'une demi-livre fait ses oscillations; que par conséquent la durée des oscillations est comme la racine des poids; qu'ainsi la tension plus ou moins grande n'influe pas sensiblement sur la réaction de la force de torsion.

Cependant, par beaucoup d'expériences faites avec de très grandes tensions relativement à la force du métal, il paraît que les grandes tensions diminuent ou altèrent un peu la force de torsion. L'on sent en effet qu'à mesure que la tension augmente, le fil s'alonge, son diamètre diminue, ce qui doit ralentir la durée des oscillations.

Nous n'avons pas pu comparer les fils de fer ou de laiton n° 1, sous les tensions d'une demi-livre et de deux livres, parce que, comme nous l'avons dit dans le détail des expériences, la tension d'une demi-livre n'est pas suffisante pour redresser ces fils.

XII.

De la force de torsion relativement aux longueurs des fils.

Nous venons de trouver, dans l'article qui précède, que le plus ou moins de tension des fils n'influe que d'une manière insensible sur la force de torsion. Nous allons actuellement chercher, d'après les mêmes expériences, de combien, à angle égal de torsion, la longueur du fil de suspension augmente ou diminue cette force. Mais il est clair qu'à mesure que l'on augmente la longueur du fil de métal, l'on peut faire faire, dans la même proportion, un plus grand nombre de révolutions au cylindre, sans changer le degré de torsion; ainsi, la force de réaction de torsion doit être, pour un même nombre de révolutions, en raison inverse de la longueur du fil. Voyons si ce raisonnement s'accorde avec l'expérience.

La formule de l'*article* VII nous donne

$$T = \left(\frac{Ma^2}{2n}\right)^{\frac{1}{2}} \cdot 180 \text{ degrés,}$$

ou pour le même poids T proportionnel à $\frac{1}{(\sqrt{n})}$. Ainsi, si n est en raison inverse des longueurs, comme la théorie l'annonce, T sera comme les racines des longueurs des fils de suspension : comparons avec l'expérience.

Nous trouvons, dixième expérience, que le fil de laiton n° 7, de 9 pouces de longueur, étant tendu par le poids d'une demi-livre, fait 20 oscillations en . . . . 110″.

Nous trouvons, treizième expérience, que le même fil de laiton n° 7, de 36 pouces de longueur, tendu par le poids de 2 livres, fait 20 oscillations en . . . . 222″.

Ainsi les longueurs des fils sont entre elles :: 1 : 4, tandis que les temps des oscillations des fils sont :: 1 : 2; ainsi l'ex-

périence prouve que les temps d'un même nombre d'oscillations sont, pour les mêmes fils tendus par les mêmes poids,
comme la racine des longueurs de ces fils, ainsi que la théorie
l'avait annoncé.

Nous avons fait beaucoup d'expériences du même genre
que les précédentes, qui ont toutes très exactement confirmé cette loi. Nous n'avons pas cru nécessaire de les rapporter ici.

XIII.

De la force de torsion relativement à la grosseur des fils.

Nous venons de déterminer les lois de la force de torsion
relativement à la tension et à la longueur des fils ; il ne nous
reste qu'à les déterminer relativement à la grosseur des mêmes
fils.

Nous avons, dans les six premières expériences, trois fils
de fer de différentes grosseurs et de même longueur ; et dans
les six expériences suivantes, trois fils de laiton de même longueur et de grosseurs différentes ; mais comme nous avons le
poids d'une longueur de 6 pieds de chacun de ces fils, il est
facile d'en conclure le rapport de leur diamètre. Voici ce que
le raisonnement doit faire prévoir ; le *momentum* de la réaction de torsion doit augmenter, avec la grosseur des fils, de
trois manières. Prenons pour exemple deux fils de même nature et de même longueur, que le diamètre de l'un soit double
de celui de l'autre, il est clair que dans celui qui a un diamètre
double, il y a quatre fois plus de parties tendues par la torsion,
que dans celui qui a un diamètre simple ; et que l'extension
moyenne de toutes ces parties sera proportionnelle au diamètre
du fil, de même que les bras moyen du levier relativement à
l'axe de rotation. Ainsi nous sommes portés à croire, d'après

la théorie, que la force de torsion de deux fils de métal de la même nature, de la même longueur, mais d'une grosseur différente, est proportionnelle à la quatrième puissance de leur diamètre, ou pour une même longueur au carré de leur poids. Comparons avec l'expérience.

Nous ne prendrons ici que les expériences où la tension est de 2 livres, pour pouvoir comparer tous les numéros, les fils du n° 1 n'étant pas assez exactement tendus par le poids d'une demi-livre : nous avons

Fils de fer.
> DEUXIÈME EXPÉRIENCE. Le fil de fer n° 12, dont les 6 pieds de longueur pèsent 5 grains, donne 20 oscillations, en......... 242″.
>
> QUATRIÈME EXPÉRIENCE. Le fil de fer n° 7, dont les 6 pieds de longueur pèsent 14 grains, donne 20 oscillations en......... 85″.
>
> SIXIÈME EXPÉRIENCE. Le fil de fer n° 1, dont les 6 pieds pèsent 56 grains, donne 20 oscillations en........................ 23″.

Fils de laiton.
> HUITIÈME EXPÉRIENCE. Le fil de laiton n° 12, dont les 6 pieds pèsent 5 grains, a donné 20 oscillations en............... 442″.
>
> DIXIÈME EXPÉRIENCE. Le fil de laiton n° 7, dont les 6 pieds pèsent 18 grains $\frac{1}{2}$, donne 20 oscillations en.................... 110″.
>
> DOUZIÈME EXPÉRIENCE. Le fil de laiton n° 1, dont les 6 pieds pèsent 66 grains, donne 20 oscillations en................. 32″.

Pour déterminer, d'après ces expériences, la loi de la réaction de la force de torsion, relativement au diamètre du fil de suspension, supposons que

$$T : T' :: D^m : D'^m :: \varphi^{\frac{m}{2}} : \varphi'^{\frac{m}{2}},$$

où l'on suppose que T et T' représentent le temps d'un certain nombre d'oscillations pour un fil de métal, dont le diamètre est D et D', et le poids pour une même longueur et φ' ; m étant la puissance que l'on cherche à déterminer. De cette proportion nous tirerons

$$m = \frac{2(\log. \text{T} - \log. \text{T}')}{\log. \varphi - \log. \varphi'},$$

formule qu'il faut comparer avec l'expérience.

La deuxième expérience, comparée avec la quatrième, donne $m = -1,82$.
La deuxième expérience, comparée avec la sixième......... $m = -1,95$.
La huitième expérience, comparée avec la dixième......... $m = -2,04$.
La huitième expérience, comparée avec la douzième....... $m = -2,02$.

D'où il résulte que

$$\text{T} : \text{T}' :: \frac{1}{\text{D}^2} : \frac{1}{\text{D}'^2} :: \frac{1}{\varphi} : \frac{1}{\varphi'}.$$

Mais la formule du mouvement oscillatoire

$$\text{T} = \left(\frac{Ma^2}{2n}\right)^{\frac{1}{2}} 180 \text{ degrés},$$

donne, dans les expériences précédentes, à cause de l'égalité des poids de tension, n proportionnel à $\frac{1}{\text{T}^2}$; ainsi la force de torsion, pour des fils de même nature, de même longueur, mais de grosseur différente, est comme la quatrième puissance du diamètre, ainsi que la théorie l'avait annoncé.

XIV.

Résultat général.

Il résulte donc de toutes les expériences qui précèdent, que le *momentum* de la force de torsion est, pour les fils du même métal, en raison composée de l'angle de torsion de la quatrième puissance du diamètre, et inverse de la longueur du fil; en sorte que si l'on nomme l la longueur du fil, D son diamètre, B l'angle de torsion, l'on aura, pour l'expression qui représente la force de torsion, $\frac{\mu \text{BD}^4}{l}$ où μ est un coefficient constant qui dépend de la roideur naturelle de chaque métal : cette quantité μ, invariable pour les fils du même métal, peut se déterminer facilement par l'expérience, comme on va le voir dans l'article suivant.

XV.

Valeur effective des quantités n *et* μ.

Nous avons vu, *art.* VII, que $n = \dfrac{P.a^2}{2\lambda}$, où P est le poids d'un cylindre, a son rayon, λ la longueur du pendule isochrone, avec les oscillations du cylindre, qui sont produites par la force de torsion.

Appliquons cette formule à la deuxième expérience, où le fil de fer n° 12 est tendu par un poids de 2 livres, dont le rayon est 9 lignes $\frac{1}{2}$, et où 20 oscillations se font en 242″.

Comme le pendule qui bat les secondes à Paris est de 440 lignes $\frac{1}{2}$, le pendule isochrone, avec les oscillations du cylindre, sera, $\left(449 + \frac{1}{2}\right)\left(\frac{242}{20}\right)^2$; ainsi

$$n = \frac{2 \text{ liv.} \left(9 + \frac{1}{2}\right)^2}{2.\left(440 + \frac{1}{2}\right).\left(\frac{242}{20}\right)^2} = \frac{1 \text{ liv.}}{715} ;$$

ainsi le *momentum* nB du fil de fer n° 12 ayant 9 pouces de longueur, est égal à $\frac{1}{715}$ livres, multiplié par l'angle de torsion B, agissant à l'extrémité d'un levier d'une ligne de longueur.

Nous avons vu, dans les articles qui précèdent, que pour le même métal, il résulte de la théorie et de l'expérience, que les forces de torsion sont en raison inverse de la longueur des fils de suspension et de la quatrième puissance du diamètre. Ainsi il est facile d'avoir une valeur déterminée de la force de torsion d'un fil de fer, d'une longueur et d'une grosseur quelconques; en voici le calcul.

Le pied cube de fer, pesant à peu près 540 livres, et les 6 pieds de longueur du fil de fer n° 12, pesant 5 grains, le diamètre de ce fil de fer est très approchant d'un quinzième de ligne; ainsi le *momentum* de torsion d'un fil de fer, d'un quinzième de ligne de diamètre, est égal à $\frac{1}{715}$ livre, multiplié par l'angle de torsion, agissant à l'extrémité d'un levier d'une ligne de longueur.

XVI.

Comparaison de la roideur de torsion de deux métaux différens.

L'on déduira facilement de la théorie des expériences qui précèdent, quel est, dans deux métaux différens, le fer, par exemple, et le cuivre jaune, le rapport de roideur de torsion: prenons le fil de fer n° 12, que nous comparerons avec le fil de laiton n° 12.

Nous venons de calculer, à *l'article précédent*, la quantité n, pour le fil de fer, et nous l'avons trouvée $= \frac{1}{715}$ liv., multiplié par un levier d'une ligne. Mais comme le fil de laiton, chargé du poids de 2 livres, fait vingt oscillations en 442″, nous aurons, par la même formule pour le fil de laiton,

$$n' = \frac{1 \text{ liv.} \left(9 + \frac{1}{2}\right)^2}{\left(440 + \frac{1}{2}\right)\left(\frac{442}{20}\right)^2}; \text{ ainsi, } \frac{n}{n'} = \left(\frac{442}{242}\right)^2 = 3,34; \text{ ainsi la roideur}$$

du fil de fer n° 12, est à la roideur du fil de laiton n° 12, à peu près :: $3\frac{1}{3}$: 1.

Mais comme il y a peu de différence entre la pesanteur spécifique du fer et du cuivre qui, suivant M. Musschembroek, sont : : 77 : 83, l'on peut supposer que le fil de fer n° 12, et celui de cuivre, *même numéro,* ont à peu près le même diamètre; ainsi pour les fils de fer et de cuivre de même diamètre, tout étant d'ailleurs égal, les roideurs de torsion sont : : $3\frac{1}{3}$: 1, c'est-à-dire qu'en tordant le fil de fer d'un cercle, l'on aura la même réaction de torsion, qu'en tordant le fil de cuivre de $3\frac{1}{3}$ cercles.

Si l'on veut ensuite comparer la roideur de torsion avec la force de cohésion, l'on remarquera que notre fil de fer portait, au moment de sa rupture, 60 onces, que celui de cuivre ne portait que 35 onces; ainsi, puisqu'ils ont à peu près le même diamètre, leur force de cohésion était approchant : : 60 : 35, dans le temps que leur force de torsion vient d'être trouvée : : $3\frac{1}{3}$: 1.

Ce dernier résultat ne doit cependant être regardé que comme un cas particulier et non comme un résultat général. Nous verrons ci-après, dans la deuxième section, que la force des métaux varie suivant le degré d'écrouissement et de recuit, et que toutes les expériences dont on s'est servi jusqu'ici pour déterminer la force des métaux, ne peuvent être regardées que comme des cas particuliers.

Mais ce que cette dernière observation semble indiquer, et ce que la pratique confirme, c'est que si l'on veut soutenir un corps mobile sur la pointe d'un pivot, il y a de l'avantage à préférer un pivot d'acier ou de fer, à un pivot de cuivre, puisque sous le même degré de pression le fer fléchit beaucoup moins que le cuivre; qu'ainsi, le cercle de contact formé par la pointe d'un pivot, pressée par le corps qu'elle soutient, aura un moindre diamètre pour le fer que pour le cuivre, ce qui, tout étant d'ailleurs égal, diminue le *momentum* du frottement qu'il faut vaincre pour faire tourner un corps sur la pointe d'un pivot. Nous aurons occasion, par la suite, de revenir sur cet article.

Par quelques expériences, et par un calcul semblable à celui qui précède, nous avons trouvé qu'en suspendant un cylindre à un fil de soie, formé de plusieurs brins réunis à l'eau bouillante, et assez fort pour porter jusqu'à 60 onces, ce fil de soie a 18 à 20 fois moins de roideur de torsion que le fil de fer qui portait ce même poids au moment de sa rupture.

XVII.

Usage des Expériences et de la théorie qui précèdent.

D'après la théorie qui précède, et les expériences sur lesquelles elle est fondée, l'on pourra mesurer des forces très petites, qui exigent une précision que les moyens ordinaires ne peuvent pas fournir. Nous allons en présenter un exemple.

XVIII.

Balance pour mesurer le frottement des fluides contre les solides.

La formule qui exprime la résistance des fluides contre un corps en mouvement, paraît composée de plusieurs termes, dont les uns dépendent du choc des fluides contre le corps solide, et dont les autres sont dus au frottement du fluide; parmi les termes dus au frottement, il y en a un qui dépend de l'adhérence, et que l'on croit constant; mais ce terme est si petit que, confondu dans les expériences avec les autres quantités qui dépendent du choc, il est très difficile de l'évaluer. L'on peut voir les expériences que Newton a faites pour découvrir cette quantité constante (*Livre II des Principes mathématiques de la Philosophie naturelle, Scholie du vingt-cinquième théorème*).

La force de torsion donne un moyen facile de déterminer par l'expérience cette adhérence.

Dans un vase ADBE (*fig.* 34), rempli du fluide dont on veut déterminer l'adhérence, l'on suspend, au moyen d'un fil de cuivre, un cylindre *abcd'*, de cuivre ou de plomb; l'on place dessus le vase un cercle A'FB', divisé en degrés; ce cercle se trouve au niveau de l'extrémité *d* d'un index *id* attaché au cylindre.

Lorsque l'on fera tourner le cylindre autour de son axe vertical, sans le déranger de son aplomb, l'on pourra observer, au moyen du petit index, de combien chaque oscillation est altérée; et comme la force de torsion du fil qui produit ces oscillations, est connue par les expériences qui précèdent; que l'on peut aussi connaître l'altération due à l'imperfection de l'élasticité, en faisant osciller le cylindre dans le vide ou même dans l'air, l'on peut espérer, par ce moyen, de trouver la quantité constante due à l'adhérence.

Exemple et Expérience.

J'ai suspendu dans un vase plein d'eau, à un fil de cuivre n° 12, de vingt-neuf lignes de longueur, le cylindre de plomb pesant deux livres, qui nous a servi dans les expériences précédentes; le cercle AB, sur lequel on observait les oscillations, avait quarante-quatre lignes de diamètre; l'on a attendu, avant de commencer les observations, que les amplitudes des oscillations fussent diminuées au point que l'extrémité *d* de l'index ne parcourût sur le cercle qu'un arc d'une ligne et demie, répondant à peu près à 3° 55′; et en observant la marche de l'index avec une loupe, l'on a aperçu distinc-

tement quatorze oscillations avant que le mouvement fût
éteint.

Résultat de cette Expérience.

Si la diminution successive de chaque oscillation est supposée constante, et qu'elle soit attribuée en entier à l'adhérence du fluide contre la surface du cylindre de plomb, l'on
aura, *art.* VIII,

$$(A - S') = \left(\tfrac{2\mu}{n}\right),$$

où (A — S') est la diminution de chaque oscillation, n(A—S)
est le *momentum* de la force de torsion, et μ le *momentum* de
la force retardatrice due à l'adhérence.

Mais comme, d'après les observations des oscillations, l'arc
parcouru était diminué d'une ligne et demie en quatorze oscillations, et que le rayon du cercle sur lequel s'observait cette
diminution, était de vingt-deux lignes, en supposant cette
diminution constante, l'on aura l'angle (A — S) dont l'amplitude diminue à chaque oscillation $= \dfrac{3}{2.22.14}$.

Mais nous avons trouvé, *art.* XVI, que pour un fil de laiton
de 9 pouces de longueur, n° 12,

$$n = \frac{1 \text{ liv.} \left(9 + \tfrac{1}{2}\right)^2}{\left(440 + \tfrac{1}{2}\right)\left(\tfrac{442}{20}\right)^2};$$

et comme nous avons aussi trouvé que les forces de torsion
sont proportionnelles à la longueur des fils de suspension, l'on
aura, pour notre fil de vingt-neuf pouces de longueur,

$$\mu = \tfrac{1}{3,155,000} \text{ liv.} \times 1 \text{ ligne};$$

c'est-à-dire, que le *momentum* de la force retardatrice constante μ, est à peu près égal à un trois millionième de livre,

suspendu à un levier d'une ligne, quantité qui aurait été inappréciable par tout autre moyen que celui que nous venons d'employer.

Pour avoir actuellement la valeur de l'adhérence d'après cette expérience, il faut remarquer que la hauteur du cylindre de plomb, submergée par l'eau du vase, était de vingt-quatre lignes, et que le diamètre de ce cylindre était de dix-neuf lignes. Ainsi, en prenant $\frac{22}{7}$ pour le rapport de la circonférence au diamètre, la surface du cylindre submergée, était égale à $\frac{22}{7} \cdot 19 \cdot 24$; et comme le mouvement se fait ici autour de l'axe du cylindre, dont le rayon est $9\frac{1}{2}$ lignes, si δ est l'adhérence, le *momentum* de l'adhérence autour de l'axe de rotation, sera $\delta \frac{22}{7}(19)^2 \cdot 12$. Il faut encore ajouter à cette quantité le *momentum* de l'adhérence du cercle qui forme la base du cylindre plongé dans l'eau, dont le *momentum*

$$= \delta \frac{22}{7} \times 19 \text{ liv.} \times \frac{19 \text{ liv.}}{4} \times \frac{2}{3}\frac{19}{2},$$

en sorte que le *momentum* total de la résistance du fluide contre le cylindre sera

$$\delta \frac{22}{7}(19)^2 \times \left(12 + \frac{19}{12}\right) = \delta \times \frac{22}{7} \times (19)^2 \left(\frac{163}{12}\right).$$

Mais l'expérience nous a fait trouver ce même *momentum*
$= \frac{1 \text{ liv.}}{3,155,000} \times 1$ ligne pour un pouce carré; ainsi,

$$\delta = \frac{1 \text{ liv.}}{3155000} \times \frac{7.12}{22.163.(19)^2},$$

et pour un pied carré l'adhérence sera

$$\delta(144)^2 = \frac{1 \text{ liv.}}{2345000};$$

en sorte que la résistance constante due à l'adhérence de l'eau pour une surface de 255 pieds, ne peut pas être évaluée à plus d'un grain; ainsi, il y a peu de cas où cette altération constante, si elle a lieu, ne puisse être négligée dans l'évaluation du frottement de l'eau. Nous n'avons fait aucun essai sur les autres fluides.

En donnant au cylindre des oscillations de deux ou trois cercles d'amplitude, et comparant les diminutions successives des amplitudes des oscillations avec les formules du mouvement oscillatoire altéré, j'ai cru apercevoir que, dans les très petites vitesses, ce frottement est comme les vitesses, et dans les grandes vitesses, comme le carré; mais ces expériences demandent un travail exprès, et d'être faites dans différens fluides.

XIX.

Depuis la lecture de ce Mémoire, j'ai construit, d'après la théorie de la réaction de torsion que je viens d'expliquer, une balance électrique et une balance magnétique; mais comme ces deux instrumens, ainsi que les résultats relatifs aux lois électriques et magnétiques qu'ils ont donnés, seront décrits dans les volumes suivans de nos Mémoires, je crois qu'il suffit ici de les annoncer.

XX.

SECTION DEUXIÈME.

De l'altération de la force élastique dans les torsions des fils de métal. Théorie de la cohérence et de l'élasticité.

Lorsque l'on tord les fils de fer ou de laiton, tendus, comme dans les expériences qui précèdent, par un poids, l'on observe deux choses : si l'angle de torsion n'est pas considérable, rela-

tivement à la longueur du fil de suspension, dans le moment
où on lâche le poids, il revient à peu près à la position qu'il
avait avant la torsion du fil de métal, c'est-à-dire, que le fil
de suspension se détord de toute la quantité dont il a été tordu;
mais si l'angle de torsion que l'on aura donné au fil de suspension est très grand, pour lors ce fil ne se détord que d'une certaine quantité, et le centre de réaction de torsion s'avancera
de toute la quantité dont le fil ne sera pas détordu. C'est donc
d'après ces deux considérations, qu'il faut diriger les expériences que nous devons faire dans cette section, ce qui demande deux suites d'expériences; la première, pour déterminer, par la diminution des oscillations, de combien la force
élastique de torsion est altérée dans le mouvement oscillatoire,
quoique le centre de réaction de torsion ne soit pas déplacé;
la seconde, pour déterminer le déplacement de ce centre de
réaction, lorsque l'angle de torsion est assez grand pour que ce
déplacement ait lieu.

XXI.

PREMIÈRE EXPÉRIENCE.

Fil de fer n° 1, longueur, six pouces six lignes.

L'on a pris un fil de fer de six pouces six lignes de longueur,
il a été chargé d'un poids de deux livres, le même qui a servi
dans les expériences de la section précédente. L'on a cherché,
en faisant tourner ce cylindre autour de son axe pour tordre
le fil de suspension, à déterminer de combien de degrés l'amplitude diminuait à chaque oscillation, et l'on a trouvé :

Ier ESSAI, angle de torsion 90° perd 10° en.... 3$\frac{1}{2}$ oscillations.

IIe ESSAI.............. 45...... 10........ 10$\frac{1}{2}$.

IIIe ESSAI.............. 22$\frac{1}{2}$.... 10........ 23.

IVe ESSAI.............. 11$\frac{1}{4}$.... 10........ 46.

Remarque sur cette Expérience.

Les diminutions des amplitudes des oscillations ont été très incertaines, lorsque l'angle primitif de torsion a été de plus de 90 degrés; l'on a même observé que, pour lors, en faisant tourner le cylindre autour de son axe, il ne revient pas à sa première position, et que la position respective des parties constitutives du fil a été altérée, et par conséquent que son centre de réaction de torsion est resté déplacé. Voici ce que l'expérience fournit sur ce déplacement.

XXII.

Suite de la première Expérience.

Dans cette partie de la première expérience, l'on a cherché le déplacement du centre de torsion, suivant le degré de torsion que l'on a donné au fil de suspension.

Iᵉʳ ESSAI, en tordant de ½ C { l'index ou le centre de torsion a été déplacé de...... }			......	8°.
IIᵉ ESSAI............	1 C...................................			5o.
IIIᵉ ESSAI............	2...............................			3ıo.
IVᵉ ESSAI............	3...........................		1 C +	3oo.
Vᵉ ESSAI............	....		2 +	29o.
VIᵉ ESSAI............	5...........................		3 +	28o.
VIIᵉ ESSAI............	6...........................		4 +	26o.
VIIIᵉ ESSAI............	1o,...........................		8 +	24o.

IXᵉ ESSAI. Ayant voulu continuer à tordre toujours dans le même sens de quinze nouveaux cercles, le fil a cassé au quatorzième. Après cette expérience, ce fil était droit et très roide, il s'était séparé, suivant sa longueur, en deux parties; examinée à la loupe, cette séparation était très sensible, et

il avait exactement la figure d'une corde formée de deux to-
tions.

XXIII.

Remarque sur cette Expérience.

Cette première expérience et sa suite paraissent annoncer
qu'au-dessous de 45 degrés, les altérations sont à peu près
proportionnelles aux amplitudes des angles de torsion, comme
on le voit par les deuxième, troisième et quatrième essais de
l'expérience première; qu'au-dessus de 45 degrés, les altérations augmentent dans un rapport beaucoup plus grand; que
le centre de réaction de torsion ne commence à se déplacer
que lorsque l'angle de torsion est à peu près d'une demi-
circonférence; que ce déplacement croît à mesure que l'on
tord le fil; qu'il est assez irrégulier jusqu'à 1 cercle 10 degrés;
que, passé ce terme de torsion, la réaction de torsion reste à
peu près la même pour tous les angles de torsion ; ainsi, par
exemple, en tordant, dans le quatrième essai, de trois cercles,
le centre de réaction de torsion se déplace d'un cercle + 300°,
en sorte que la réaction de torsion n'a ramené le cylindre que
d'un cercle + 60°. Dans le septième essai, nous voyons,
qu'après avoir déjà éprouvé dans les essais antérieurs, un
déplacement de plus de huit cercles, que six nouveaux cercles de torsion déplacent le centre de réaction de torsion de
4C + 260°, en sorte que, pour plus de quatorze cercles de
torsion, la réaction de torsion n'est encore que d'un cercle
+ 100° ; ainsi elle ne diffère que d'un dixième de la réaction
de torsion pour trois cercles de torsion que le quatrième essai
nous a donnée d'un cercle + 60°; les expériences qui vont
suivre éclairciront cette remarque.

XXIV.

IIᵉ EXPÉRIENCE.

Fil de fer nᵒ 7, longueur, 6 pouces 6 lignes.

L'on a cherché, dans la première partie de cette expérience, de combien les amplitudes des oscillations diminuent à chaque oscillation, lorsque le centre de torsion n'est pas encore déplacé.

Iᵉʳ ESSAI, angle de torsion 180°, perd 10° en 3½ oscillations.
IIᵉ ESSAI.............. 90........... 12.
IIIᵉ ESSAI............. 45........... 27.
IVᵉ ESSAI............. 22½.......... 54.

Suite de cette deuxième Expérience.

Dans cette deuxième partie de la même expérience, l'on a cherché le déplacement du centre de torsion.

Iᵉʳ ESSAI, en tordant de 3 cercles { le centre de réaction de torsion déplacé de........... } 300°.
IIᵉ ESSAI............ 4...................... 1 C + 180.
IIIᵉ ESSAI........... 6...................... 3 + 90.
IVᵉ ESSAI........... 8...................... 5 + 90.
Vᵉ ESSAI........... 12...................... 9 + 40.
VIᵉ ESSAI........... 20...................... 16 + 310.
VIIᵉ ESSAI.......... 30...................... 26 + 180.
VIIIᵉ ESSAI......... 50...................... 46 + 20.
IXᵉ ESSAI. Au dix-septième cercle de torsion, le fil a cassé.

XXV.

IIIᵉ EXPÉRIENCE.

Fil de fer nᵒ 12, longueur, 6 pouces 6 lignes.

La première partie de cette expérience a été faite sous le

même point de vue que la première partie des deux expériences qui précédent.

Iᵉʳ ESSAI, angle de torsion 360° perd 10° en... 1 oscillation.
IIᵉ ESSAI................ 180...... 10....... 2.
IIIᵉ ESSAI................ 90...... 10....... 5.
IVᵉ ESSAI................ 45...... 10....... 11.
Vᵉ ESSAI................, 22½.... 10....... 25.

Suite de cette troisième Expérience.

Déplacement du centre de torsion.

Iᵉʳ ESSAI, en tordant de 4 cercles { le centre de réaction de torsion déplacé de............ } 300°.

IIᵉ ESSAI............... 6......................... 2 C + 40.
IIIᵉ ESSAI. Aux six autres tours, le fil a cassé.

XXVI.

Les expériences précédentes ont été continuées avec des fils de laiton, employés aux expériences de la première section.

IVᵉ EXPÉRIENCE.

Fil de laiton n° 1, longueur, 6 pouces 6 lignes.

Iᵉʳ ESSAI, en tordant de 180° perd 12° en.... 2 oscillations.
IIᵉ ESSAI............. 90...... 10....... 6.
IIIᵉ ESSAI............. 45.... 10....... 16.
IVᵉ ESSAI............. 22½.... 10....... 40.
Vᵉ ESSAI............. 11¾.... 10....... 80.

Suite de la quatrième Expérience.

Déplacement du centre de torsion.

Iᵉʳ ESSAI, en tordant de 2 cercles { le centre de torsion a été déplacé de... } 160°.

IIᵉ ESSAI............. 4......................... 2 C + 0.
IIIᵉ ESSAI............. 6......................... 3 C + 300.
IVᵉ ESSAI............. 10......................... 7 C + 300.
Vᵉ ESSAI............. 20......................... 17 C + 340.
VIᵉ ESSAI. Au vingt-huitième cercle de torsion, le fil s'est rompu.

Ve EXPÉRIENCE.

Fil de laiton n° 7, longueur, 6 pouces 6 lignes.

Diminution des amplitudes dans les oscillations.

Ier ESSAI, en tordant de 360° perd 10° en.... 2½ oscillations.

IIe ESSAI............... 180..... 10........ 6.

IIIe ESSAI............... 90..... 10........ 13.

IVe ESSAI............... 45..... 10........ 31.

Ve ESSAI............... 22½... 10........ 72.

Suite de la cinquième Expérience.

Déplacement du centre de torsion.

En tordant de quatre cercles, le centre s'est déplacé de 220 degrés ; mais en voulant tordre de six cercles, le fil a cassé.

XXVII.

Dans le fil employé à cette dernière expérience, la torsion altère moins les oscillations, et par conséquent la force élastique, que dans tous les autres ; c'est ce qui résulte du grand nombre d'oscillations qui a lieu ici avant que le mouvement oscillatoire soit détruit ; c'est ce qui résulte également de la rupture soudaine de ce fil, sans pouvoir déplacer d'un cercle son centre de réaction. J'ai généralement trouvé que les fils de laiton, répandus dans le commerce, entre les n°s 5 et 8, sont ceux dont l'élasticité de torsion est la moins imparfaite ; en comparant les fils de fer et de laiton sous les *mêmes numéros*, l'on trouve également que les fils de laiton ont une amplitude d'élasticité beaucoup plus étendue que les fils de fer.

Au surplus, l'expérience présente beaucoup d'irrégularités dans les résultats : deux bobines du même fil et du même numéro, ne donnent pas toujours le même déplacement au même angle de torsion, ce qui ne peut être attribué qu'à la manière dont les fils sont manufacturés, qu'à la plus ou moins grande pression qu'ils éprouvent en passant sous la lèvre de la filière, qu'au recuit qu'on leur fait éprouver pour réduire successivement le diamètre de numéro en numéro, du gros au petit.

XXVIII.

Première remarque.

Malgré l'incertitude qui règne dans les expériences des oscillations pour les amplitudes des étendues, il paraît qu'en dedans de certaines limites, ces altérations sont à peu près proportionnelles à l'amplitude de l'oscillation, comme nous l'avons annoncé dans les remarques sur la première expérience, et comme toutes les autres le confirment. La résistance de l'air ne peut altérer que très peu, dans nos expériences, l'amplitude des oscillations; je m'en suis assuré par le moyen suivant : le poids de deux livres, qui a servi aux expériences de cette section, avait 26 lignes de hauteur et 19 lignes de diamètre; j'ai formé, avec un papier très léger, une surface cylindrique du même diamètre que ce poids, mais qui avait 70 lignes de hauteur; je faisais entrer une partie du cylindre de plomb dans mon enveloppe de papier, et je formais ainsi un cylindre de 78 lignes de hauteur, ou trois fois plus long que le premier, ce qui aurait dû tripler, dans le mouvement oscillatoire, les altérations dues à la résistance de l'air; mais je n'ai jamais trouvé que ces altérations fussent d'un dixième plus considérables dans ce second cas que dans le premier; le plus souvent elles étaient égales : ainsi, la résistance de l'air n'entre dans nos expériences, que pour des quantités que l'on peut négliger.

XXIX.

Seconde remarque.

Pour former une balance de torsion, il faut toujours choisir les fils qui ont l'élasticité la moins imparfaite; les fils de laiton sont de beaucoup préférables à ceux de fer; le choix de la grosseur dépend des forces que l'on veut mesurer. J'ai une balance magnétique, qui sera décrite dans les Mémoires de l'Académie, où je me suis servi alternativement d'un fil de laiton de 3 pieds de longueur, des n°s 12 et 7; la force élastique de torsion est telle, qu'en tenant ces fils tordus de huit cercles, pendant trente heures, il n'y a pas un degré d'altération ou de déplacement dans le centre de torsion.

XXX.

Troisième remarque.

Dans tous les fils de métal, la réaction de l'élasticité n'a qu'une certaine étendue; l'isochronisme des oscillations nous apprend que dans les premiers degrés de torsion, la force élastique est presque parfaite; mais au-delà de l'angle de torsion qui sert, pour ainsi dire, de mesure à la force élastique, le centre de réaction de torsion se déplace presque en entier de tout l'angle de torsion qui excède celui de la réaction de l'élasticité. Cependant, comme on peut le remarquer dans les expériences qui précèdent, l'amplitude de la réaction élastique n'est pas une quantité constante pour tous les angles de torsion, elle croît au fur et à mesure que la torsion augmente; moins l'élasticité première, dans le fil soumis à l'expérience, a d'étendue, plus cet accroissement est grand. Un fil de laiton, n° 1, de 6 pouces et demi de longueur, rougi au feu, pour lui faire perdre par le recuit, la plus grande partie de son élasticité, ne donnait après cette opération, pour le premier cercle de torsion, que 50 degrés de réaction d'élasticité; mais il avait acquis, après 90 cercles de torsion, une étendue d'élasticité dé près de 500 degrés dans cet intervalle; du 2 au 3ᵉ cercle de torsion, la réaction de l'élasticité s'était accrue de 12 degrés; du 40 au 41ᵉ cercle de torsion, la même réaction s'était accrue de 6 degrés; et du 90 au 91ᵉ cercle de torsion, à peu près d'un degré, en sorte que l'accroissement de la réaction élastique, après que le centre de réaction a été déplacé d'un certain angle, était à peu près en raison inverse de l'angle de déplacement. Il faut avertir qu'après ces 90 cercles de torsion, j'ai voulu tordre de 50 autres cercles le même fil, mais qu'il s'est rompu au 49ᵉ, en sorte que ce fil, avant de se rompre, pouvait être tordu de 140 cercles. Si l'on compare ce résultat avec la suite de la première expérience, où le même fil, n° 1, n'avait pas été recuit, l'on trouvera qu'après 25 cercles de torsion, la réaction de l'élasticité était de 480 degrés, qu'en tordant de 15 nouveaux cercles, le fil s'est cassé; ce dernier fil ne pouvait donc éprouver, sans se rompre, que 40 cercles de torsion. En suivant, dans cette expérience, la marche de la réaction élastique, l'on en déduira qu'au point de rupture, cette réaction est à peu près égale à celle du fil recuit dans le même point de rupture; d'où il paraîtrait que l'on est en droit de conclure que par la seule torsion l'on peut donner à un fil recuit toute l'élasticité dont il peut être susceptible, et que l'écrouissement ne peut rien y ajouter; en sorte que, réciproquement, si en passant à la filière, ou par un autre moyen quelconque, l'on avait pu donner à notre fil de laiton un écrouissement tel, que sa réaction d'élasticité eût été de 520 degrés, qui me paraît être celle de nos deux fils au moment de la rupture, pour lors la réaction élastique eût été portée à son *maximum* par cette première opération : il n'y aurait plus eu de déplacement possible dans le centre de réaction de torsion; mais toutes les fois que l'on aurait fait éprouver à ce fil une torsion de plus de 520 degrés, il se serait rompu.

XXXI.

Quatrième remarque.

D'après les expériences qui précèdent, voici, à ce qu'il paraît, comme l'on peut expliquer l'élasticité et la cohérence des métaux. Les parties intégrantes du fil de fer ou de laiton, ou d'un métal quelconque, ont une élasticité que l'on peut regarder comme parfaite, c'est-à-dire, que les forces nécessaires pour comprimer ou dilater ces parties intégrantes, sont proportionnelles aux dilatations ou compressions qu'elles éprouvent; mais elles ne sont liées entre elles que par la cohérence, quantité constante et absolument différente de l'élasticité. Dans les premiers degrés de torsion, les parties intégrantes changent de figure, s'alongent ou se compriment, sans que les points par où elles adhèrent entre elles, changent de place, parce que la force nécessaire pour produire ces premiers degrés de torsion, est moins considérable que la force d'adhérence; mais lorsque l'angle de torsion devient tel, que la force avec laquelle ces parties sont comprimées ou dilatées, est égale à la cohérence qui unit ces parties intégrantes; pour lors elles doivent ou se séparer ou glisser l'une sur l'autre. Ce glissement de parties a lieu dans tous les corps ductiles; mais si, par ce glissement de parties les unes sur les autres, le corps se comprime, l'étendue des points de contact augmente, et l'étendue du champ d'élasticité devient plus grand. Cepen-

dant, comme ces parties intégrantes ont une figure déterminée, l'étendue des points de contact ne peut augmenter que
jusqu'à un certain degré, au-delà duquel ce corps se rompt;
c'est ce qui explique les effets détaillés dans l'article qui précède. Ce qui prouve encore qu'il faut distinguer la cause de
l'élasticité, de l'adhérence, c'est que l'on peut faire varier la
cohérence à volonté par le degré de recuit, sans altérer pour
cela l'élasticité. C'est ainsi que lorsque je faisais recuire à blanc
mon fil de cuivre, n° 1, des expériences précédentes, il perd-
dait une grande partie de sa force de cohérence; avant d'être
recuit, il portait, au point de rupture, 22 livres, et après le
recuit il portait à peine 12 à 14 livres; mais quoique l'adhérence fût presque diminuée de moitié par le recuit, et que
l'amplitude d'élasticité fût presque diminuée dans la même
proportion, cependant, dans toute l'étendue de réaction élastique qui restait au fil recuit, l'élasticité était la même, à angle
égal de torsion, que dans le même fil non recuit, puisqu'en
suspendant à l'un et à l'autre le même poids, le temps d'un
même nombre d'oscillations était exactement égal dans les
deux cas.

XXXII.

Un effet assez curieux du rapprochement des parties dans
la torsion des fils de métal, c'est celui qui a lieu lorsque l'on
tord un fil de fer qui, par cette seule opération, acquiert par
le rapprochement des parties, la qualité de prendre le magnétisme à un plus haut degré qu'il ne l'avait auparavant.
Voici ce que l'expérience m'a appris à ce sujet : J'ai pris un
fil de fer, tel qu'on les trouve répandus dans le commerce,
de la grosseur de ceux qui servent pour les petites sonnettes;
une longueur de six pouces, pesait 57 grains; ce fil de six

pouces, aimanté et suspendu horizontalement par un fil de soie détordu et très fin, faisait une oscillation en 18 secondes; ce même fil de six pouces de longueur, tordu jusqu'au point de rupture, et aimanté comme la première fois à saturation, par la méthode de la double touche, faisait une oscillation en 6 secondes; en sorte que le *momentum* de la force directrice pour deux aiguilles égales et semblables, étant comme l'inverse du carré du temps d'un même nombre d'oscillations, le *momentum* magnétique de l'aiguille tordue était neuf fois plus considérable que celui de l'aiguille non tordue. J'aurai occasion de revenir sur cet article dans un autre Mémoire.

XXXIII.

Pour confirmer toute la théorie qui précède, relativement à la cohérence et à l'élasticité, j'ai fait l'expérience suivante.

L'on a fixé (*fig.* 35), au moyen d'une agrafe CD, avec une vis V, une lame d'acier AB, sur le bord d'une table très solide; cette lame était prise et serrée, dans sa partie A*a*, entre deux plaques de fer E et F, par la vis V; cette lame avoit 11 lignes de large, et demi-ligne d'épaisseur; depuis le point *a* jusqu'au point B, où était suspendu le poids P, il y avait sept pouces de distance; l'on mesurait sur la règle verticale *rg*, de combien le poids P faisait baisser la lame AB à son extrémité B. Voici le détail des résultats qui ont eu lieu suivant les différens poids dont la lame était chargée.

L'on a fait rougir la lame à blanc, et on lui a donné une trempe très roide; ensuite l'on a attaché en B à sept pouces du point *a*, différens poids. L'extrémité B a baissé,

Avec un poids d'une demi-livre, de......... 8 lignes.
Avec un poids d'une livre, de............. 15½.
Avec un poids d'une livre et demie, de.... 23 +

L'on a pris cette même lame, on l'a fait chauffer jusqu'à ce qu'elle eût pris la couleur violette, et qu'elle fût revenue à la consistance d'un excellent ressort; et l'on a trouvé également, qu'en la chargeant comme la première, l'extrémité B a baissé,

Avec ¼ livre, de .... 8 lignes.
Avec 1 livre, de .... 15½ +.
Avec 1½ livre, de .... 23 +.

Enfin l'on a fait rougir cette même lame à blanc, on l'a laissée refroidir très lentement, et l'on a eu, en chargeant l'extrémité B, exactement les mêmes résultats que dans les deux expériences qui précèdent.

Il nous paraît que ces trois expériences prouvent d'une manière incontestable, que dans quelque état que se trouve la lame, les premiers degrés de sa force élastique ne sont nullement altérés ; puisqu'en tenant compte du bras de lévier, qui diminue à mesure que la lame est chargée, les mêmes poids la fléchissent dans les trois états également et proportionnellement à la charge; que lorsqu'on ôte ces poids, elle reprend exactement sa première position horizontale.

J'ai voulu voir ensuite quelle était la force de cette lame dans ces trois états différens ; et dans le cas où le centre de flexion commencerait à se déplacer, quel serait le degré de flexion où la lame commencerait à être pliée sans revenir à sa première position. Voici le résultat de cette expérience.

J'avais fait tirer d'une planche de tôle d'acier d'Angleterre, trois lames exactement semblables à celle de l'expérience qui précède : une de ces lames avait été trempée très roide, la seconde était revenue à la consistance d'un excellent ressort, et la troisième avait été recuite à blanc, et refroidie lentement. J'attachais (*fig.* 35) un peson en *d* à 2 pouces ½ de

distance du point a, et j'avais soin d'exercer la traction toujours perpendiculairement à la direction de la lame. Voici ce
que l'on a observé.

La lame trempée très roide se rompait sous une traction de
six livres; mais sous quelque angle qu'elle fût fléchie, au-
dessous de celui de rupture, elle reprenait exactement sa première position. La lame revenue couleur violette, formant
un excellent ressort, ne se rompait que sous une traction de
dix-huit livres; elle se pliait jusqu'au point de rupture d'un
angle à peu près proportionnel à l'angle de torsion, et sous
quelque angle qu'elle fût fléchie avant celui de rupture,
lorsqu'on la lâchait, elle reprenait sa première position. La
lame recuite à blanc et refroidie lentement se pliait jusqu'à
une traction de cinq à six livres, proportionnellement à cette
force de traction et d'un angle absolument égal sous la même
force que dans l'état de trempe et de ressort; mais en tirant
ensuite toujours perpendiculairement à la direction de la lame,
pour conserver le même levier, avec une force de sept livres,
on la pliait sous tous les angles, sans qu'il fût besoin d'augmenter cette force : en la lâchant, elle se relevait seulement
de la quantité dont elle avait été primitivement fléchie par
une traction de six livres; en sorte que l'angle de réaction de
flexion se trouvait changé de tout l'angle dont on l'avait fléchi
avec une force plus grande que sept livres.

Ces dernières expériences nous ramènent aux mêmes résultats que celles qui ont précédé. Il est clair que pour avoir
une idée de ce qui arrive dans la flexion des métaux, il faut
distinguer la force élastique des parties intégrantes, de la force
d'adhérence qui réunit ces parties entre elles : la force élastique dépend, comme nous l'avons déjà dit, de la compression
ou dilatation que les parties intégrantes éprouvent, et est tou-

jours proportionnelle aux tractions. Ces parties intégrantes
ne sont altérées ni par la trempe ni par le recuit, puisque
nous venons de voir que dans ces différens états l'élasticité
est la même sous les mêmes degrés de flexion ; mais ces parties intégrantes ne sont liées entre elles que par un certain
degré d'adhérence qui dépend probablement de leur figûre
et de la portion respective des différens fluides dont leurs
pores sont remplis, ce qui varie suivant la trempe et le recuit.
Dans l'acier trempé roide, et dans les bons ressorts, les molécules intégrantes ne peuvent ni glisser l'une sur l'autre, ni
éprouver le moindre déplacement, sans que le corps ne se
rompe ; mais dans les corps ductiles, dans les métaux recuits,
ces parties peuvent glisser l'une sur l'autre, et se déplacer,
sans que l'adhérence en soit sensiblement altérée.

Ce que nous venons d'expliquer pour les métaux paraît
pouvoir s'appliquer à tous les corps ; leurs parties sont toujours d'une parfaite élasticité, mais les corps sont durs, mous
ou fluides, suivant l'adhérence de ces parties intégrantes. Si
dans les corps durs elles peuvent glisser l'une sur l'autre, sans
que leur distance soit sensiblement altérée, le corps sera
ductile ou malléable ; mais si elles ne peuvent pas glisser l'une
sur l'autre, sans que leur distance respective soit sensiblement altérée, le corps se rompra lorsque la force avec laquelle
le corps sera tiré ou comprimé sera égale à l'adhérence.

RÉSULTAT

DE PLUSIEURS EXPÉRIENCES

Destinées à déterminer la quantité d'action que les hommes peuvent fournir par leur travail journalier, suivant les différentes manières dont ils emploient leurs forces.

1. LE corps humain, composé de différentes parties flexibles, mues par un principe intelligent, se plie à une infinité de formes et de positions : considéré sous ce point de vue, c'est presque toujours la machine la plus commode que l'on puisse employer dans les mouvemens composés, qui demandent des nuances et des variations continues dans les degrés de pression, de vitesse et de direction.

Quoique la force des hommes soit très bornée, on l'emploie quelquefois de préférence à celle des animaux, même dans des mouvemens simples et uniformes, parce que dans quelques circonstances il est facile de suppléer par le nombre à ce qu'il manque de force à chaque individu ; parce qu'ils occupent, à effet égal, souvent moins de place que les autres agens ; parce qu'ils peuvent toujours agir par des machines plus simples et plus faciles à transporter que celles où l'on emploie les animaux ; parce qu'enfin leur intelligence leur fait économiser leurs forces, modérer leur travail, suivant les résistances qu'ils ont à vaincre.

2. Il y a deux choses à distinguer dans le travail des

hommes ou des animaux : l'effet que peut produire l'emploi de leurs forces appliquées à une machine, et la fatigue qu'ils éprouvent en produisant cet effet. Pour tirer tout le parti possible de la force des hommes, il faut augmenter l'effet sans augmenter la fatigue; c'est-à-dire qu'en supposant que nous ayons une formule qui représente l'effet, et une autre qui représente la fatigue, il faut, pour tirer le plus grand parti des forces animales, que l'effet divisé par la fatigue soit un *maximum*.

3. L'effet d'un travail quelconque a sûrement pour mesure un poids équivalent à la résistance qu'il faut vaincre, multiplié par la vitesse et par le temps que dure l'action; ou, ce qui revient au même, le produit de cette résistance, multiplié par l'espace que cette résistance aura parcouru dans un temps donné : car l'on voit évidemment qu'il résulte le même effet, soit qu'on élève dix kilogrammes à un mètre, ou un kilogramme à dix mètres, puisqu'en dernière analyse c'est toujours un poids d'un kilogramme élevé dix fois à la hauteur d'un mètre.

Mais de quelque nombre de roues ou de leviers qu'une machine soit composée, si un poids en entraîne un autre d'un mouvement uniforme, le poids tombant, considéré comme puissance, multiplié par l'espace qu'il parcourt, est, dans la théorie, égal au poids élevé, multiplié par la hauteur dont il s'élève; cette dernière quantité représente l'effet. Ainsi, dans la pratique, l'effet altéré par les frottemens, les chocs, et tous les inconvéniens des machines, est toujours inférieur à un poids équivalent à la puissance multipliée par l'espace qu'elle a parcouru.

4. Nous venons de voir que l'effet d'une machine a

toujours pour mesure un poids élevé, multiplié par la hauteur à laquelle il est élevé. À présent, pour pouvoir comparer l'effet avec la fatigue que les hommes éprouvent en produisant cet effet, il faut déterminer la fatigue qui répond à un certain degré d'action. J'appelle action la quantité qui résulte de la pression qu'un homme exerce, multipliée par la vitesse et le temps que dure cette action; quantité, comme l'on voit, qui peut être représentée par un poids qui tombe d'une certaine hauteur dans un temps donné; et si, en produisant cette quantité d'action, l'homme éprouve toute la fatigue qu'il peut soutenir chaque jour sans dérangement dans son économie animale, cette quantité d'action mesurera l'effet qu'il peut produire dans un jour, ou, si l'on veut, le poids qu'il peut élever à une certaine hauteur dans un jour. Ainsi toute la question se réduit à chercher quelle est la manière dont il faut combiner entre eux les différens degrés de pression, de vitesse et de temps, pour qu'un homme, à fatigue égale, puisse fournir la plus grande quantité d'action.

Daniel Bernoulli, qui a discuté cette question, en ayant égard à la plus grande partie de ses élémens, dit que la fatigue des hommes est toujours proportionnelle à leur quantité d'action; en sorte qu'en n'outre-passant pas leurs forces naturelles, l'on peut faire varier à volonté la vitesse, la pression et le temps, et que, pourvu que le produit de ces trois quantités soit une quantité constante, il en résultera toujours pour l'homme un même degré de fatigue.

Il ajoute que de quelque manière que l'homme emploie ses forces, soit en marchant, soit en tirant, soit sur une manivelle, soit sur la corde d'une sonnette en élevant un mouton pour battre les pilots, soit enfin d'une manière quelconque, il produira, avec le même degré de fatigue, la même quan-

33

tité d'action, et par conséquent le même effet. Il évalue le travail journalier des hommes, dans tous les genres de travaux, à un poids de 1728000 livres élevées à un pied, ce qui revient à 274701 kilogrammes élevés à un mètre. (*Prix de l'Académie*, tome VIII, page 7.)

Désaguilliers, et la plupart des auteurs qui ont eu besoin, dans le calcul des machines, d'évaluer l'action des hommes, ont adopté à peu près les mêmes résultats : tous ces auteurs citent des expériences; mais j'observerai que la plus grande partie des expériences qu'ils citent n'ont duré que quelques minutes, et que des hommes peuvent, pendant quelques minutes, fournir une quantité d'action à laquelle ils ne résisteraient pas une heure par jour : ainsi on n'en peut rien conclure.

5. Quoique, comme on le verra par la suite, la fatigue ne soit pas proportionnelle à la quantité d'action, ainsi que le veut le célèbre D. Bernoulli; quelle que soit cependant la formule qui représente la fatigue, elle doit être nécessairement une fonction de la pression qu'ils exercent, de la vitesse du point de pression, et du temps du travail. Ainsi il doit y avoir dans cette formule une combinaison de ces trois quantités, telle, qu'à fatigue égale, l'on ait le *maximum* d'action, et par conséquent le plus grand effet que les hommes peuvent produire en un jour.

Cette combinaison est différente, comme on le verra par la suite, suivant les différentes manières dont l'homme emploie ses forces : de là résulte cette conséquence, que, comme dans tout travail l'on doit tendre à fournir le plus grand effet, la quantité qui exprime le *maximum* d'action relativement à la fatigue, doit être l'objet principal des recherches qui vont suivre. Cette quantité est d'autant plus intéressante à déterminer, que, d'après la théorie *de maximis et minimis*, lorsqu'elle sera connue, l'on pourra faire varier sensiblement les élémens qui la composent, c'est-à-dire la vitesse, la pression et le temps, sans augmenter sensiblement la fatigue.

De la quantité d'action que les hommes peuvent fournir lorsqu'ils montent, pendant une journée de travail, une rampe ou un escalier, avec un fardeau ou sans fardeau.

6. Lorsque nous montons les escaliers de nos maisons, si nous n'avons pas à nous élever au-delà de 20 à 30 mètres, nous pouvons monter à raison de 14 mètres par minute. Pour calculer, d'après cette expérience, la quantité d'action fournie par un homme, dans ce genre de travail, pendant une minute, il faut multiplier le poids de l'homme par la hauteur à laquelle il s'est élevé. Le poids moyen d'un travailleur peut être supposé de 70 kilogrammes; ainsi, la quantité d'action qu'il fournit pendant une minute, a pour mesure 70 kilogrammes multipliés par 14 mètres, ou, ce qui revient au même, 980 kilogrammes élevés à un mètre de hauteur.

Si l'on suppose qu'un homme peut soutenir ce travail quatre heures par jour, la quantité d'action journalière aurait pour mesure un poids de 235200 kilogrammes élevés à un mètre de hauteur. Mais la supposition de quatre heures de travail effectif par jour est absolument hypothétique; lorsqu'on ne doit monter qu'à 15 ou 20 mètres de hauteur, on peut fournir ce degré d'action, et même un beaucoup plus considérable; mais s'il faut s'élever au-delà de 30 à 40 mètres, l'on se sent forcé de diminuer de vitesse et de ralentir son mouvement.

J'ai souvent vu monter des hommes, sans aucune charge, à 150 mètres de hauteur, par un escalier taillé dans le roc, mais assez commode, et j'ai trouvé qu'ils employaient 20 minutes à s'élever à cette hauteur; j'ai voulu les engager à monter dix-huit fois cet escalier dans la journée; ce qui n'exigeait, d'après mon calcul, que six heures de travail effectif. Comme je ne voulais et que je ne devais, d'après l'objet que je me proposais, leur donner que le prix d'une journée, ne voulant pas les engager à un travail forcé, je n'ai pas pu les déterminer à une promenade qui leur paraissait aussi fatigante que ridicule.

Je commençais à désespérer de pouvoir me procurer la mesure de la quantité d'action que les hommes peuvent fournir dans ce genre de travail, lorsque je me suis souvenu que notre confrère, M. Borda, avait corrigé, par des opérations géométriques très précises, les mesures fautives que nous avions avant lui de la hauteur du pic de Ténériffe. Voici ce qu'il a bien voulu me communiquer, et qui est affirmé par un procès-verbal signé par tous ceux qui ont coopéré à son travail.

L'on monte le pic de Ténériffe en deux jours; le premier jour à 2923 mètres : cette première journée peut se faire à cheval; mais le second jour l'on ne monte qu'à 857 mètres, autant avec les mains qu'avec les pieds, sur des pierres et des scories qui roulent sous les pieds et vous entraînent à chaque pas; il faut même, pour gravir les cent derniers mètres, se soutenir avec des cordes. Après avoir visité le sommet du pic, l'on redescend coucher à la station de la veille. Nous ne pouvons, d'après ce détail, nous servir, pour évaluer le travail journalier des hommes, que du chemin parcouru dans la première journée.

M. Borda a voyagé la première journée à cheval, ainsi que tous les officiers de son vaisseau; mais il y avait huit hommes à pied qui l'accompagnaient; trois guides, deux hommes portant les boussoles, les baromètres et les thermomètres; il estime la charge de chacun de ces hommes à 7 à 8 kilogrammes; deux hommes menaient des chevaux chargés; et le huitième était un voyageur, fils de M. Lalouette, médecin de Paris. Lorsque les hommes à pied ont été arrivés ils sont encore redescendus une cinquantaine de mètres pour chercher du bois afin de pouvoir allumer du feu; ce qui prouve qu'ils n'étaient pas excédés de fatigue. Les 2923 mètres ont été montés par les huit hommes depuis neuf heures du matin jusqu'à cinq heures et demie; sur quoi il y a eu une halte de trois quarts d'heure pour dîner; ainsi, il n'y a eu que sept heures trois quarts de travail effectif. Il faut remarquer que la plupart de ces hommes étaient des marins peu habitués à des marches forcées.

7. Si nous supposons que les hommes à pied ont consommé, en montant à cette hauteur, toute la quantité d'action qu'ils peuvent fournir dans une journée, il faudra pour avoir cette quantité, multiplier leur poids, que nous avons évalué à 70 kilogrammes, par 2923 mètres, hauteur à laquelle ils sont montés le premier jour, ce qui donne une quantité équivalente à 204610 kilogrammes élevés à un mètre; mais il faut remarquer que la rampe très irrégulière qu'ils parcouraient devait beaucoup plus fatiguer les hommes que s'ils étaient montés par un escalier commode; que cette rampe avait plus de 20000 mètres de longueur horizontale, au lieu qu'un escalier commode, qui aurait monté à 2923 mètres, n'aurait eu de largeur de marches que 8 à 9000 mètres, ce qui a nécessai-

rement fait consommer inutilement une partie de l'action. Mais, comme en montant une rampe ou un escalier il y a une combinaison du mouvement horizontal et du mouvement vertical, qui pourrait être sujette à discussion, je me contenterai de supposer que les hommes qui montent un escalier commode, quelqu'habitués qu'ils soient à ce genre de travail, ne peuvent s'élever qu'à la hauteur de 2923 mètres, comme l'expérience nous le donne pour les hommes qui ont gravi le pic de Ténériffe, sur une rampe irrégulière, et où leurs pieds n'étaient pas posés commodément; d'où il résulte, comme nous l'avons déjà trouvé, une quantité d'action que l'on peut évaluer en nombre rond à 205 kilogrammes élevés à un kilomètre.

Quoique, d'après toutes les observations répandues dans cet article, il soit probable que cette quantité d'action de 205 kilogrammes élevés à un kilomètre est trop faible pour exprimer la quantité de travail journalier que peut fournir un homme habitué à ce genre de travail, et montant librement un escalier commode, sans aucune charge, cependant cette quantité d'action est si supérieure à toutes celles que le même homme peut fournir dans un travail journalier quelconque, en agissant avec ses bras, ou par un autre moyen, que j'aime mieux courir le risque de rester un peu au-dessous de la véritable valeur du genre de travail que je cherche ici à déterminer, que de risquer de la dépasser.

8. Nous venons d'évaluer à 205 kilogrammes élevés à un kilomètre, la quantité d'action journalière des hommes qui montent un escalier commode sans être chargés d'aucun fardeau; il faut actuellement chercher à comparer cette quantité d'action avec celle que les hommes peuvent fournir lorsqu'ils montent un fardeau.

J'ai fait souvent monter du bois de chauffage à 12 mètres de hauteur; je n'ai jamais pu parvenir à en faire monter, par le même homme, plus de six voies dans un jour : il m'a toujours dit qu'il lui serait impossible de continuer un pareil travail plusieurs jours de suite. Cet homme était d'une force un peu au-dessus de la force moyenne; je le payais à raison d'un franc par voie.

Je puis donc regarder les six voies de bois comme le plus grand fardeau que les hommes puissent élever à 12 mètres de hauteur dans un jour. Ainsi, je n'ai plus qu'à comparer la quantité d'action que fournit un homme qui monte un escalier sans charge, avec celle d'un homme qui élève dans la journée un pareil fardeau.

La voie de bois pesait moyennement 734 kilogrammes; l'homme la montait en onze voyages; en dix voyages les premières voies, en douze les dernières; il montait à chaque voyage 66,7 kilogrammes; l'on peut supposer 68, à cause du poids des crochets. Ajoutons à cette charge le poids du corps de l'homme, que nous avons supposé de 70 kilogrammes, nous aurons, pour la quantité d'action fournie dans chaque voyage, 138 kilogrammes élevés à 12 mètres; et comme le porteur faisait dans la journée soixante-six voyages, l'on aura, pour la quantité d'action fournie dans la journée, les trois nombres 138, 66 et 12 multipliés ensemble, ou, ce qui revient au même, 109 kilogrammes élevés à un kilomètre.

Nous avons vu, dans l'article qui précède, qu'un homme qui n'est chargé d'aucun fardeau, peut, dans sa journée, élever 205 kilogrammes à un kilomètre; ainsi, la quantité d'action journalière des hommes qui montent naturellement un escalier, est à celle de l'homme chargé de 68 kilogrammes, comme 188 est à 100; rapport que, d'après les observations qui précèdent, je crois trop faible; on s'éloignera peu de la vérité en supposant que deux hommes montant sous une pareille charge, peuvent fournir la même quantité d'action qu'un seul sans fardeau. Ce résultat, où je crois avoir évalué trop bas, comparativement, la quantité d'action fournie par les hommes qui montent librement un escalier, avec celle de l'homme chargé, est contraire à l'assertion de D. Bernoulli, et de presque tous les auteurs qui l'ont suivi, qui disent que, pourvu que les charges ne dépassent pas les forces des animaux, la quantité d'action journalière sera toujours une quantité constante.

J'ai demandé aux différens hommes qui ont monté mon bois, quel était le plus grand travail de ce genre qu'ils pouvaient fournir dans un jour. Celui qui passait pour le plus fort de ses camarades, m'a dit avoir monté une fois dix-sept voies de bois dans un jour, à un premier étage, dont il estimait la hauteur à cinq mètres; qu'il avait été ensuite deux jours sans pouvoir travailler.

Si nous soumettons au calcul le travail de cet homme, nous trouvons, d'après sa reponse, qu'il a dû faire 187 voyages; que la quantité d'action qu'il a fournie est équivalente à un poids de 129 kilogrammes élevés à un kilomètre. Quoique cette quantité d'action réponde à une fatigue journalière qu'un homme très fort peut à peine soutenir, elle n'est cependant à la quantité d'action de l'homme qui monte un escalier avec une fatigue sûrement beaucoup moindre, que dans le rapport de 129 a 205, ou à peu près comme 10 est à 16.

9. Dans le calcul, je n'ai pas eu égard à la quantité d'action que les hommes consomment en descendant l'escalier; mais, comme dans cette descente ils ne parcouraient guère

que 1800 mètres, et que, d'après leur aveu même, il ne paraît pas qu'il soit beaucoup plus fatigant de descendre que de marcher sur un terrain horizontal, où un homme, dans une forte journée de travail, parcourt au moins 50000 mètres, la fatigue due à la descente ne peut pas être évaluée au-delà de la vingt-cinquième partie du travail journalier; et l'on peut d'autant plus la négliger, que la quantité d'action journalière de l'homme qui monte le bois est probablement trop forte, relativement à celle de l'homme qui monte librement et sans charge.

10. Dans ce genre de travail il se présente une observation intéressante, relative à l'effet utile du travail. Lorsque l'homme monte un fardeau, il monte son propre poids avec le fardeau; et comme, à chaque voyage, il redescend à vide, il n'y a d'effet utile dans la quantité d'action qu'il fournit, que le transport du fardeau. Mais il résulte de ce qui précède, qu'à mesure que le fardeau augmente, la quantité totale d'action journalière diminue; en sorte qu'elle serait nulle si un homme était chargé de 150 kilogrammes, poids sous lequel il pourrait à peine se mouvoir; d'un autre côté, s'il montait sans fardeau, quoique pour lors la quantité d'action journalière soit le *maximum* de toutes les quantités d'action qu'il peut fournir par son travail journalier, le fardeau étant nul, l'effet utile le serait aussi. Ainsi, entre ces deux limites d'action, il doit y avoir pour le poids de la charge, une valeur telle, que l'effet utile que fournira le travail journalier, soit un *maximum*; il est intéressant de déterminer cette valeur.

Pour y réussir d'une manière exacte, il faudrait avoir une ormule qui représentât la quantité d'action journalière que

34

les hommes peuvent fournir sous différentes charges, mais, dans la pratique, l'on peut se contenter d'une formule approchée; et la plus simple, pourvu qu'elle donne une diminution continue à mesure que la charge augmente, et qu'elle s'accorde avec les poids qui servent de limite au *maximum* et au *minimum* d'action, qu'elle comprenne de plus une valeur intermédiaire fournie par l'expérience, donnera, presque à coup sûr, des erreurs moins grandes que les différences qui résulteraient de deux expériences faites à différens jours. Il sera facile, en nous conformant à cette observation, de déterminer la charge qui donne le *maximum* d'effet utile.

11. Lorsqu'un homme monte librement un escalier, nous avons vu qu'en négligeant les fractions, dont il est inutile de tenir compte dans une recherche de ce genre, sa quantité d'action journalière a été représentée par 205 kilogrammes élevés à un kilomètre; mais que lorsqu'il porte une charge de 68 kilogrammes, sa quantité d'action journalière a été représentée par 109 kilogrammes élevés à un kilomètre. Ainsi, en retranchant ce second nombre du premier, nous trouverons qu'un fardeau de 68 kilogrammes a diminué la quantité d'action qu'un homme fournit lorsqu'il monte librement un escalier, de 96 kilogrammes élevés à un kilomètre.

Il paraît à présent que nous pouvons supposer, sans grande erreur, dans une question du genre de celle qui nous occupe, que les quantités d'action perdues sont proportionnelles aux charges; et pour lors, si nous nommons P une charge quelconque, nous aurons la quantité d'action que cette charge fait perdre, en faisant $68 : 96 :: P :$ la quantité d'action perdue, qui est par conséquent égale à $\frac{96}{68} P = 1,41 P$, ou 1,41 kilomètre multiplié par P.

Ainsi, comme la quantité d'action que l'homme fournit en montant librement un escalier est de 205 kilogrammes élevés à un kilomètre, nous aurons, pour la quantité d'action journalière qu'il peut fournir sous la charge P, la formule $205 - 1,41$ P. Ici 205 représente 205 kilogrammes élevés à un kilomètre, et 1,41 représente un kilomètre 41 centièmes, hauteur où est élevé le poids P.

Si h est supposé la hauteur à laquelle l'homme chargé du poids P peut s'élever par son travail journalier, Ph sera l'effet utile du travail, et $(70 + P)h$ sera la quantité totale d'action fournie par l'homme, dont la pesanteur est de 70 kilogrammes, qu'il élève en même temps que le poids P. Ainsi, nous avons l'égalité

$$(70 + P)h = 205 - 1,41\,P;$$

d'où résulte, pour l'effet utile,

$$Ph = \frac{(205 - 1,41P)}{70 + P}P.$$

Faisant $205 = a$, $1,41 = b$, $70 = Q$, nous aurons

$$Ph = \frac{(a - bP)P}{Q + P},$$

quantité dans laquelle, pour avoir le *maximum* de Ph, il faut faire varier P, et la différence de la quantité qui représente Ph égale à zéro; il en résultera, pour la valeur de P,

$$P = Q\left[\left(1 + \frac{a}{bQ}\right)^{\frac{1}{2}} - 1\right].$$

En substituant les valeurs numériques de a, b, Q, nous trouverons $P = 0{,}754 \times Q = 53$ kilogrammes.

12. Si, dans la formule $Ph = \frac{(205 - 1,41P)P}{70 + P}$, qui représente l'action utile, je substitue à la place de P, 53 kilogrammes,

j'aurai $Ph = 56$ kilogrammes élevés à un kilomètre. Ainsi, ce genre de travail où les hommes montent des fardeaux, et redescendent ensuite pour prendre une nouvelle charge, ne fournit en travail utile que 56 kilogrammes élevés à un kilomètre, tandis que l'homme montant librement fournit une quantité d'action journalière qui a pour mesure 205 kilogrammes élevés à un kilomètre. Il en résulte que ce genre de travail fait consommer inutilement presque les trois quarts de l'action des hommes, et coûte par conséquent quatre fois plus qu'un travail où, après avoir monté un escalier sans aucune charge, ils se laisseraient retomber par un moyen quelconque, en entraînant et élevant un poids d'une pesanteur à peu près égale au poids de leur corps. Ainsi, ce genre de travail, quoique très en usage surtout dans les villes, ne doit jamais être employé dans des ateliers qui exigent de la célérité, de l'économie et un travail continu.

Pour vérifier si la supposition que nous avons faite de la diminution de la quantité d'action proportionnelle aux charges, peut donner des erreurs sensibles dans la pratique, il faut voir si la quantité d'action que l'homme peut fournir dans une journée déterminée d'après la formule $(205 - 1{,}41\,P)$, donnera, au point où elle devient 0 (parce que l'homme est chargé du plus grand poids qu'il puisse porter), une quantité approchée de celle fournie par l'expérience. Faisant donc $205 - 1{,}41\,P = 0$, nous aurons $P = 145$ kilogrammes, poids effectivement le plus grand qu'un homme d'une force moyenne puisse porter à une très petite distance.

Ainsi il paraît, d'après ce résultat, que la formule que nous avons tirée de l'expérience pour déterminer le *maximum* de l'effet utile que peuvent fournir les hommes en montant un escalier sous une charge quelconque, répond en même temps aux deux limites, c'est-à-dire, au *maximum* d'action totale de l'homme montant librement et sans charge, au *minimum* d'action lorsque l'homme est chargé d'un poids si considérable qu'il ne peut plus se mouvoir, et à une quantité intermédiaire de 68 kilogrammes fournie par l'expérience, charge ordinaire des hommes qui montent des fardeaux.

13. Revenons à l'examen du *maximum* de l'effet utile. Nous venons de trouver que pour qu'un homme fournisse cet effet, il faut qu'à chaque voyage il ne porte que 53 kilogrammes; nous avons cependant vu qu'il se chargeait, dans notre expérience, de 68 kilogrammes à chaque voyage. Cette différence entre les résultats du calcul et l'expérience mérite que nous cherchions à en développer les causes.

La première chose qu'il faut déterminer, c'est la différence qui résulte, pour l'effet utile du travail, de la substitution d'un poids de 68 kilogrammes à la place d'un poids de 53 kilogrammes donnés par la formule qui représente la quantité utile de l'action.

D'après l'expérience *art.* 8, le travailleur a fait soixante-six voyages. A chaque voyage il montait à 12 mètres de hauteur un fardeau de 68 kilogrammes; ce qui donne, pour la quantité d'action utile, $12 \cdot 66 \cdot 68 = 53,86$ kilogrammes élevés à un kilomètre. Nous avons trouvé, article précédent, que lorsque la charge est de 53 kilogrammes, l'effet utile est un *maximum*, et que sa valeur est de 56 kilogrammes élevés à un kilomètre; quantité qui n'est guère que d'une vingt-sixième partie plus grande que celle que fournit l'homme chargé de 68 kilogrammes.

L'on conçoit, d'après cette comparaison, que les travailleurs qui exécutent ces sortes de travaux ne peuvent avoir aucune idée d'une si petite différence, tandis qu'ils ont intérêt, pour être associés par leurs camarades à des entreprises lucratives, de passer pour très forts; d'ailleurs, ce qui leur doit faire illusion, c'est qu'ils diminuent le nombre des voyages en augmentant chaque charge particulière.

Si l'on veut se convaincre de la vérité de ces motifs, il n'y a qu'à demander aux plus forts travailleurs de ce genre, ceux qui se vantent de monter une voie de bois à 12 mètres de hauteur en sept à huit voyages, s'ils peuvent monter les six voies en quarante-huit voyages; ils avoueront tous que cela n'est pas possible, et que lorsque ce travail doit durer une partie considérable de la journée, il faut nécessairement diminuer les charges, augmenter le nombre des voyages à proportion; qu'autrement l'on serait bientôt excédé de fatigue.

Comparaison de la quantité d'action que les hommes peuvent fournir lorsqu'ils voyagent dans un chemin horizontal, avec une charge ou sans charge.

14. Lorsque les hommes voyagent pendant plusieurs jours et sans aucune charge, ils peuvent parcourir facilement dans leur journée 50 kilomètres. Si je suppose leur poids moyen de 70 kilogrammes, comme je l'ai déjà fait dans les articles qui précèdent, la quantité d'action qu'ils fournissent sera représentée par 70 kilogrammes multipliés par 50 kilomètres, ou, ce qui revient au même, par 3500 kilogrammes transportés à un kilomètre.

Pour pouvoir à présent comparer la quantité d'action journalière que l'homme peut fournir lorsqu'il voyage sans fardeau, avec la quantité d'action que fournit le même homme lorsqu'il voyage avec un fardeau, voici comment je m'y suis pris.

J'ai proposé à différens porte-faix de porter des meubles d'un logement dans un autre, à une distance de 2 kilomètres, en se chargeant, à chaque voyage, d'un poids de 58 kilogramm.: ils m'ont tous dit que tout ce qu'ils pourraient faire était six voyages dans la journée, et qu'il serait impossible qu'ils soutinssent pendant deux jours de suite un pareil travail. Aucun d'eux n'a voulu l'entreprendre à moins de 12 à 15 décimes par voyage.

Si nous établissons notre calcul sur ces données, nous trouverons, en joignant le poids de l'homme, qui est 70 kilogrammes, avec la charge, qui est de 58 kilogrammes, que le poids transporté à 2 kilomètres chaque voyage est 128 kilogrammes. Ainsi, pour avoir la quantité d'action fournie dans les six voyages, il faut multiplier 128 kilogrammes par 12 kilomètres, quantité qui équivaut à 1536 kilogrammes transportés à un kilomètre.

Mais, pour avoir la quantité totale du travail journalier, il faut ajouter à cette première quantité la fatigue qui résulte des 12 kilomètres que les hommes parcourent en revenant chercher une nouvelle charge. Comme ici ils n'ont plus de fardeau, et que les hommes, dans une journée, peuvent parcourir 50 kilomètres, ils consomment dans ce retour à peu près la quatrième partie de leur action journalière; et les 1536 kilogrammes portés à un kilomètre, qui représentent la partie de leur travail lorsqu'ils sont chargés, font les trois quarts du travail journalier. Ainsi le travail ou la quantité d'action que les hommes peuvent fournir dans une journée, sous une charge de 58 kilogrammes, peut être évalué à une quantité équivalente à 2048 kilogrammes transportés à un kilomètre.

D'où il résulte que la quantité d'action journalière que les hommes peuvent fournir lorsqu'ils marchent librement, est à celle qu'ils peuvent fournir lorsqu'ils sont chargés de 58 kilogrammes, comme 3500 est à 2048, approchant comme 7 est à 4.

15. J'ai ensuite interrogé plusieurs colporteurs, pour savoir quel était le plus grand poids qu'ils portaient dans leurs voyages, et quelle longueur de chemin ils pouvaient parcourir dans une journée avec ce poids. Le résultat moyen de la réponse de ceux qui me paraissaient les plus forts, a été que, chargés de 44 kilogrammes, tout le chemin qu'ils pouvaient faire dans la journée était de 18 à 20 kilomètres.

Pour calculer la quantité totale d'action fournie d'après la réponse des colporteurs, il faut ajouter le poids de l'homme, qui est 70 kilogrammes, à sa charge, qui est de 44; ce qui donnera une masse de 114 kilogrammes transportés dans la journée à 19 kilomètres, ou, ce qui revient au même, 2166 kilogrammes transportés à un kilomètre. Nous avions trouvé, à l'article qui précède, d'après la demande des porte-faix, pour la quantité d'action journalière, 2048 kilogrammes transportés à un kilomètre, quantité un peu moindre que celle qui nous a été fournie par le travail des colporteurs; mais il faut observer que la charge des porte-faix était plus grande que celle des colporteurs; ce qui, d'après les résultats de l'expérience, fait nécessairement perdre une partie de l'action. L'accord qui se trouve entre ces deux résultats nous prouve que nous ne nous éloignerons pas beaucoup de la vérité, si nous supposons que sous une charge de 58 kilogrammes, les hommes, en voyageant dans un chemin horizontal, peuvent fournir par leur travail journalier une quantité d'action équivalente à un poids de 2000 kilogrammes transporté à un kilomètre.

Je prends ici un résultat approchant de celui fourni par les porte-faix, parce que j'ai presque toujours trouvé que les colporteurs accusent une charge un peu plus forte que celle qu'ils portent, que d'ailleurs leurs journées étant très irrégulières, ils ne peuvent avoir qu'une idée imparfaite de la quantité de leur travail journalier.

16. Il nous reste, d'après les expériences qui précèdent, à déterminer quelle doit être la charge de l'homme pour qu'à fatigue égale il puisse produire le plus grand effet utile. Cet effet se mesure par le fardeau transporté, multiplié par la distance à laquelle il est transporté; car ici, comme dans la question qui précède, la quantité d'action qu'exige le transport du corps de l'homme est absolument en pure perte pour l'effet utile du travail.

Commençons par déterminer la quantité d'action que le fardeau fait perdre; dans tout le reste nous suivrons la méthode que nous avons expliquée, aux articles qui précèdent, pour un homme qui monte un escalier.

Nous trouvons donc d'abord que lorsque les hommes voyagent librement et sans charge, ils peuvent parcourir 50 kilomètres; que pour lors ils fournissent dans leur travail journalier une quantité d'action équivalente à un poids de 3500 kilogrammes transporté à un kilomètre.

Nous trouvons en second lieu que lorsque les hommes sont chargés de 58 kilogrammes, ils fournissent par leur travail journalier une quantité d'action équivalente à un poids de 2000 kilogrammes transporté à un kilomètre. Ainsi la quantité d'action journalière que fait perdre une charge de 58 kilogrammes, est équivalente à un poids de 1500 kilogrammes transporté à un kilomètre.

35

Si à présent nous supposons, comme nous avons vu plus haut qu'il est possible de le faire dans une recherche de ce genre, que les pertes d'action sont proportionnelles aux charges ; en nommant P la charge, et x la quantité d'action que fait perdre cette charge, nous aurons $1500 : x :: 58 : P$, d'où

$$x = \frac{1500P}{58} = 25,86\,P.$$

Ainsi, la quantité d'action journalière que peut fournir un homme sous la charge P, est égale à la quantité d'action qu'il peut fournir sans charge, diminuée de la quantité d'action perdue en raison de la charge P ; ce qui donne, pour la quantité d'action journalière, $3500 - 25,86\,P$, dans laquelle 3500 représente 3500 kilogrammes multipliés par un kilomètre, et 25,86 représente des kilomètres.

17. Si nous cherchons d'après cette formule quel est le plus grand poids qu'un homme puisse porter, ou, ce qui revient au même, celui sous lequel il cesse d'agir, il faudra faire la quantité d'action $3500 - 25,86P = 0$; ce qui donne $P = 135,4$ kilogrammes, quantité qui est effectivement à peu près celle qu'un homme d'une force moyenne peut porter pendant très peu de temps. Cette quantité, qui donne la limite de l'action de l'homme dans ce genre de travail, et qui nous a été fournie par la supposition de la quantité d'action perdue proportionnelle à la charge, est une preuve certaine que cette supposition n'a pas pu nous faire commettre des erreurs considérables.

18. Il faut à présent déterminer quelle est la charge sous laquelle l'homme qui transporte des fardeaux peut fournir un *maximum* d'effet utile.

Supposons que sous la charge P, l'homme, dans son travail

journalier, parcoure l'espace l, sa quantité d'action journalière, en faisant $Q = 70$ kilogrammes, qui est le poids de son
corps, sera $(P + Q)l$; quantité qui doit être égale à. . . . . .
$(3500 - 25{,}86 P)$ qui représente la même quantité d'action
lorsque l'homme est chargé du poids P; ainsi l'on a

$$(P + Q) l = (3500 - 25{,}86 P);$$

d'où l'on tire

$$Pl = \frac{(3500 - 25{,}86P) P}{P + Q}.$$

Cette quantité Pl représente la charge multipliée par l'espace
qu'elle a parcouru, et par conséquent l'effet utile du travail.
C'est cette quantité qu'il faut différencier en faisant P variable et la différence égale à 0, pour avoir le plus grand effet
utile.

Si je suppose $3500 = a$, $25{,}86 = b$, il résultera de la
différence de cette quantité égale à 0, la même formule qu'à
l'article XI; $P = Q\left[\left(1 + \frac{a}{bQ}\right)^{\frac{1}{2}} - 1\right]$; dans laquelle égalité,
si nous substituons les nombres, nous aurons

$$P = 0{,}72 \times Q = 50{,}4 \text{ kilogrammes.}$$

19. Dans le genre de travail que nous soumettons ici au
calcul, il y a un cas particulier qui a presque toujours lieu
dans les transports qui se font dans les villes; c'est celui où
les hommes portant des charges, soit à dos, soit sur des
brancards, reviennent à vide chaque voyage pour chercher
une nouvelle charge. Il est nécessaire de déterminer dans ce
genre de travail quelle est la charge sous laquelle un homme
peut fournir le plus grand effet utile.

Si $l = 50$ kilomètres, longueur du chemin qu'un homme

peut parcourir dans un jour lorsqu'il n'est chargé d'aucun fardeau, en supposant toujours $Q = 70$ kilogrammes, poids de son corps, Ql sera la quantité d'action qu'il peut fournir dans la journée lorsqu'il ne porte aucun poids; mais s'il ne parcourt sans charge que l'espace x, plus petit que l, Qx sera seulement une portion de son travail journalier. Si l'on divise cette portion de travail par Ql, qui est le travail qu'il peut fournir dans la journée, $\frac{Qx}{Ql}$ ou $\left(\frac{x}{l}\right)$ sera la portion d'un travail journalier sans charge, dont l'unité est la totalité; car x devenant l, $\frac{x}{l}$ sera égal à l'unité.

Mais comme ici l'homme parcourt le même chemin x chargé et non chargé, et que lorsque l'homme est chargé du poids P, nous avons trouvé la quantité d'action qu'il peut fournir dans son travail journalier, égale à $3500 - 25,86P$; puisque la portion de l'action sous cette charge P est représentée par $(P + Q)x$, le rapport de cette quantité avec la quantité d'action journalière représentera la portion du travail journalier qu'il aura fournie sous cette charge. Ainsi, nous aurons, pour cette portion de travail, $\frac{(P+Q)x}{3500-25,86P}$; et comme la somme du travail de l'homme chargé, et du travail du même homme marchant librement, doit égaler le travail de la journée, nous aurons

$$\frac{x}{l} + \frac{(P+Q)x}{3500-25,86\,P} = 1.$$

Mais comme $Ql = 3500$, qui est la quantité qui résulte du poids de l'homme Q multiplié par le chemin l qu'il peut parcourir dans un jour lorsqu'il n'est chargé d'aucun fardeau, faisons $h = 25,86$ kilomètres; l'équation qui précède deviendra $Px = \frac{P(Ql^2 - hlP)}{2Ql + P(l-h)}$, où Px exprime la portion d'action qui

est égale à l'effet utile que l'homme peut fournir dans une journée de travail.

Il faut différencier la valeur de Px en faisant P variable,
et supposer la différence égale à o.

Pour simplifier, je fais $a = Ql^2$, $b = hl$, $c = 2Ql$, $f = l - h$;
ainsi $Px = \frac{aP - bP^2}{c + fP}$. En différenciant le second membre, la
différence égalée à o, nous aurons, en ordonnant la formule,

$ca - 2bcP - bfP^2 = 0$; d'où résulte $P = \frac{c}{f}\left[\left(1 + \frac{fa}{bc}\right)^{\frac{1}{2}} - 1\right]$.

En remettant les chiffres à la place des lettres, nous aurons

$$f = l - h = 24{,}14.$$
$$a = Ql^2 = 70.50^2 = 175\,000,$$
$$b = hl = 25{,}86.50,$$
$$c = 2Ql = 2.70.50 = 7000.$$

Ces valeurs substituées, nous tirerons P$= 61{,}25$ kilogrammes.

Ce fardeau est à très peu près celui que portent des hommes
d'une force moyenne lorsqu'ils sont obligés de faire dans une
journée plusieurs voyages à de grandes distances; ainsi il ne
doit pas rester de doute sur l'exactitude des élémens dont ce
résultat est déduit.

20. Si nous voulons avoir, d'après cette valeur de P$= 61{,}25$
kilogrammes, la quantité d'action utile que les hommes fournissent dans ce genre de travail, il faut substituer 61,25 à
la place de P dans la formule $\frac{aP - bP^2}{c + fP}$, qui représente Px, et
nous trouverons, d'après cette substitution, P$x = 692{,}4$ kilogrammes transportés à un kilomètre, qui représente la plus
grande quantité d'action utile ou d'effet qu'un homme peut
fournir dans sa journée.

En substituant dans la formule, à la place de P, 58 kilogrammes, poids dont nous avons d'abord supposé l'homme chargé, nous trouverions, pour la quantité d'action utile, $Px = 691$ kilogrammes transportés à un kilomètre.

Si nous supposions P égal à 65 kilogrammes, nous trouverions $Px = 690$ kilogrammes transportés à un kilomètre; ainsi l'on voit qu'une augmentation ou une diminution de charge de 4 à 5 kilogrammes ne produit que des différences insensibles dans le *maximum* d'effet utile.

Si nous voulions comparer la quantité d'action que l'homme fournit en marchant librement, avec la quantité d'effet utile qu'il peut produire dans ce genre de travail, nous trouverions qu'un homme marchant sans fardeau, pouvant produire une quantité d'action représentée par 3500 kilogrammes transportés à un kilomètre, tandis que l'effet utile a pour mesure 692,4 kilogrammes transportés à un kilomètre, ces deux quantités sont entre elles comme 505 est à 100, très approchant comme 5 est à 1; c'est-à-dire que dans ce genre de travail la quantité d'action employée utilement n'est que la cinquième partie de celle que peut fournir dans sa journée un homme qui marche sans fardeau.

21. Les quantités d'action que fournissent des hommes en montant un escalier, ne sont pas du même genre que celles des hommes qui marchent librement sur un terrain horizontal, parce que, dans le premier cas, ils sont obligés, à chaque pas, d'élever leur centre de gravité à la hauteur d'une marche, tandis que les hommes qui parcourent un chemin horizontal donnent à leur corps une vitesse parallèle au terrain; que cette vitesse n'est pas détruite par leur pesanteur, en sorte qu'ils n'ont à produire à chaque pas que le transport alter-

natif des jambes et l'élévation *très* peu considérable de leur centre de gravité, qui s'élève et retombe à chaque pas par un mouvement oscillatoire de 2 ou 3 millimètres; ce qui dépend principalement de l'art que les hommes acquièrent, lorsqu'ils voyagent souvent, d'élever très peu leur centre de gravité, et de le soutenir à peu près parallèlement au terrain sur lequel ils marchent.

Mais quoique ces deux genres d'action ne soient pas de la même nature, il n'en est pas moins curieux de chercher à comparer, à fatigue égale, la hauteur où un homme peut élever son centre de gravité, avec le chemin qu'il peut parcourir sur un terrain horizontal. Les résultats des calculs et des expériences qui précèdent vont nous fournir cette comparaison.

Lorsque les hommes montent sans aucun fardeau un escalier, leur quantité d'action journalière se mesure par 205 kilogrammes élevés à un kilomètre; lorsqu'ils parcourent un chemin horizontal, leur quantité d'action journalière se mesure par 3500 kilogrammes transportés à un kilomètre. Ces deux quantités sont à peu près entre elles comme 1 est à 17.

La hauteur ordinaire d'une marche d'escalier peut être supposée de·135 millimètres, sa largeur étant à peu près trois fois sa hauteur. Ainsi dix-sept fois 135 millimètres, ou 2295 millimètres, représenteront la longueur du chemin horizontal qu'un homme peut parcourir avec le même degré de fatigue que lorsqu'il monte une marche de 135 millimètres. Mais comme le pas horizontal ordinaire d'un homme est de 650 millimètres, il en résulte qu'une homme éprouve le même degré de fatigue en montant une marche de 135 millimètres, qu'en faisant trois pas et demi sur un chemin horizontal.

De la quantité d'action que les hommes peuvent fournir dans leur travail journalier lorsqu'ils transportent des fardeaux sur des brouettes.

22. Le genre de travail que nous allons soumettre au calcul est en usage dans tous les travaux civils et militaires qui exigent des transports de terre. Le maréchal de Vauban, qui de tous les ingénieurs est peut-être celui qui a le plus fait exécuter des travaux de ce genre, nous a laissé, dans une instruction imprimée dans *la Science des Ingénieurs* de Bélidor, les résultats de plusieurs expériences d'après lesquelles l'on peut essayer de calculer la quantité d'action que les hommes peuvent journellement fournir dans ce genre de travail. Voici ce que dit Vauban; je réduis les mesures dont il s'est servi à nos mesures actuelles.

« Un homme, dans son travail journalier, peut transporter » dans une brouette 14,79 mètres cubes de terre à 29,226 » mètres de distance; il porte cette masse de terre en cinq cents » voyages : ainsi il parcourt chargé 14,613 kilomètres, et » autant en ramenant la brouette déchargée.»

Il faut joindre à ces données de Vauban quelques autres remarques. Lorsque la brouette est chargée, les hommes, en saisissant les bras de la brouette à 15 décimètres à peu près de distance de l'essieu, soutiennent une partie de la charge et une partie du poids de la brouette; le reste du poids est porté par le point du terrain sur lequel pose la roue.

J'ai trouvé, en soutenant la brouette chargée, au moyen d'un peson, au même point où les hommes tiennent les bras, que la partie du poids qu'ils soutiennent est de 18 à 20 kilogrammes; que lorsque la brouette est vide, ils ne portent que 5 à 6 kilogrammes.

J'ai encore trouvé que lorsque la brouette est chargée, les bras étant soutenus par des cordes attachées à un point très élevé, la force nécessaire pour pousser la brouette sur un terrain sec et uni est de 2 à 3 kilogrammes. Cette dernière force dépend en grande partie des petits ressauts que la roue éprouve sur le terrain : elle varie suivant l'adresse du travailleur, qui ne sait pas toujours se rendre maître du mouvement de sa brouette.

23. Pour déterminer, d'après l'expérience dans ce genre de travail, la quantité d'action utile que les hommes fournissent, l'on remarquera que la charge moyenne des brouettes, dans un atelier composé d'hommes vigoureux, est à peu près de 70 kilogrammes; que le poids des brouettes, qui varie beaucoup, est moyennement de 30 kilogrammes.

Mais comme l'effet utile est mesuré par la quantité de terres transportées, multipliées par le chemin qu'elles parcourent; puisque les hommes font rouler la brouette chargée à 14,61 kilomètres de distance, l'effet utile journalier aura pour mesure le produit des deux nombres 70 et 14,61 multipliés l'un par l'autre : ce qui donne une quantité équivalente à 1022,7 kilogrammes transportés à un kilomètre.

Mais nous avons trouvé, *art.* 21, que lorsqu'un homme transporte à dos des fardeaux, le *maximum* de l'effet utile de son travail avait pour mesure un poids de 692,4 kilogrammes transportés à un kilomètre : ainsi l'effet utile que fournit un homme qui transporte des fardeaux sur une brouette, est à l'effet utile du même homme lorsqu'il transporte les mêmes fardeaux sur son dos, comme 1022,7 : 692,4 :: 148 : 100; en sorte que sur un terrain sec, uni et horizontal, 100 hommes

36

avec des brouettes feront, à peu de chose près, la même quantité de travail que 150 hommes avec des hottes.

De la quantité d'action que les hommes peuvent fournir en sonnant, mouvement qui s'exécute lorsqu'ils élèvent le mouton pour battre et enfoncer des pilots.

24. Dans l'action des hommes qui soulèvent le mouton et le laissent retomber sur la tête des pilots, l'action utile qu'ils fournissent est déterminée par le poids qu'ils élèvent, la hauteur à laquelle ils l'élèvent, et le nombre de coups qu'ils peuvent donner dans la journée. Voici ce qui se pratique très souvent, car il y a eu beaucoup de variétés dans la distribution des poids, relativement à la force des hommes.

Les moutons ordinaires pèsent de 350 à 450 kilogrammes. Une corde qui passe sur une poulie soutient d'un côté le mouton; à l'autre extrémité de la corde sont attachés différens cordons que les hommes saisissent avec les mains.

Lorsque le mouton porte sur le pilot, les hommes tiennent le cordon à peu près à la hauteur de leur chapeau; laissant ensuite tomber la partie supérieure de leur corps en faisant effort sur le cordon, ils élèvent à peu près le mouton de 11 décimètres; l'on bat à peu près vingt coups par minute, et soixante à quatre-vingts coups de suite, après quoi les hommes se reposent autant de temps qu'ils ont travaillé. Malgré ce repos, on est obligé de les relever le plus souvent d'heure en heure.

En suivant ce genre de travail, tenant compte des différens repos, jamais je n'ai vu les travailleurs pouvoir résister à plus de trois heures de travail effectif dans la journée; le reste du temps est employé aux différens repos dont nous venons de parler, à placer et déplacer la sonnette, à redresser les pilots, etc. Lorsque les hommes sont très vigoureux, l'on met ordinairement sur la sonnette un nombre d'hommes tel, que chacun d'eux élève 19 kilogrammes du poids du mouton.

D'après ces données, la quantité d'action journalière dans ce genre de travail aura pour mesure le produit des trois nombres, 11 décimètres, 19 kilogrammes, et le nombre de coups battus dans trois heures de travail effectif, à raison de vingt coups par minute; ce qui donne une quantité équivalente à 75,2 kilogrammes élevés à un kilomètre.

Si nous comparons cette quantité d'action avec celle qu'un homme produit lorsqu'il monte librement un escalier, quantité que nous avons trouvée, par l'expérience, égale à 205 kilogrammes élevés à un kilomètre, nous verrons que dans la sonnette le travailleur ne fournit qu'un peu plus du tiers de l'action qu'il produirait dans le second cas, et qu'ainsi il serait facile, en employant la force des hommes de la manière la plus avantageuse, de faire en sorte qu'un seul homme produisît presque autant d'effet que trois de la manière dont ils sont employés dans la sonnette.

25. Le calcul d'après lequel l'on vient de déterminer l'action journalière des hommes battant les pilots, donne une quantité beaucoup trop considérable, si on la compare avec un travail du même genre, suivi pendant plusieurs mois de suite à la Monnaie de Paris, où des hommes frappaient des pièces de monnaie avec un mouton. Voici en quoi consistait le travail de la journée.

Le mouton pesait 38 kilogrammes; il était manoeuvré par deux hommes, qui faisaient par conséquent chacun un effort de 19 kilogrammes. Le mouton était élevé, à chaque coup, à 4 décimètres de hauteur; l'on battait dans la journée 5200 pièces, où, ce qui revient au même, l'on élevait le mouton 5200 fois.

Si, pour avoir la quantité d'action, l'on prend le produit des trois nombres, 19 kilogrammes, 4 décimètre et 5200, l'on trouvera que la quantité d'action journalière était représentée par un poids de 39,5 kilogrammes élevés à un kilomètre; quantité qui n'est guère que la moitié de 75,2 kilogrammes, que nous avons trouvée pour la quantité d'action des hommes qui battent les pilots, et qui n'est que la cinquième partie de la quantité d'action journalière que fournit un homme lorsqu'il monte librement un escalier.

Mais il faut remarquer que les mêmes hommes ont travaillé à la monnaie pendant quinze mois de suite; au lieu qu'en battant des pilots, les hommes passent à un autre genre de travail lorsqu'ils sont fatigués, ce qui arrive bientôt.

Il me paraît cependant probable que des hommes vigoureux, employés à l'entreprise, auraient pu fournir, dans les travaux de la monnaie, une plus grande quantité d'action que celle qui résulte du calcul qui précède. La personne qui était chargée de la conduite de cet atelier m'a dit qu'un homme extrêmement fort, avait entrepris de mener lui seul un mouton, mais qu'il avait été obligé d'y renoncer au bout de quelques heures.

Je crois que cet homme aurait pu travailler plusieurs jours de suite, si, au lieu d'élever lui seul un poids de 38 kilogrammes à 4 décimètres, il n'eût fait un effort que de 19 kilogrammes; que sa main eût parcouru 8 décimètres au lieu de 4, et que, par un moyen quelconque, le mouton eût simplement été élevé de 4 décimètres, comme il l'était par l'action des deux hommes; ce qui produisait une chute qui, d'après l'expérience, suffisait pour l'empreinte des pièces. En combinant ainsi la force et la résistance, il est probable que cet homme très vigoureux aurait suppléé les deux hommes qui battaient la monnaie, puisque dans son travail journalier il n'aurait fourni que la même quantité d'action que les hommes qui battent les pilots peuvent fournir pendant quelques jours de suite.

26. Voici encore une expérience qui a quelque rapport au travail de la sonnette. J'ai fait, pendant deux jours de suite, tirer de l'eau d'un puits qui avait 37 mètres de profondeur. L'on puisait au moyen d'un double seau ; je payais l'homme à raison de 25 centimes par dix seaux. Il a monté, le premier jour, 125 seaux ; le second, 119. L'effort moyen, mesuré avec un peson, était de 16 kilogrammes. Je prendrai ici 120 seaux pour la quantité d'eau qu'il a pu élever dans un jour : ainsi, pour avoir la quantité journalière d'action, il faut multiplier ensemble les trois nombres, 16 kilogrammes, 37 mètres et 120 ; ce qui donne, pour l'effet ou la quantité d'action journalière, 71 kilogrammes élevés à un kilomètre, quantité à peu près la même que celle que nous avons trouvée pour la quantité d'action journalière des hommes qui battent les pilots.

Des hommes agissant sur des manivelles.

27. Je n'ai pu me procurer ni faire par moi-même des expériences directes pour déterminer ce genre d'action ; ce qui va suivre est le résultat d'un assez grand nombre d'observations sur les machines dont on se sert dans les épuisemens. Mais, dans ces machines, la résistance que les hommes éprouvent est très difficile à évaluer. Dans les chapelets, par exemple, le choc des palettes et des hérissons, les frottemens des diffé-

rentes parties, la perte de l'eau par le jeu de la machine, tout varie suivant l'état de la machine. Ces quantités ne sont pas les mêmes dans la machine en mouvement et dans la machine que l'on veut faire sortir de l'état de repos. D'ailleurs, ici, il est très difficile de mettre les hommes à l'entreprise, si l'on veut faire une expérience en remplissant quelques tonneaux, ce qui dure cinq ou six minutes; les hommes, pour lors, fournissent une quantité d'action qui annonce un produit journalier souvent double de l'effectif. J'aurais pu me procurer des résultats plus approchés, si, dans le temps où je suivais des travaux de ce genre, j'eusse substitué un treuil à manivelle avec deux seaux aux chapelets à épuisement. Il y a même apparence que ce moyen, fort en usage dans les campagnes, m'aurait fourni des résultats plus avantageux que les autres machines; car il y a peu de circonstances où deux seaux, un treuil et une manivelle, ne soient pas préférables à toutes les machines à épuisement.

L'on évalue, dans la plupart des ouvrages de mécanique, la pression qu'un homme exerce sur la poignée de la manivelle, à 12 ou 13 kilogrammes. Je ne crois pas que, dans un travail continu, cette pression puisse s'estimer au-delà de 7 kilogrammes. La poignée de la manivelle parcourt le plus souvent un cercle de 23 décimètres de circonférence, et l'on compte sur 30 tours par minute. Mais en examinant pendant plusieurs heures les travailleurs, l'on voit que, lorsqu'ils exercent une pression de 7 kilogrammes, ils ne font guère que 20 à 22 tours par minute. Enfin l'on évalue le temps journalier du travail à dix heures par jour; et, dans les grands travaux, l'on ne retient les travailleurs qui agissent sur les manivelles, qu'au plus huit heures, sur lesquelles ils ralentissent leur mouvement ou se reposent même assez pour qu'il ne soit possible d'évaluer qu'à six heures le temps du travail effectif, à raison de 20 tours par minute.

En calculant la quantité d'action d'après ces observations, il faut multiplier ensemble 7 kilogrammes, 23 décimètes, 20, et 360; ce qui donne, pour la quantité d'action journalière, 116 kilogrammes élevés à un kilomètre. En partant de ces résultats, si l'on voulait comparer les différentes quantités d'action fournies par les hommes qui montent librement un escalier, avec celle des hommes qui agissent sur la manivelle et la sonnette, l'on trouverait que les quantités d'action fournies par le même homme, dans ces différens genres de travaux, sont entre elles comme les nombres 205, 116, 75; quantités qui sont à peu près comme les nombres 8, 5, 3 : rapports qui probablement donnent une précision suffisante dans la pratique; car, dans une question de ce genre, il est inutile de chercher une exactitude dont la variété, qui se trouve entre les forces de différens travailleurs rend la détermination impossible.

La pratique, au surplus, paraît avoir décidé que les manivelles sont préférables à la sonnette; car presque toutes les machines employées dans les grands travaux pour les épuisemens sont mises en jeu par des manivelles.

De la quantité d'action que les hommes consomment dans leur travail journalier, lorsqu'ils labourent la terre avec la bêche.

28. Il y a une si grande variété dans les résultats de ce genre de travail, qui dépendent de la nature du terrain et des saisons, et même du temps où les labours précédens ont été faits, ce qui a laissé prendre à la terre plus ou moins d'affaissement, et aux racines des plantes qui couvrent sa surface,

plus ou moins d'étendue et de force, que les calculs qui vont suivre ne doivent être regardés que comme un exemple particulier qui doit servir à jeter quelque jour sur les travaux qui y sont analogues.

Le laboureur que j'ai employé, et qui a labouré de suite 8000 mètres carrés de terre, était vigoureux, intelligent, et habitué à travailler à la bêche. Les terres étaient très fortes et produisaient d'excellent blé : elles étaient dans cet état moyen d'humidité et de sécheresse qui convient le mieux au labour; mais elles étaient très affaissées.

Le laboureur était payé au mètre carré, de manière que dans une bonne journée il pouvait gagner 2 francs et 50 centimes. Voici ce qui m'a paru résulter de l'expérience, d'après des quantités moyennes assez difficiles à apprécier.

Le laboureur enfonçait sa bêche de 25 centimètres, et à chaque coup de bêche il élevait moyennement un poids de terre de 6 kilogrammes, dont il portait le centre de gravité, en la retournant, à une hauteur qui était très variable, mais que j'ai cru, en prenant une mesure moyenne, pouvoir évaluer à 4 décimètres. La terre, quoique très pesante, s'ameublissait assez facilement, et ce n'était qu'après cinq ou six coup de bêche qu'il frappait quelques coups de son tranchant pour casser les mottes et unir le labour : il donnait à peu près vingt coups de bêche par minute. Le premier effort pour enfoncer la bêche était moyennement de 20 kilogrammes : lorsque la bêche était enfoncée de quelques centimètres, la force pour continuer à l'enfoncer n'était guère que de 12 kilogrammes.

Dans les beaux jours, cet homme labourait une surface de 181 mètres carrés; ainsi la masse de terre remuée par le labour était de 45,25 mètres cubes. Le mètre cube de terre pesait 1898 kilogrammes.

De ces données il résulte que, puisque la terre était élevée, pour la renverser à 4 décimètres, si l'on veut avoir la première partie de la quantité d'action équivalente au travail journalier, il faut multiplier ensemble les nombres 1898 kilogrammes, poids d'un mètre cube, 45,25, nombre des mètres cubes, et 4 décimètres, hauteur à laquelle le centre de gravité de chaque pelletée de terre est élevé par le laboureur; le produit de ces trois quantités équivaut à un poids de 34,3 kilogrammes élevés à un kilomètre. Mais il faut remarquer qu'outre le poids de la terre, l'homme, à chaque coup de bêche, élève le poids de la bêche, qui peut s'évaluer à 1,7 kilogramme, à peu près le quart du poids des terres que la bêche retourne; ainsi l'on peut, par approximation, représenter la quantité d'action consommée à élever la terre, par 43 kilogrammes élevés à un kilomètre.

Il faut à présent chercher la quantité d'action nécessaire pour enfoncer la bêche, à chaque coup, à une profondeur de 25 centimètres. L'expérience nous a donné une résistance continue de 12 kilogrammes, que l'on peut porter à 15, à cause du premier effort qui est au moins de 20 kilogrammes; et en calculant, d'après le poids des terres, la quantité de coups de bêche donnés dans la journée, à raison de 6 kilogrammes par coup de bêche, nous trouvons que le laboureur donne dans la journée 14316 coups de bêche. Il faut donc, pour avoir cette seconde partie de l'action, multiplier ensemble les trois nombres, 15 kilogrammes, pression que l'homme exerce sur la bêche, 14316, nombre des coups de bêche, et 25 centimètres, enfoncement de la bêche à chaque coup; le produit de ces trois quantités équivaut à un poids de 53,6 kilogrammes élevés à un kilomètre.

Ajoutons ensemble les deux quantités d'action ; nous aurons, pour l'action totale de la journée, 96,6 kilogrammes élevés à un kilomètre.

Il serait difficile de déterminer la quantité d'action que l'homme emploie à casser les mottes et à étaler la terre. D'après la manière dont notre laboureur faisait cette opération, je ne crois pas qu'on puisse l'évaluer beaucoup au-delà de la vingtième partie du travail journalier. Ainsi l'on ne sera peut-être pas bien loin de la véritable valeur du travail journalier, en l'estimant à 100 kilogrammes élevés à un kilomètre.

Dans le travail du laboureur, l'on doit observer deux manières d'employer la force. Dans la première, l'homme, en appuyant du pied et du corps sur la bêche, l'enfonce dans la terre ; il ne paraît pas que cette portion du travail puisse produire dans le travail journalier beaucoup plus de fatigue que lorsqu'un homme monte un escalier.

Dans l'autre partie du travail, les hommes soulèvent, par l'effort de leurs bras, la terre en même temps que la bêche ; ainsi ils doivent probablement fatiguer au moins autant que lorsqu'ils agissent sur la sonnette. Nous allons voir si, d'après le calcul, l'on peut admette ces suppositions.

Dans le travail journalier des hommes qui montent un escalier, ils peuvent élever 205 kilogrammes à un kilomètre ; mais la portion du travail journalier qui répond à l'enfoncement de la bêche, a été trouvée de 53,6 kilogrammes élevés à un kilomètre. Ainsi, en supposant que ces deux genres de travaux soient de même nature, la portion du travail journalier que le laboureur aura fournie en enfonçant sa bêche, sera égale à $\frac{53,6}{205} = 0,261$ partie du travail journalier.

Il faut à présent ajouter à cette première quantité d'action celle de l'homme qui soulève la terre, en supposant qu'à fatigue égale il consomme la même quantité d'action qu'à la sonnette : nous avons trouvé par les expériences trois valeurs différentes; savoir, pour les hommes qui battent les pilots, 75 kilogrammes élevés à un kilomètre; pour l'homme qui tire de l'eau d'un puits, 72 kilogrammes élevés à un kilomètre; pour un travail suivi pendant quinze mois à la Monnaie, 40 kilogrammes élevés à un kilomètre. En prenant une quantité moyenne entre ces trois valeurs, nous trouvons, pour le travail d'une journée, 62,3 kilogrammes élevés à un kilomètre. Mais nous avons vu dans cet article que la quantité d'action employée à élever et renverser la terre avec la bêche, était 43 kilogrammes élevés à un kilomètre; ainsi la portion du travail journalier du laboureur serait, pour cette partie de l'action, représentée par $\frac{43}{62,3} = 0,69$ centièmes du travail journalier. Joignons ces deux portions du travail du laboureur, et nous aurons, pour son travail de la journée, $0,26 + 0,69 = 0,95$, ou, ce qui revient au même, 95 centièmes du travail de la journée.

Ainsi, en supposant que l'homme qui enfonce la bêche ne fatigue pas plus qu'un homme qui monte un escalier, et que l'homme qui relève les terres avec la bêche fatigue autant qu'un homme employé à la sonnette, nous ne trouvons, d'après cette comparaison, qu'un vingtième de perte d'action; quantité que l'on peut négliger dans des recherches de la nature de celles qui font le sujet de ces Expériences.

Avant de finir cet article; je dois de nouveau avertir que le résultat qui précède est la mesure du travail d'un excellent laboureur, habitué à travailler dans les terres les plus fortes du département d'Eure-et-Loir. Il en est de l'art de labourer comme de tous les autres arts où les hommes consomment toutes leurs forces journalières; l'habileté consiste toujours à employer toute l'action utilement. Dans le labourage, par exemple, la distribution de l'action de l'homme doit varier suivant l'état, la nature des terres, et même la saison où se fait ce travail; mais un bon ouvrier emploie toutes les parties de son action d'une manière utile, tandis qu'un mauvais laboureur, quoique très vigoureux, laisse tomber à chaque coup de bêche la partie supérieure de son corps plus qu'il n'est nécessaire pour enfoncer la bêche, et n'étant pas adroit à retourner la terre, il l'élève souvent plus qu'il ne faut, et il consomme ainsi en pure perte une partie de son action; d'où résulte qu'à fatigue égale, en donnant une façon moins bonne à la terre, il en laboure une moindre étendue.

Dans cet art, comme dans tous les autres, lorsque l'observateur veut se procurer les élémens nécessaires pour établir le calcul de l'action des hommes, il faut suivre un bon ouvrier payé à la pièce; mais en même temps, pour ne pas influer sur son travail momentané, il ne faut pas qu'il sache qu'il est observé.

29. Dans tous les articles qui précèdent, j'ai cherché à déterminer, d'après l'expérience, quelle est la quantité d'action journalière que les hommes peuvent fournir sous une charge quelconque, et j'ai supposé que, par cet instinct naturel à tous les hommes, ils prennent sous une charge donnée la vitesse qui économise le plus leurs forces. Les remarques qui vont suivre prouveront que cette supposition n'a pas pu

.occasionner des erreurs sensibles dans les résultats. Il paraît même, d'après la pratique, que les hommes dans leurs travaux peuvent, à fatigue égale, produire la même quantité d'action journalière, en variant beaucoup leur vitesse, et coupant leur travail par de petits intervalles de repos.

Je prendrai, pour exemple, les hommes qui, d'après l'article 8, consommaient tout leur travail journalier à monter le bois à 12 mètres de hauteur. Dans cette expérience, chaque charge de 68 kilogrammes était montée à 12 mètres de hauteur dans un peu plus d'une minute, à peu près 1,1 minute. Ainsi, comme dans son travail journalier l'homme montait 66 charges, il consommait presque toute son action journalière dans une heure 12 minutes. Mais cette distribution de son action était coupée par des intervalles de repos, ou au moins d'un travail peu fatigant; tel, par exemple, que celui de charger ses crochets bûche à bûche, et ces intervalles étaient beaucoup plus longs que ceux où il avait la charge sur le dos, car il montait les six voies de bois à peu près dans six heures et demie : en sorte que le temps de la présence sur le travail étant de six heures et demie, le temps effectif de la fatigue n'était que d'une heure 12 minutes : et ces six heures et demie étaient coupées en 66 parties; chaque partie en deux autres, l'une de 1,1 minute, où l'homme était sous la charge, et l'autre de 4,8 minutes, où l'homme descendait l'escalier, chargeait ses crochets et fatiguait très peu.

Il paraît que cette manière de couper en de petits intervalles d'action et de repos le travail des hommes qui portent de grands fardeaux, est celle qui convient le mieux à l'économie animale, et que les hommes préfèrent de marcher avec vitesse pendant quelques instans, et de se reposer complètement pendant quelques autres instans, à parcourir une même course dans un temps égal à ces deux intervalles, avec une vitesse plus lente, mais continue.

C'est ce que nous voyons tous les jours : car les hommes qui transportent des charges de 60 à 70 kilogrammes sur un terrain horizontal, marchent presque aussi vite que ceux qui ne sont pas chargés; mais, pour peu que la course soit longue, ils la coupent par plusieurs intervalles de repos.

Au surplus, quelle que soit la manière de diviser ces intervalles entre eux, ce qui varie probablement pour chaque homme, d'après sa constitution physique, il paraît, comme je l'ai déjà dit, que, dans les travaux où les hommes doivent consommer toute leur action journalière, on ne doit exiger d'eux, dans les vingt-quatre heures, que sept à huit heures de travail, coupées ou non par de petits intervalles de repos. Je parle des travaux où les hommes consomment dans un exercice violent toute leur action journalière; car il y a beaucoup de genres de travaux, surtout dans la partie des arts, d'une nature telle, que les hommes, en travaillant dix ou douze heures par jour, ne consomment qu'une partie souvent très peu considérable de la quantité d'action qu'ils peuvent fournir dans la journée.

CONCLUSION.

30. Je me suis principalement occupé, dans ce Mémoire, à déterminer de combien un fardeau plus ou moins grand peut diminuer la quantité d'action qu'un homme est capable de fournir dans sa journée. Les expériences qui ont servi de base à cette détermination ont été prises d'après les mouvemens les plus naturels et les plus ordinaires à tous les hommes, tels que de marcher horizontalement ou de monter un escalier; il m'a paru en résulter, d'une manière évidente, qu'un

homme, qui monte un escalier librement et sans aucune charge, peut fournir une quantité d'action presque double de celle que peut fournir le même homme chargé d'un poids de 68 kilogrammes, qui est à peu près la charge moyenne des hommes qui montent le bois dans les maisons. Mais, comme dans cette manière d'employer les forces il n'y a de travail utile que le fardeau transporté, il en résulte que l'effet utile du travail, pour l'homme qui monte chargé n'est que le quart de la quantité totale d'action que fournit, dans la journée, l'homme qui monte naturellement un escalier; en sorte que, si un homme montait librement un escalier, et qu'en se laissant tomber par un moyen quelconque il élevât un poids égal à sa pesanteur, il produirait à peu près autant d'effet ou ferait autant de travail que quatre hommes montant à dos le même poids. Cette observation me paraît de la plus grande importance pour diriger les mécaniciens dans la construction des machines destinées à être mues par des hommes dont il faut toujours que les forces soient employées de la manière la plus avantageuse pour l'effet utile.

J'ai ensuite cherché à comparer la quantité totale d'action que les hommes peuvent fournir en montant librement un escalier, avec celle qu'ils produisent en agissant sur la sonnette, sur la manivelle, etc., et j'ai trouvé que l'homme qui monte librement un escalier peut produire deux fois au moins plus de travail que dans les autres moyens d'employer sa force. Les expériences qui ont servi de base à l'évaluation de la quantité d'action de la sonnette et de la manivelle ont toujours été faites dans de grands ateliers : je prie ceux qui voudront les répéter, s'ils n'ont pas le temps de mesurer les résultats après plusieurs jours d'un travail continu, d'observer les ouvriers à différentes reprises dans la journée, sans qu'ils sachent qu'ils sont observés. L'on ne peut trop être averti combien l'on risque de se tromper en calculant, soit la vitesse, soit le temps effectif du travail, d'après une observation de quelques minutes.

Les résultats de tous les articles qui précèdent donnent des quantités d'action beaucoup moins considérables que celles dont la plupart des auteurs font usage dans le calcul des machines; mais ils se sont fondés presque tous sur des expériences qui ont duré quelques minutes et qui ont été exécutées par des hommes choisis; ils ont ensuite, d'après ces expériences, établi les calculs, en supposant sept à huit heures de travail effectif. Mais un homme peut, dans presque tous les genres de travaux, fournir pendant quelques minutes une quantité d'action double et même triple de son travail moyen; il peut même consommer tout son travail journalier dans deux ou trois heures. C'est ce que nous avons vu dans l'article qui précède, où les hommes qui montent le bois consomment tout leur travail journalier dans le temps où ils sont sous la charge, et ce temps n'est pas d'une heure et demie dans la journée.

Le choix des hommes influe encore beaucoup sur l'évaluation de leur force moyenne. J'ai suivi pendant dix ans des transports de terre, exécutés par les troupes, et payés, comme on le disait alors, à la toise cube. Je faisais le toisé toutes les quinzaines, et je trouvais presque toujours que les ateliers de grenadiers avaient gagné un tiers en sus des autres compagnies, et souvent le double des faibles ateliers. Si j'avais déterminé la force moyenne de tous les individus qui formaient l'atelier de grenadiers, je l'aurais trouvée d'un tiers plus grande que la force moyenne des autres ateliers : il est vrai, et c'est une remarque nécessaire à faire, que dans ce genre de travail, dont la principale partie consiste dans le roulage des terres, il ne se trouvait pas un seul homme faible dans l'atelier des grenadiers, et que deux ou trois mauvais travailleurs dans chacun des autres ateliers y ralentissaient tout l'ouvrage.

Enfin la quantité moyenne d'action varie encore suivant la nourriture, mais surtout suivant le climat. J'ai fait exécuter, par les troupes, de grands travaux à la Martinique ; le thermomètre y est rarement au-dessous de 20 degrés : j'ai fait exécuter, en France, les mêmes genres de travaux par les troupes, et je puis assurer que sous ce 14ᵉ degré de latitude, où les hommes sont presque toujours inondés de leur transpiration, ils ne sont pas capables de la moitié de la quantité d'action journalière qu'ils peuvent fournir dans nos climats.

OBSERVATIONS

THÉORIQUES ET EXPÉRIMENTALES

Sur l'effet des moulins à vent et sur la figure de leurs ailes.

I. L'ACTION du vent est le moyen dont l'industrie humaine paraît avoir fait l'usage le plus ingénieux pour le mouvement des machines; rien ne peut suppléer à cet agent dans les pays de plaine, parce que les ruisseaux et les rivières y ont très peu de pente; or, comme pour les machines mises en action par des eaux courantes, c'est le produit des chutes par les masses dont on peut disposer, qui mesure l'effet possible; l'on ne peut compter, dans les pays où la chute est peu considérable, que sur un effet qui ne sera presque jamais proportionné aux besoins des habitans. Il faut donc pour lors avoir recours à l'action des vents qui, n'étant pas arrêtés par les montagnes, y soufflent plus uniformément et plus régulièrement qu'ailleurs; c'est ce que l'on remarque en Flandre, en Hollande, et dans tous les pays de plaine, où les campagnes sont couvertes de moulins à vent, et où les moulins à eau ne peuvent être établis qu'à des intervalles très considérables, et sont souvent nuisibles à la navigation et au desséchement des campagnes.

Parent paraît être le premier qui ait cherché à déterminer, par le calcul, quelle devrait être la direction du vent sur l'aile des moulins, pour que cette machine produisît un effet qui fût un *maximum*. Il supposa que l'impulsion du vent est comme le carré du sinus d'incidence, multiplié par le carré de la vitesse ; il supposa encore que la vitesse du vent est infinie, relativement à la vitesse de tous les points de l'aile ; ces suppositions simplifient le calcul, mais sont bien éloignées d'être exactes.

D. Bernoulli remarqua dans son Hydrodynamique, que la vitesse de l'aile du moulin, n'est point infiniment petite, relativement à la vitesse du vent, et que dans le calcul, il faut avoir égard à la vitesse respective.

En 1744, d'Alembert donna son Traité de l'équilibre et du mouvement des Fluides. L'on trouve à l'*article* 367 de cet ouvrage, et dans le cinquième volume des Opuscules du même auteur, des recherches sur cet objet, dignes de sa sagacité.

Enfin, Euler a donné, en 1752, dans le quatrième volume des nouveaux Commentaires de Pétersbourg, un mémoire qui a pour titre : *De constructione molarum alatarum*, où toute la partie géométrique de cette question est développée avec autant de clarté que de profondeur.

Dans les ouvrages que je viens de citer, et dans ceux de plusieurs autres savans géomètres, qui ont voulu déterminer, par le calcul, la figure des ailes de moulin, l'on a eu égard à la vitesse respective du vent et de la partie de l'aile correspondante ; mais l'on a toujours supposé que l'impulsion du vent est comme le carré de la vitesse, multiplié par le carré du sinus d'incidence. La première partie de cette supposition est vraie, et d'Alembert l'a démontré le premier, d'une manière aussi élégante qu'ingénieuse, dans son Essai sur la résistance des fluides ; mais l'expérience a absolument contredit, même pour les surfaces planes, la supposition du carré du sinus d'incidence; c'est ce qui résulte des expériences présentées à l'Académie, en 1763, par M. le chevalier de Borda; en 1776, par MM. d'Alembert, le marquis de Condorcet et l'abbé Bossut, et qui a été confirmé dans un Mémoire donné à l'Académie, en 1778, par M. l'abbé Bossut, où il rend compte d'une nouvelle suite d'expériences sur l'impulsion oblique des fluides, qui paraissent exécutées avec autant d'intelligence que de précision.

Mais ces expériences précieuses, ne sont pas encore suffisantes pour déterminer la figure des ailes des moulins à vent; le but que l'on s'y est proposé, était, en faisant mouvoir un solide, suivant son axe, de déterminer la résistance totale dans ce sens; or, cette résistance peut dépendre de plusieurs élémens, dont les principaux, sont l'action perpendiculaire du fluide sur les faces du prisme, et le frottement du fluide le long des faces de ce même prisme. Dans les expériences, ces deux élémens sont confondus; mais pour déterminer le mouvement des ailes d'un moulin à vent, il faut les distinguer avec soin, parce que l'un produit le mouvement, et l'autre le retarde.

II. Ce Mémoire contiendra quelques observations faites à Lille en Flandre, pour déterminer, par l'expérience, la somme des effets que les moulins à vent produisent, année moyenne. La construction de ces moulins est la même que ceux dont on fait usage en Hollande; il paraît qu'à force de tâtonnement, l'on est parvenu, dans ces machines, à un très grand degré de perfection.

Quantité d'effet produit par les Moulins à vent, d'après l'expérience.

III. Dans les moulins destinés à scier le bois, à moudre le grain, ou à produire des effets dont la mesure ne peut être réduite en poids que par des expériences composées, il serait peut être assez difficile de mesurer la quantité d'effet pour un vent donné; mais dans les moulins, où des pilons sont élevés, et retombent d'une hauteur donnée, comme l'on peut mesurer le poids de chaque pilon, le nombre de pilons élevés dans une minute, ainsi que la vitesse du vent, l'on aura facilement par l'expérience, la quantité d'effet que ces machines produisent dans un temps donné, puisque la quantité d'effet d'une machine a pour mesure le produit de la hauteur par le poids élevé.

IV. Dans toute la Flandre, et principalement auprès de la ville de Lille, il y a une très grande quantité de moulins à vent, qui élèvent des pilons pour broyer la graine de colza, et en extraire l'huile; ces moulins, quant aux dimensions et à la longueur des ailes, sont semblables à ceux qui servent, dans cette même province, à la mouture du blé. Voici le détail des mesures moyennes des principales parties de ces machines.

V. Les volans ont, d'une extrémité d'une aile à l'extrémité de l'aile opposée, une longueur de soixante-seize pieds; la largeur de l'aile est d'un peu plus de six pieds, dont cinq sont formés par une toile attachée sur un châssis, et le pied restant par une planche très légère; la ligne de jonction de la planche et de la toile, forme, du côté frappé par le vent, un angle sensiblement concave au commencement de l'aile, et qui, allant toujours en diminuant, s'évanouit à l'extrémité de l'aile. La pièce de bois qui forme le bras et soutient le châssis, est placée derrière cet angle concave. La surface de la toile forme une surface courbe, mais les constructeurs de moulins n'ont aucune règle fixe dans le tracé de cette courbure, quoiqu'ils la regardent comme le secret de l'art; il m'a paru que le plus généralement l'on s'éloignait peu de la vérité, en supposant la surface de l'aile, composée de lignes droites perpendiculaires au bras de l'aile, et répondant par leurs extrémités à l'angle concave formé par la jonction de la toile et de la planche; et l'autre extrémité placée de manière qu'au commencement de l'aile, à six pieds de l'arbre, les lignes droites formeraient avec l'axe de l'arbre, un angle de 60 degrés, et qu'à l'extrémité de l'aile cet angle serait de 78 à 84 degrés; en sorte qu'il augmente de 78 à 84, à mesure que l'axe de rotation est plus incliné à l'horizon; cependant le pan gauche qui formerait l'aile, d'après cette description, n'est pas encore exact, et au lieu d'être terminé par une ligne droite, il l'est ordinairement dans le côté sous le vent, par une ligne courbe, dont la plus grande concavité est de deux ou trois pouces.

L'arbre tournant, et auquel les ailes sont fixées, s'incline à l'horizon entre 8 et 15 degrés; il est garni de sept solives de quarante-deux pouces de longueur qui, le perçant transversalement d'outre en outre, forment quatorze taquets ou levées, ce qui lui donne la forme et le nom de *hérisson;* ces levées répondent aux mentonnets de sept pilons, qui peuvent être élevés chacun deux fois dans le temps que l'arbre fait un tour entier.

De ces sept pilons, cinq sont des pièces de bois de chêne,

ordinairement de vingt à vingt-deux pieds de longueur sur
neuf et onze pouces d'équarrissage, armés d'un sabot de fer de
cinquante à soixante livres; ils servent à broyer la graine; ces
pilons pèsent à peu près mille vingt livres chacun. Les deux
autres pilons ont la même longueur, mais ils n'ont que six à
sept pouces d'équarrissage; ils sont destinés à serrer et desser-
rer des coins pour extraire l'huile par une forte compression;
ils peuvent peser cinq cents livres. De ces deux derniers pilons,
il n'y en a jamais qu'un seul en action. Les cinq premiers
agissent ensemble lorsque le vent est suffisant.

VI. En examinant l'effet de nos moulins, la première observation intéressante qui s'est présentée, c'est qu'avec un vent
moyen, que l'on peut estimer de dix-huit à vingt pieds par
seconde, plus de cinquante moulins placés à un quart de lieue
de Lille, dans la même exposition, produisaient à peu près la
même quantité d'effet, quoiqu'il y eût plusieurs petites différences dans la construction de ces moulins, soit relativement
à l'inclinaison de l'axe de rotation, soit relativement à la disposition des ailes : de cette observation, l'on peut, ce me semble, tirer une conclusion bien intéressante, c'est qu'il est
probable, qu'à force de tâtonnement, la pratique s'est très
rapprochée du degré de perfection; car si je cherchais par les
règles *de maximis et minimis,* quelle que soit la formule qui
exprimerait l'effet de notre moulin, quel devrait être le rapport de toutes les quantités variables qui la composent, pour
que cet effet fût un *maximum*, je trouverais, d'après les principes fondamentaux de ce calcul, qu'en faisant varier dans
cette formule une ou plusieurs des indéterminées, la variation de l'effet devrait toujours être supposée égale à *zéro*, ou,

ce qui revient au même, que quoique l'on fît un peu varier les différentes parties de notre machine, l'effet resterait toujours constant. Or, nous trouvons ici, que quoique les constructeurs de moulins varient entre eux dans la disposition des ailes, l'effet avec un vent moyen est toujours constant. Ainsi, il est probable que les parties en sont disposées de manière qu'elles produisent à peu près le *maximum* d'effet que nous désirons.

VII. Voici actuellement les expériences d'après lesquelles nous avons cru pouvoir évaluer l'effet de nos moulins pour une année moyenne.

L'on observait et l'on mesurait la vitesse du vent avec des plumes très légères que ce vent entraînait; deux hommes, placés sur une petite élévation dans la direction du vent, et à cent cinquante pieds l'un de l'autre, observaient le temps que cette plume employait à parcourir les cent cinquante pieds.

PREMIÈRE EXPÉRIENCE.

VIII. Le vent parcourt sept pieds par seconde; lorsque le moulin est libre, et lorsqu'aucun des pilons n'est élevé, les ailes du moulin font cinq tours et demi par minute; mais en mettant en action un seul pilon, pesant mille vingt livres, et frappant deux coups de dix-huit pouces de hauteur à chaque tour d'aile, le moulin fait à peine trois tours par minute.

IIᵉ EXPÉRIENCE.

IX. Le vent parcourant douze à treize pieds par seconde, les ailes font sept à huit tours par minute, et il n'y a que deux pilons de mille vingt livres, et un pilon de cinq cents livres qui soient en action; avec ce degré de mouvement, le moulin

ne peut fabriquer qu'une tonne, ou deux cents livres d'huile
en vingt-quatre heures.

IIIe EXPÉRIENCE.

X. Le vent parcourant vingt pieds par seconde, les ailes
font treize tours dans une minute; cinq pilons de mille vingt
livres chacun sont mis en action, ainsi qu'un pilon de cinq
cents livres; les quatre ailes du moulin portent toute leur voilure, et l'on fabrique trois tonnes et demie d'huile en vingt-
quatre heures; ce degré de vitesse dans le vent, est celui qui
paraît convenir le mieux à cette machine, c'est au moins celui que le conducteur préfère; il n'est pas forcé de travail,
ce vent souffle ordinairement avec une vitesse assez uniforme,
le moulin porte toute sa voilure sans crainte d'accident, et
sans que les liaisons de sa charpente soient trop fatiguées.

IVe EXPÉRIENCE.

XI. Le vent souffle avec force, il parcourt vingt-huit pieds
par seconde; les conducteurs des moulins sont obligés de serrer
six pieds de voile à l'extrémité de chaque aile; l'aile fait dix-
sept à dix-huit tours dans une minute, et le moulin fabrique
près de cinq tonnes en vingt-quatre heures; les cinq pilons de
mille vingt livres, ainsi qu'un pilon de cinq cents livres, sont
en action.

Ve EXPÉRIENCE.

XII. Les moulins à bled, dont l'engrenage est disposé de
manière que la meule fait cinq tours dans le temps que l'aile
n'en fait qu'un, ne commencent à tourner que lorsque la vitesse du vent est de dix à douze pieds par seconde; lorsque
la vitesse du vent est de dix-huit pieds par seconde, les ailes

du moulin font onze à douze tours par minute, et ces moulins peuvent moudre, sans bluter, de huit à neuf cents livres
de blé par heure : l'on doit remarquer qu'avec ce degré de
vent, les moulins à huile font également de onze à douze
tours par minute; en sorte que dès que l'on aura calculé pour
un vent de dix-huit pieds par seconde, la quantité d'effet que
produit notre moulin à huile, l'on évaluera très facilement le
momentum de la résistance de la meule qui broie le grain.

Lorsque le vent a vingt-huit pieds de vitesse par seconde,
les ailes des moulins à blé, portant toute leur voilure, font
souvent jusqu'à vingt-deux tours par minute, et peuvent
moudre jusqu'à dix-huit cents livres de farine par heure. J'ai
vu quelquefois les meuniers faire travailler leur moulin avec
ce degré de vitesse, malgré le degré énorme de chaleur que la
farine contracte en sortant de dessous la meule; il sont cependant obligés pour lors de changer de temps en temps l'espèce
de grain qu'ils soumettent à la mouture, pour rafraîchir,
disent-ils, leur meule.

XIII. Tous les faits que je viens de présenter ne sont que le
résultat de beaucoup d'observations pour déterminer, d'après
la pratique, quel est le degré de mouvement que les conducteurs sont dans l'usage de donner à leur moulin; dans ces
observations je ne faisais que suivre en silence le travail de
l'artiste, et je n'influais en rien sur ses opérations. J'ai voulu
ensuite disposer du moulin, et en varier les mouvemens; par-
là je me serais procuré une suite d'expériences pour établir la
théorie de ces machines, sur un grand nombre de données;
mais lorsque les propriétaires de ces moulins ont su l'usage
que j'en voulais faire, il ne m'a jamais été possible de les
déterminer à m'en louer un pendant quelques mois. Dans

tous les arts, où l'artiste est peu instruit, ou pour mieux
dire, où il n'est, comme ici, qu'un simple manœuvre, il
s'imagine que la publicité de ses manipulations serait contraire à ses intérêts; et il voit avec chagrin le curieux qui in-
terroge, qui observe, et qui, après quelques instans d'examen,
peut calculer les produits de la machine, et les profits du pro-
priétaire.

XIV. Nous allons actuellement déterminer, d'après les expériences qui précèdent, quel est l'effet annuel que les moulins produisent. Par un relevé fait du travail de ces moulins, pendant plusieurs années, j'ai trouvé qu'ils fabriquent,
année moyenne, 4oo tonnes d'huile; or, comme la fabrique
d'une tonne d'huile exige à peu près la même quantité de
coups de pilons, pour réduire la graine en pâte, nous tirerons
facilement de nos expériences, la quantité de coups de pilons
nécessaires pour la fabrique de 4oo tonnes, ou, ce qui revient
au même, le nombre des coups de pilons donnés dans une
année moyenne.

XV. Nous avons trouvé, dans notre *troisième expérience*,
qu'avec la vitesse moyenne du vent, qui est de 2o pieds
par seconde, les ailes du moulin à vent font treize tours
dans une minute, et qu'il y avait pour lors cinq pilons,
pesant chacun 1o2o livres; et un pilon de 5oo livres, élevés
deux fois à 18 pouces de hauteur, dans un tour d'aile : ainsi
puisque l'effet d'une machine se mesure, pour un temps
donné, par le poids élevé, et la hauteur à laquelle il est
élevé; l'on aura, pour l'effet produit dans une minute,
(1o2o.1o.13 + 5oo.13.2) livres élevés à 1 pied$\frac{1}{2}$, ce qui
équivaut à un poids de 1ooo livres élevé à 218 pieds dans

une minute; ce qui donnerait pour vingt-quatre heures un poids de 1000 livres élevé à 3i3920 pieds de hauteur. Nous trouvons actuellement dans cette même expérience, que lorsque ce moulin a ce degré d'action, il fabrique 3 tonnes $\frac{1}{2}$ d'huile par jour; ainsi, puisqu'il fabrique, année moyenne, 4oo tonnes, et que pour fabriquer une tonne, il faut le même nombre de coups de pilons, notre moulin travaille avec l'action due à un vent, dont la vitesse moyenne est de 20 pieds par seconde, pendant cent quatorze jours de chaque année; et comme les moulins sont arrêtés les di-manches et fêtes, l'on peut évaluer leur travail continu sur le pied que nous venons de trouver au tiers de l'année, ou, ce qui revient au même, l'on peut supposer que ces moulins travaillent toute l'année huit heures par jour, en élevant un poids de 1000 livres à 218 pieds par minute.

XVI. Si l'on voulait comparer la quantité d'effet de notre moulin avec celle que pourraient produire des hommes, l'on trouverait, d'après Daniel Bernoulli, tome VIII du *Recueil des Prix, sur les moyens de suppléer, à la mer, à l'action du vent,* qu'un homme, employant ses forces de la manière la plus commode, ne peut élever, en travail-lant huit heures par jour, qu'un poids de 60 livres à 1 pied par seconde, ce qui donne 1728000, élevé à 1 pied, pour l'effet journalier, ce qui revient, pour huit heures de travail par jour, à un poids de 1000 livres élevé à 3 pieds $\frac{6}{10}$ par mi-nute; et comme nous venons de trouver que notre moulin, en travaillant huit heures par jour, élève un poids de 1000 liv. à 218 pieds dans une minute, son effet équivaut au travail journalier de soixante-un hommes.

XVII. Nous avons suivi, dans l'évaluation qui précède, pour

le travail journalier des hommes, le résultat donné par Daniel Bernoulli; nous croyons cependant que ce résultat serait trop fort pour des hommes qui travailleraient plusieurs jours de suite. Voici une expérience que l'on sera souvent à même de répéter, et qui peut, ce me semble, fixer d'une manière assez précise le travail journalier des hommes, au moins lorsqu'ils agissent en sonnant comme dans la plupart des pompes.

Lorsque l'on bat les pilots, à force de bras, avec les ma-chines nommées *sonnettes*, l'on se sert le plus généralement d'une corde qui passe sur une grande roue, et qui soutient d'un côté un poids que l'on nomme *mouton*. De l'autre côté sont attachés plusieurs cordons, que des hommes tirent pour élever le mouton : les frottemens sont ici presque nuls, et toute l'action des hommes est employée à élever le mouton. Le mouton pèse de 6 jusqu'à 800 livres : l'on y emploie un nombre d'hommes, à raison de 40 livres par homme. A chaque percussion, le mouton s'élève de 4 pieds; il bat 20 coups par minute, et 100 coups de suite, après quoi les hommes se reposent cinq minutes, c'est-à-dire autant de temps qu'ils ont travaillé : ce travail dure ordinairement douze heures, sur lesquelles il y aurait six heures de travail effectif; mais le temps qu'il faut pour déplacer la sonnette, redresser et présenter le pilot, réduisent le plus souvent ce temps à cinq heures de travail effectif, ce qui donne pour chaque seconde de travail un poids de 53 livres $\frac{1}{3}$ élevé à 1 pied, et seulement cinq heures de travail par jour; ainsi, l'effet journalier est 960000 livres élevé à 1 pied, ce qui n'est guère que la moitié de 1728000 livres élevé à 1 pied, résultat de D. Bernoulli. Cependant les hommes les plus vigoureux et du meilleur tempérament, peuvent à peine soutenir un pareil travail, cinq mois de suite, sans que leur santé n'en paraisse très altérée.

Il paraît cependant que des hommes très vigoureux qui ne seraient destinés qu'à travailler un ou deux jours, pourraient, sans danger, produire l'effet prescrit par Bernoulli, et peut-être même un effet plus grand; mais nous croyons son estimation trop forte pour un travail de plusieurs mois. D'ailleurs, il reste à constater si, comme le veulent Desaguilliers et Bernoulli, les hommes produisent le même effet journalier dans tous les genres d'action. J'ai de fortes raisons pour croire qu'un homme qui élève son centre de gravité, en montant un escalier, peut fournir, à fatigue égale, une plus grande quantité d'action que dans tous les autres genres de mouvement; au moins est-il certain que nous montons naturellement les escaliers de nos maisons, à raison de 42 pieds à peu près de hauteur par minute; ainsi, un homme pesant 150 livres, produit dans ce genre de mouvement un effet équivalent à 105 livres, élevé à 1 pied par seconde; s'il pouvait soutenir ce degré d'action cinq heures par jour, son effet journalier serait un poids de 1890000 liv., élevé à 1 pied, effet double de celui des hommes qui battent les pilots en sonnant : mais quoique des femmes assez faibles montent ordinairement les escaliers de leur maison, à raison de 42 pieds par minute, peut-être que l'homme le plus vigoureux aurait de la peine à soutenir un pareil travail tous les jours pendant cinq heures; j'avoue que lorsque j'ai voulu monter l'escalier d'un clocher, à raison de 42 pieds de hauteur par minute, au bout de quatre ou cinq minutes il fallait m'arrêter et j'étais hors d'haleine : mais aussi si l'on ne veut continuer ce genre d'action que pendant quelques momens, l'on pourra produire un effet, sans nulle comparaison, plus considérable que dans toutes les autres manières d'appliquer ses forces. Nous avons plusieurs fois éprouvé, avec M. le chevalier de Borda, membre de l'Académie, qu'un homme pesant 150 livres peut, en montant un escalier, s'élever pendant quinze ou vingt secondes, à raison de 3 pieds par seconde, ce qui équivaut à 450 livres, élevé à 1 pied par seconde, effet huit fois et demi plus considérable que celui de l'homme qui bat les pilots en sonnant.

Il résulte de ces observations, que ce ne sera qu'en faisant travailler les hommes pendant plusieurs mois, que l'on pourra espérer d'avoir une estimation approchée de leur travail journalier, et que tous les résultats fondés sur des expériences particulières qui ont duré quelques heures, ne peuvent absolument rien nous apprendre.

Dans les essais ordinaires, pour apprécier le degré de perfection d'une machine, et où les forces des hommes sont appliquées en sonnant ou en faisant tourner une manivelle, essais où l'on fait rarement travailler les hommes plus d'une demi-heure, l'effet ordinaire que produit chaque homme est souvent d'un poids de plus de 100 livres, élevé à 1 pied par seconde. Mais cet effet, qui varie suivant le degré de vigueur et de volonté des hommes que l'on emploie à ces expériences, ne peut certainement pas suffire pour comparer d'une manière précise une machine avec une autre.

XVIII. D'après toutes les expériences détaillées dans le commencement de ces Observations, il serait facile de déterminer la quantité d'eau que notre moulin pourrait fournir à une hauteur donnée; en voici un exemple : le poids du *pied cube* d'eau est de 70 livres, le pouce d'eau est de 14 pintes ou 27 livres, qui s'écoulent pendant une minute; si l'on supposait qu'il fallût élever l'eau à 100 pieds, comme notre moulin élève (suivant la *troisième expérience, articles* 9 *et* 14), un poids de 1000 livres à 218 pieds par minute, ce qui équivaut à un poids de 2180 livres, élevé à cent pieds, nous trouverons que notre moulin pourrait élever 81 pouces d'eau à 100 pieds de hauteur; et comme il ne peut travailler qu'un tiers de l'année avec ce degré d'action, il ne fournirait, d'un mouvement continu, que 27 pouces d'eau.

XIX. Il ne nous reste, pour terminer ces Observations, que de chercher, d'après les expériences qui précèdent, quelle est la partie de l'effet perdu, soit par le choc des mentonnets et des levées, soit par le frottement.

LEMME I.

XX. L'effet d'une machine dans laquelle il n'y a ni choc ni frottement, est toujours proportionnel à la quantité de force vive dépensée par l'agent qui a produit cet effet. Cette proposition a déjà été démontrée par Daniel Bernoulli, neuvième question de son *Hydrodynamique,* et tome VIII des *Pièces couronnées par l'Académie,* dans les *Recherches du même auteur, sur les moyens de suppléer, à la mer, à l'action du vent.*

En effet, une machine quelconque qui se meut d'un mouvement continu, ou prend un mouvement uniforme, ou prend un mouvement tel, que la vitesse augmentant pendant un certain temps, elle diminue ensuite; en sorte qu'au bout d'une ou de plusieurs révolutions, elle revient au même degré de mouvement; ainsi, si φ est la force qui agit sur chaque point d'un système, dx l'espace parcouru par ce point, P un poids élevé de la hauteur dz pendant le temps dt, l'on aura, par les principes de Mécanique, lorsque la vitesse sera

revenue au même degré qu'au point choisi pour le point de
départ; $S\varphi dx = Pz$, cette quantité, intégrée de manière que
x et z représentent les espaces parcourus dans le temps d'une
révolution entière : or $S\varphi dx$ est pour lors la quantité de force
vive dépensée, Pz est la quantité d'effet produit par la machine, puisque c'est le produit du poids élevé, par la hauteur auquel il est élevé, ce qui démontre le lemme proposé.

LEMME II.

XXI. Si un système de corps ABm (*fig.* 36) est en mouvement autour d'un axe C, et qu'un levier CQ, lié à ce
système, rencontre au point de contact Q une masse M;
en vertu de ce choc, il y aura une perte de force vive qu'il
faut déterminer.

Soit CQ...a, soit u la vitesse qui répond au point Q
avant le choc, soit u' la vitesse qui répond à ce même point
après le choc, l la distance d'un point quelconque m au
centre C; $\frac{ul}{a}$ sera la vitesse de rotation du point m autour
de C avant le choc, $\frac{u'l}{a}$ sera la vitesse du même point après
le choc. Mais comme, en vertu du principe de réaction, la
quantité de *momentum* est la même avant et après le choc,
on aura

$$u \int \frac{ml^2}{a} = \left(Ma + \int \frac{ml^2}{a} \right) u',$$

d'où résulte $u' = u \int \frac{ml^2}{a^2} : \left(M + \int \frac{ml^2}{a^2} \right)$; actuellement la force
vive avant le choc est $\int \frac{mu^2 . l^2}{a^2 . 2g}$; la force vive après le choc est

$$\frac{Mu'^2}{2g} + \int \frac{mu'^2 l^2}{2g . a^2} = \frac{u^2 \left(\int \frac{ml^2}{a^2} \right)^2}{2g \left(M + \int \frac{ml^2}{a^2} \right)}.$$ Ainsi, la quantité de force

vive, perdue par le choc, sera $\dfrac{\frac{u^2}{2g} M \int \frac{ml^2}{a^2}}{M + \int \frac{ml^2}{a^2}}$, et dans le cas où

$\int \frac{ml^2}{a^2}$ est beaucoup plus grand que M, la perte de la force

vive dépendante du choc sera $\frac{u^2}{2g}$M.

REMARQUE.

Si les points de contact étaient doués d'une élasticité parfaite, il n'y aurait aucune perte de force vive, et cette perte
est d'autant moindre, que l'élasticité augmente. Mais dans
la plupart des cas de pratique, il paraît que l'élasticité est
peu considérable; l'expérience apprend en effet qu'un mouton de bois pesant 600 ou 700 livres, tombant de 4 pieds de
hauteur, n'a que 2 ou 3 pouces de ressaut.

XXII. Appliquons le lemme qui précède, à la quantité d'effet perdu par le choc des mentonnets et des levées de nos
moulins à vent. Nous verrons d'abord que a exprime ici la
distance de l'axe de rotation au point de contact du hérisson et du mentonnet des pilons, distance qui n'est que de
21 pouces; que l représente la distance des différens points
des ailes et de l'arbre de rotation à l'axe de rotation, et que
S$\frac{ml^2}{a^2}$ doit être beaucoup plus grand que M, parce que le
poids des ailes et de l'arbre de rotation passe 8000 livres, tandis
que M poids d'un pilon n'est que de 1020 livres. Ainsi l'on
pourra se servir, dans la pratique, pour déterminer la quantité de force vive perdue par le choc, de l'expression M $\frac{u^2}{2g}$.
Or, nous avons vu dans la troisième expérience, que lors-
que le vent a une vitesse moyenne de 20 pieds dans une

seconde, les ailes du moulin font treize tours dans une minute; ainsi le point de contact du hérisson et du mentonnet, qui est à 21 pouces de distance de l'axe de rotation, aura 28 pouces 7 lignes de vitesse par seconde, vitesse due à une chute de 1 pied 1 ligne $\frac{1}{2}$; ainsi la quantité de force vive perdue par le système, à chaque choc, sera telle que si elle avait été employée utilement, chaque pilon aurait été élevé de 1 pouce 1 ligne $\frac{1}{2}$ de plus, ce qui donnerait pour une minute un poids de 1000 livres, élevé à 16 pieds $\frac{1}{2}$.

XXIII. Il ne reste qu'à déterminer la quantité de force vive que le frottement fait perdre. Voici ce que l'expérience m'a appris : un jour très calme, ayant fait relever tous les pilons, en sorte que l'arbre pouvait se mouvoir librement, et que les appuis n'étaient chargés que du poids de l'arbre et des ailes, l'on a disposé le moulin de manière que les deux ailes opposées étaient horizontales, et attachant différens poids à l'extrémité des ailes, tantôt d'un côté, tantôt de l'autre, l'on a trouvé qu'en imprimant un mouvement insensible, il fallait, pour que le mouvement fût continu, un poids de 5 livres à 38 pieds de distance de l'axe de rotation. Comme le poids des ailes et de l'arbre est à peu près de 8000 livres, et que par la distribution des levées et des mentonnets, dans le mouvement de la machine, l'arbre est toujours chargé, en soulevant les pilons moyennement de 1500 livres, l'on peut estimer, par approximation, le *momentum* total du frottement, lorsque la machine soulève tous les pilons sur le pied de 6 livres, multiplié par 38 pieds. La vitesse de ce poids serait, lorsque le vent parcourt 20 pieds dans une seconde, de 52 pieds par seconde, vitesse due à une chute de 45 pieds. Ainsi la force vive consommée pendant une minute, serait équivalente à un poids de 1000 liv. élevé à 18 pouces $\frac{1}{2}$.

RÉSULTAT.

XXIV. Nous avons trouvé, par l'expérience, que notre moulin, avec un vent de 20 pieds par seconde, produit un effet équivalent à un poids de 1000 livres élevé par minute à 218 pieds. . . . . 1000 $\times$ 218$^{pieds.}$

Nous trouvons que les différens chocs des mentonnets et des levées produisent, pour un poids de 1000 livres, une perte d'action égale à . . . . 1000 $\times$ 16 $\frac{1}{2}$

Et que le frottement produit une perte d'action, pour un même poids de 1000 liv., égale à . . . . 1000 $\times$ 18 $\frac{1}{2}$

Ainsi la quantité totale d'action employée par le vent pour mouvoir la machine, sera de . . . . 1000 $\quad$ 253,0$^{pieds.}$

C'est-à-dire que la quantité d'action consommée par le vent équivaut à un poids de 1000 livres élevé à 253 pieds par minute; d'où il résulte que la quantité d'effet perdu, soit par le choc des mentonnets et des levées, soit par le frottement, est le sixième à peu près de l'effet effectif.

XXV. Les deuxième, troisième et quatrième expériences indiquent la quantité d'effets que les conducteurs des moulins à huile sont dans l'usage de faire produire, suivant les différens degrés du vent; il peut être intéressant de connaître, d'après la pratique, quel est le rapport entre la vitesse de l'aile et celle du vent.

Dans la deuxième expérience, nous trouvons que lorsque

le vent parcourt 13 pieds par seconde, les moulins font 8 tours par minute, ce qui donne le rapport $\frac{13}{8}$. . . . . 1,62.

Dans la troisième expérience, le vent a 20 pieds de vitesse par seconde, les moulins font 13 tours par minute, ce qui donne le rapport $\frac{20}{13}$ . . . . 1,54.

Dans la quatrième expérience, le vent parcourt 28 pieds par seconde, les moulins font 17 tours par minute, ce qui donne le rapport $\frac{28}{17}$ . . . . 1,64.

Ce qui donne ce résultat curieux, c'est que dans la pratique, quelle que soit la vitesse du vent, les conducteurs de ces moulins sont dans l'usage de disposer la machine, de manière que le rapport entre la vitesse du vent et celle de l'aile soit une quantité constante.

XXVI. Terminons ces observations par une réflexion qui paraît mériter quelque attention ; c'est que nous croyons qu'il serait à désirer, pour la perfection de la Mécanique et des Arts, que l'on réunît dans un corps d'ouvrage, une description, avec figures, des meilleures machines exécutées en Europe. L'on joindrait à cette description des expériences faites sur les lieux, dans le genre de celles que nous venons de rapporter pour les moulins à vent, mais plus nombreuses et plus circonstanciées ; l'on comparerait, au moyen de ces expériences, la quantité d'effet que chaque machine produit, avec la quantité d'action qu'elle consomme, ce qui est la seule balance pour en déterminer le degré de perfection. L'on aurait, par ce moyen, une mesure exacte pour apprécier par les faits toutes ces prétendues inventions dont les auteurs, sans la moindre connaissance des principes de Mécanique, fatiguent les Académies et l'administration, pour obtenir le privilége de ruiner quelques particuliers.

ESSAI

Sur une application des règles de maximis et minimis *à quelques problèmes de Statique, relatifs à l'Architecture.*

INTRODUCTION.

Cᴇ Mémoire est destiné à déterminer, autant que le mélange du Calcul et de la Physique peuvent le permettre, l'influence du frottement et de la cohésion, dans quelques problèmes de Statique. Voici une légère analyse des différens objets qu'il contient.

Après quelques observations préliminaires sur la cohésion, et quelques expériences sur le même objet, l'on détermine la force d'un pilier de maçonnerie; le poids qu'il peut porter, pressé suivant sa longueur; l'angle sous lequel il doit se rompre. Comme ce problème n'exige que des considérations assez simples, qui servent à faire entendre toutes les autres parties de cet Essai, tâchons de développer les principes de sa solution.

Si l'on suppose un pilier de maçonnerie coupé par un plan incliné à l'horizon, en sorte que les deux parties de ce pilier soient unies dans cette section, par une cohésion donnée, tandis que tout le reste de la masse est parfaitement solide, ou lié par une adhérence infinie; qu'ensuite on charge ce pilier d'un poids : ce poids tendra à faire couler la partie supérieure du pilier sur le plan incliné, par lequel il touche la partie in-

férieure. Ainsi, dans le cas d'équilibre, la portion de la pesanteur, qui agit parallèlement à la section, sera exactement égale
à la cohérence. Si l'on remarque actuellement, dans le cas de
l'homogénéité, que l'adhérence du pilier est réellement égale
pour toutes les parties; il faut, pour que le pilier puisse supporter un fardeau, qu'il n'y ait aucune section de ce pilier,
sur laquelle l'effort décomposé de sa pression puisse faire
couler la partie supérieure. Ainsi, pour déterminer le plus
grand poids que puisse supporter un pilier, il faut chercher
parmi toutes ses sections celle dont la cohésion est en équilibre avec un poids qui soit un *minimum*; car, pour lors,
toute pression, au-dessous de celle déterminée par cette condition, serait insuffisante pour rompre le pilier.

Outre la résistance qui provient de la cohésion, j'ai eu égard
à celle due au frottement. Les mêmes principes suffisent
pour remplir les deux conditions; l'application de cette recherche peut s'étendre à tous nos édifices, dont la masse est
toujours soutenue par des colonnes, ou par quelque moyen
équivalent.

L'on détermine ensuite la pression des terres, contre les
plans verticaux qui les soutiennent; la méthode est absolument la même. Si l'on suppose en effet un triangle-rectangle
solide, dont un des côtés soit vertical, et dont l'hypoténuse
touche un plan incliné, sur lequel le triangle tend à glisser;
si ce triangle, sollicité par sa pesanteur, est soutenu par une
force horizontale, par sa cohésion et par son frottement, qui
agissent le long de cette hypoténuse, l'on déterminera facilement, dans le cas d'équilibre, cette force horizontale par les
principes de Statique. Si l'on remarque ensuite que les terres
étant supposées homogènes, peuvent se séparer dans le cas
de rupture, non-seulement suivant une ligne droite, mais

suivant une ligne courbe quelconque; il s'ensuit que pour
avoir la pression d'une surface de terre contre un plan vertical, il faut trouver parmi toutes les surfaces décrites dans un
plan indéfini vertical, celle qui, sollicitée par sa pesanteur,
et retenue par son frottement et sa cohésion, exigerait, pour
son équilibre, d'être soutenue par une force horizontale, qui
fût un *maximum*; car, pour lors, il est évident que toute autre
figure demandant une moindre force horizontale, dans le cas
d'équilibre, la masse adhérente ne pourrait se diviser. Comme
l'expérience donne à peu près une ligne droite pour la ligne
de rupture des terres, lorsqu'elles ébranlent leurs revêtemens,
il suffit, dans la pratique, de chercher dans une surface indéfinie, parmi tous les triangles qui pressent un plan vertical,
celui qui demande pour être soutenu la plus grande force horizontale. Dès que cette force est determinée l'on en déduit
avec facilité les dimensions des revêtemens.

L'on trouvera à la fin de ce même article les moyens de déterminer exactement parmi toutes les surfaces courbes que
l'on peut tracer dans un fluide indéfini, celle dont la pression
contre un plan vertical, est un *maximum*, en ayant égard au
frottement et à la cohésion. Cette recherche peut servir à trouver la pression des fluides cohérens, contre les parois des vases
qui les soutiennent.

Enfin on termine cet Essai par chercher les dimensions
des voûtes, leurs points de rupture, les limites qui circon-
scrivent leur état de repos, lorsque la cohésion et le frottement
contribuent à leur solidité. M. Gregori a démontré, je crois
le premier, dans les *Transactions philosophiques*, que dans
le système de la pesanteur, la chaînette était la même courbe
que la voûte qui serait formée par une infinité d'élémens d'une
épaisseur constante et infiniment petite. J'ai étendu cette pro-

position, et j'ai prouvé que, quel que fût le nombre et la direction des forces qui agiraient sur une voûte formée d'après les suppositions précédentes, la figure de cette voûte serait la même que celle d'une chaînette sollicitée par les mêmes puissances. Les mêmes principes suffisent ensuite pour déterminer les joints lorsqu'ils sont des quantités finies, ou qu'ils doivent former avec la courbe intérieure de la voûte un autre angle que le droit. Cette dernière hypothèse a lieu dans les plates-bandes; l'on y trouve que si l'épaisseur est donnée, les joints, dans le cas d'équilibre, doivent être dirigés vers un même centre.

Les formules trouvées, en faisant abstraction des frottemens et de la cohésion des joints, ne peuvent être d'aucune utilité dans la pratique; tous les géomètres qui se sont occupés de cet objet s'en sont aperçus; ainsi, pour avoir des résultats que l'on pût employer, ils ont été obligés de fonder leurs calculs sur des suppositions qui les rapprochassent de la nature. Ces suppositions consistent ordinairement à considérer les voûtes comme divisées en plusieurs parties, et à chercher ensuite les conditions d'équilibre de ces différentes parties; mais comme cette division se fait à peu près d'une manière arbitraire, dans le dessein de l'apprécier, j'ai cherché par les règles *de maximis et minimis*, quels seraient les véritables points de rupture dans les voûtes trop faibles, et les limites des forces que l'on pourrait appliquer à celle dont les dimensions seraient données; j'ai tâché autant qu'il m'a été possible de rendre les principes dont je me suis servi assez clairs pour qu'un artiste un peu instruit pût les entendre et s'en servir.

Ce Mémoire, composé depuis quelques années, n'était d'abord destiné qu'à mon usage particulier, dans les différens

41

travaux dont je suis chargé par mon état; si j'ose le présenter
à cette Académie, c'est qu'elle accueille toujours avec bonté
le plus faible essai, lorsqu'il a l'utilité pour objet. D'ailleurs,
les sciences sont des monumens consacrés au bien public;
chaque citoyen leur doit un tribut proportionné à ses talens.
Tandis que les grands hommes, portés au sommet de l'édifice,
tracent et élèvent les étages supérieurs, les artistes ordinaires,
répandus dans les étages inférieurs ou cachés dans l'obscurité
des fondemens, doivent seulement chercher à perfectionner
ce que des mains plus habiles ont créé.

PROPOSITIONS PRÉLIMINAIRES.

1. Soit le plan *abcde* (*fig.* 37) sollicité par des forces quelconques situées dans la direction de ce plan, en équilibre
sur la ligne AB; la résultante de toutes ces forces sera perpendiculaire à la ligne AB, et tombera entre les points *a*
et *e*.

2. Si toutes les forces qui agissent dans ce plan sont décomposées suivant deux directions, l'une parallèle à AB, l'autre
qui lui soit perpendiculaire, la somme des forces décomposées parallèlement à AB, sera nulle, et la somme des forces,
perpendiculaires à AB, égalera la pression qu'éprouve la ligne
AB.

3. Si la pression qu'éprouve la ligne AB est exprimée par
P, le même plan pourra être supposé sollicité par toutes les
forces qui lui sont appliquées, et de plus par la réaction de
la pression. Mais si toutes ces forces, ainsi que la réaction de
la pression, sont décomposées, suivant deux directions quelconques perpendiculaires l'une à l'autre, il suit de l'équilibre

et de la perpendicularité des deux directions, que la résultante suivant chaque direction, sera nulle.

Du frottement.

4. Le frottement et la cohésion ne sont point des forces actives comme la gravité, qui exerce toujours son effet en entier, mais seulement des forces coercitives; l'on estime ces deux forces par les limites de leur résistance. Lorsqu'on dit, par exemple, que dans certains bois polis, le frottement sur un plan horizontal d'un corps pesant neuf livres, est trois livres, c'est dire que toute force au-dessous de trois livres ne troublera point son état de repos.

Je supposerai ici que la résistance due au frottement est proportionnelle à la pression, comme l'a trouvé M. Amontons; quoique dans les grosses masses le frottement ne suive pas exactement cette loi. D'après cette supposition, l'on trouve dans les briques, le frottement, égal aux trois quarts de la pression. Il sera bon de faire des épreuves sur les matériaux que l'on voudra employer. Il est impossible de fixer ici le frottement des pierres, les essais faits pour une carrière ne pouvant point servir pour une autre.

De la cohésion.

5. La cohésion se mesure par la résistance que les corps solides opposent à la désunion directe de leurs parties. Comme chaque élément des solides, lorsqu'ils sont homogènes, est doué de cette même résistance, la cohésion totale est proportionnelle au nombre des parties à désunir, et par conséquent à la surface de rupture des corps. J'ai cherché à déterminer par quelques expériences, la force de cette cohésion; elles m'ont donné les résultats suivans :

PREMIÈRE EXPÉRIENCE.

J'ai pris un carreau *abcd* (*fig*. 38), d'une pierre blanche, d'un grain fin et homogène (*); ce carreau était d'un pied carré, avait un pouce d'épaisseur; je l'ai fait échancrer en *e* et en *f*, en sorte que *ef* formait une gorge de deux pouces, par laquelle les deux parties du carreau restaient unies. J'ai suspendu ce carreau par cette gorge, en y introduisant deux cordes nouées en fronde; et par deux autres cordes j'ai suspendu un plateau de balance que j'ai chargé d'un poids P. Il a fallu augmenter ce poids jusqu'à 430 livres, pour rompre le carreau en *ef*, ce qui donne, pour la force de la cohésion, 215 livres par pouce.

IIᵉ EXPÉRIENCE.

J'ai voulu voir si en rompant un solide de pierre, par une force dirigée suivant le plan de rupture, il fallait employer le même poids que pour le rompre, comme dans l'expérience précédente, par un effort perpendiculaire à ce plan. Pour cela j'ai introduit le petit solide ABCD (*fig*. 39) dans une mortoise ACeg, j'ai suspendu un bassin à la corde eP, qui enveloppait le solide et qui joignait la mortoise; le petit solide avait deux pouces de largeur, un pouce de hauteur, ce qui donne la même surface de rupture que dans l'expérience précédente; il n'a rompu que lorsque le bassin a été chargé de 440 livres. J'ai répété plusieurs fois cette expérience, de même que la première, et j'ai presque toujours trouvé qu'il fallait une plus grande force pour rompre le solide, lorsque cette

---

(*) Cette pierre se trouve autour de Bordeaux et sert à construire les façades des grands édifices de cette ville.

force était dirigée suivant le plan de rupture, que lorsqu'elle était perpendiculaire à ce plan. Cependant, comme cette différence n'est ici que $\frac{1}{44}$ du poids total, et qu'elle s'est trouvée souvent plus petite, je l'ai négligée dans la théorie qui suit.

III° EXPÉRIENCE.

J'ai voulu voir comment se fait la rupture d'un corps lorsqu'il est rompu par une force qui agit sur lui avec un bras de levier; en conséquence j'ai encastré dans une mortoise $ACeg$ (*fig.* 40) un solide de la même pierre que dans l'expérience précédente, ayant 1 pouce de hauteur, 2 pouces de largeur, et 9 pouces de longueur de g en D, où j'ai suspendu un poids P; ce poids s'est trouvé de 20 livres lorsque le solide a cassé en eg.

6. J'ai répété les mêmes épreuves sur des briques de Provence d'une excellente cuite et d'un grain très uni, j'ai trouvé que leur cohésion, en les rompant par une force perpendiculaire au plan de rupture, conformément à la première expérience, était de 280 à 300 livres par pouces. J'ai trouvé encore qu'un mortier composé de quatre parties de sable et trois de chaux, employé depuis deux ans, supportait, perpendiculairement au plan de rupture, 50 livres par pouce. Cette dernière épreuve, faite à la Martinique, ne peut point être généralisée; la force du mortier varie quelquefois du double, et même du triple, suivant la nature du pays humide ou sec, suivant les qualités du sable, de la chaux, de la pierre employée dans le corps de la maçonnerie, suivant l'ancienneté de cette maçonnerie; l'on ne peut rien fixer, il faut dans chaque lieu des observations particulières.

Remarques sur la rupture des corps.

7. Si l'on suppose un solide *on*KL (*fig.* 41) dont les angles soient droits, alongé comme une poutre ordinaire, et fixé en *on*, de manière que les côtés de ce solide soient horizontaux et verticaux; si l'on suppose ensuite que ce solide est coupé par un plan vertical représenté par AD, perpendiculaire au côté *on*KL, et sollicité par un poids φ, attaché à son extrémité en L; il est évident, en ne considérant qu'une face verticale de ce solide, les autres étant égales et parallèles, que tous les points de la ligne AD résistent pour empêcher le poids φ de rompre le solide; que par conséquent une partie supérieure AC de cette ligne fait effort par une traction dirigée suivant QP, tandis que la partie inférieure fait effort par une pression dirigée suivant Q'P'. Si l'on décompose toutes les forces, soit de traction, soit de pression, suivant deux directions, l'une verticale et l'autre horizontale, exprimée par QM et PM; et si par tous les points M l'on fait passer une ligne BMC*e*, cette courbe sera le lieu géométrique de tous les efforts perpendiculaires qu'éprouve la ligne AD. Ainsi, la tranche ADKL doit être supposée sollicitée par toutes les forces horizontales PM, par toutes les forces verticales MQ, et par la pesanteur du poids φ; par conséquent, puisqu'il y a équilibre, il faut, *art.* 3, que la somme des puissances horizontales soit nulle; que, par conséquent, l'aire des tensions ABC égale l'aire des pressions C*e*D. Il faut, de plus, par le même article, que la somme des forces verticales QM soit égale au poids φ; mais par les principes de Statique l'on a encore la somme des *momentum* autour du point C de toutes les forces, soit de traction, soit de pression, égale au *momentum* du poids φ autour du même point; ce qui donne

l'équation $\int Pp \,.\, MP \,.\, CP = \varphi LD$. Nous avons donc, quel que soit le rapport entre la dilatation des élémens d'un solide et leur cohésion, les trois conditions précédentes à remplir.

Je suppose, par exemple, que l'on veuille chercher le poids que peut supporter une pièce de bois parfaitement élastique ; c'est-à-dire qui se comprime ou se dilate chargée dans la direction de sa longueur proportionnellement à la force qui la comprime ou qui la dilate ; que l'élément *ofnh*, qui touche le mur, représente une portion très petite de la pièce de bois dans son état naturel ; si l'on charge cette pièce de bois d'un poids φ, la partie supérieure de la ligne *fh* se portera en *g*, et la partie inférieure se portera en *m* ; la ligne *fh* deviendra *gm* ; mais comme par hypothèse les tensions, de même que les pressions, sont représentées par les parties $\pi\mu$ du triangle *fge*, il suit que le triangle de compression *emh* doit égaler le triangle de dilatation *fge*. Ainsi, si l'on nomme δ la tension du point *f*, représentée par *fg*, *fe* égalera $\frac{1}{2}$ *fh* ; l'on aura, pour le *momentum* du petit triangle de traction, $\frac{\delta\,(ef)^2}{3}$, qui, ajouté au *momentum* du petit triangle de compression, doit donner $\frac{\delta\,(fh)^2}{6} = \varphi \,.\, nL$, ou $\delta \,.\, fh$, dans l'instant de rupture, exprime la résistance que l'adhérence opposerait à un effort qui agirait perpendiculairement à la ligne *fh*, en supposant cependant que les tractions MQ n'influent que très peu sur la résistance des solides ; ce qui est assez vrai, lorsque le bras du levier *nL* du poids φ est beaucoup plus grand que l'épaisseur *fh*.

Mais si l'on supposait le solide, prêt à se rompre, composé de fibres roides, ou qui ne soient susceptibles ni de compression, ni d'alongement ; si l'on supposait encore que le corps se rompît en tournant autour du point *h* ; pour lors, chaque point de l'épaisseur fh ferait un effort égal; le point h éprouverait une pression égale à δfh, et le *momentum* du petit triangle de cohésion serait $\frac{\delta(fh)^2}{2}$. Appliquons cette dernière hypothèse à nos expériences.

J'ai trouvé, par la première expérience, qu'une surface de deux pouces de largeur sur un pouce de hauteur, opposait une résistance égale à 430 livres. Dans la troisième expérience j'ai les mêmes dimensions, et de plus hL égale 9 pouces; par conséquent, si la dernière hypothèse était vraie j'aurais dû trouver $P = \frac{430}{2.9}$, à peu près 24 livres; mais l'expérience donne pour P, 20 livres; ainsi l'on ne peut pas supposer dans la rupture des pierres, ou que la roideur des fibres soit parfaite, ou que le point d'appui de rotation soit précisément en h. Une remarque assez simple aurait fait prévoir ce résultat, c'est qu'en prenant h pour point de rotation, il faudrait que ce point h supportât une pression finie, sans que sa cohésion fût détruite, ce qui n'est pas possible, puisque cette cohésion est une quantité finie pour une surface finie. Il faut donc, dans le cas qui précède celui de rupture, que cette force, porte en un point h', tel que l'adhérence de $h'q$ soit en état de supporter par sa résistance la pression $\delta fh'$, qu'éprouve la ligne hh', décomposée suivant $h'q$. Nous donnerons, dans la suite, les moyens de déterminer l'angle q du triangle hhq.

M. l'abbé Bossut, dans un excellent Mémoire sur la figure des digues, ouvrage où l'on trouve réunie, à l'esprit d'invention, la sagacité du physicien et l'exactitude du géomètre, paraît avoir distingué et fixé, le premier, la différence qui se trouve entre la rupture des bois et celle des pierres.

Résistance des piliers de maçonnerie.

8. Soit (*fig.* 42) un pilier homogène de maçonnerie, que je suppose d'abord carré, chargé d'un poids P; l'on demande la direction de la ligne CM, suivant laquelle ce pilier se rompra, et la pesanteur du poids nécessaire pour cette rupture.

Je suppose ici que l'adhérence oppose une égale résistance, soit que la force soit dirigée parallèlement ou perpendiculairement au plan de rupture, conformément à la première et à la deuxième expérience. Je suppose encore le pilier d'une matière homogène, dont la cohésion soit δ; soit prise une section quelconque CM, inclinée à l'horizon, et perpendiculaire au plan vertical ABDM, face de ce pilier. Si l'on suppose pour un instant l'adhérence de la partie supérieure ABCM infinie, de même que celle de la partie inférieure CDM, il est clair que la masse de cette colonne tendrait à glisser le long de CM; et par conséquent, si les deux parties étaient unies par une force d'adhérence égale à la cohésion naturelle du pilier, pour rompre cette colonne, suivant CM, il faudrait que la pesanteur du poids P, décomposée suivant cette direction, fût égale ou plus grande que l'adhérence de CM. Soit l'angle en M...x, DM...a, P le poids dont la pression représentée par φq, se décompose suivant les directions φr et rq, perpendiculaires et parallèles à la ligne de rupture. Si l'on néglige, pour simplifier, la pesanteur de la colonne, l'on aura $\delta CM = \frac{\delta a}{\cos x}$, et $rq = P \sin x$; par conséquent, dans le cas d'équilibre, l'on trouve $P = \frac{\delta aa}{\sin x \cdot \cos x}$; mais comme la colonne doit être en état de porter le poids P sans se rompre, quelle que soit la section CM, il faut que le poids P soit toujours

42

plus petit que la quantité $\frac{\delta aa}{\sin x . \cos x}$, quelle que soit la valeur de x; ce qui aura lieu lorsque l'on déterminera P, tel qu'il soit un *minimum*, d'après l'équation $P = \frac{\delta a^2}{\sin x . \cos x}$; ce qui donne $dP = \frac{\delta aa[-dx(\cos x)^2 + dx(\sin x)^2]}{(\sin x . \cos x)^2}$, et par conséquent.... $\sin x = \cos x$. Ainsi, le plus grand poids que la colonne puisse supporter sans se rompre, égale $2\delta aa$, le double de la résistance qu'elle opposerait à une force de traction, et l'angle de moindre résistance ou de rupture, sera de 45 degrés.

Nous avons supposé dans cette recherche, que la section représentée par CM était perpendiculaire au côté vertical ABDM; mais l'on aurait trouvé les mêmes résultats pour une section quelconque, pourvu qu'elle eût eu la même inclinaison sur le plan horizontal; en remarquant que par la théorie des projections, les sections obliques d'un pilier sont à leur projection horizontale comme le rayon est au cosinus d'inclinaison de ces deux plans; ainsi, en nommant x le sinus d'inclinaison de ces deux plans, et A la surface de la base, égale ici à a^2, l'on aura, pour l'adhérence de la section oblique $\frac{\delta aa}{\cos x}$, et P $\sin x$, pour la force qui tend à faire couler la partie supérieure de la colonne sur le plan incliné qui lui sert de base, de quelque manière que soit situé le plan de section. Comme ces quantités sont précisément les mêmes que les précédentes, elles doivent par conséquent donner les mêmes résultats; d'où l'on peut conclure que, quelle que soit la figure de la base horizontale d'un pilier, si la surface de cette base est constante, sa force sera la même.

9. Nous n'avons point fait entrer, dans la solution précédente, le frottement qui s'oppose à la rupture du pilier. Si

l'on voulait y avoir égard, en conservant les dénominations précédentes, l'on trouverait, pour la pression du poids sur CM, $P \cos x$; et comme le frottement est proportionnel à la pression, il sera égal à $\frac{P \cos x}{n}$, n étant une quantité constante; la masse du pilier ABCM, pressé par le poids P, est donc retenue par la cohésion et par le frottement; ainsi, en augmentant le poids jusqu'à ce qu'il soit prêt à rompre le pilier, l'on aura

$$\frac{aa\delta}{\cos x} + \frac{P \cos x}{n} = P \sin x, \quad \text{et} \quad P = \delta aa : \left[\cos x \left(\sin x - \frac{n}{\cos x} \right) \right].$$

Il faut, par les principes qui précèdent, pour avoir le poids que le pilier peut porter sans se rompre, faire P un *minimum*, ce qui donne

$$dx \left[\sin x \left(\sin x - \frac{\cos x}{n} \right) \right] - dx \cos x \left(\cos x + \frac{\sin x}{n} \right) = 0,$$

et par conséquent

$$(\cos x)^2 + \frac{2 \sin x \cos x}{n} = (\sin x)^2;$$

d'où l'on tire

$$\cos x = \sin x \left[\sqrt{\left(1 + \frac{1}{nn} \right)} - \frac{1}{n} \right];$$

d'où

$$\tang x = \frac{1}{\sqrt{\left(1 + \frac{1}{nn} \right)} - \frac{1}{n}}.$$

Si le pilier était en briques, l'on aurait (*art.* 4)

$$\frac{1}{n} = \frac{3}{4}; \quad \tang x = 2; \quad \sin x = 2 \cos x;$$

par conséquent,

$$\cos x = \left(\frac{1}{5} \right)^{\frac{1}{2}}, \quad \text{et} \quad P = \frac{\delta aa}{\cos x \left(2 \cos x - \frac{3}{4} \cos x \right)} = 4 \delta aa;$$

l'angle en M sera de 63° 26'; ainsi, la force qu'il faudrait pour rompre une colonne en briques par une force pressante, serait quadruple de celle qu'il faudrait pour rompre cette même colonne par une force de traction.

M. Musschenbroeck (*Essai de Physique, traduction française, vol. I, page* 354) a trouvé qu'un pilier carré en briques, de 11 pouces et demi de longueur sur 5 lignes de côté, a été rompu par un fardeau de 195 livres. Dans l'expérience de M. Musschenbroeck, les côtés étant $\frac{5}{12}$ de pouce, la coupe horizontale était $\frac{25}{144}$ d'un pouce carré. Or, par l'*art.* 6, nous avons trouvé qu'un pouce carré de brique supporte, perpendiculairement au plan de rupture, 300 livres; ainsi, dans cette expérience, $\delta aa = 300$ l. $\times \frac{25}{144} = 52$ liv., qui exprime la force de traction; mais comme $P = 4\delta' a^2$, il suit de notre théorie et de nos épreuves, que ce physicien aurait dû trouver 208 livres, quantité peu différente de 195 livres, résultat de son expérience.

Au reste, je suis obligé d'avertir que la manière dont M. Musschenbroeck détermine la force d'un pilier de maçonnerie, n'a aucun rapport avec celle que je viens d'employer. Un pilier, pressé par une force dirigée suivant sa longueur, ne se rompt, dit ce physicien célèbre, que parce qu'il commence à se courber; autrement il supporterait toute sorte de poids. En partant de ce principe, il détermine la force des piliers carrés, en raison inverse du carré de leur longueur, et triplée de leurs côtés; en sorte que si le pilier, dont nous venons de calculer la force, n'avait eu que la moitié de sa première longueur, il aurait supporté un poids quadruple du premier, c'est-à-dire 832 livres; au lieu que je crois avoir démontré qu'il n'aurait guère supporté que le même poids de 208 livres.

L'on conclut de la formule, que les forces des piliers homogènes sont entre elles comme les sections horizontales.

L'on déterminerait par les mêmes principes, l'angle de rupture d'une colonne incompressible, qui serait pressée par une force inclinée à sa base horizontale; pourvu que la direction de cette force tombât dans cette base; car si elle tombait en dehors de cette base, il y aurait quelques autres considérations qui rendraient la solution de ce problème un peu plus difficile.

L'on trouve aussi, par les principes précédens, la hauteur où l'on peut élever une tour sans qu'elle s'écrase sous son propre poids. Supposons, pour simplifier, que cette hauteur est beaucoup plus grande que la largeur; pour pouvoir négliger le petit prisme CDM, il faudra substituer dans les formules, à la place de la quantité P, la masse d'une tour qui aurait le même poids : supposons-la, par exemple, construite en briques; le pied cube de briques pesant à peu près 144 liv., un petit prisme, qui aurait un pouce de base sur un pied de hauteur, pèserait une livre; ainsi, comme une base d'un pouce peut supporter une force de traction égale à 300 livres, et une force de pression double, lorsque l'on néglige le frottement, il est clair qu'en substituant à la tour une masse de petits prismes, d'un pouce de base sur 600 pieds de hauteur, il serait aussi soutenu par la cohérence. Si l'on avait égard au frottement, l'on pourrait, par les mêmes principes, élever cette tour jusqu'à 1200 pieds de hauteur; si à la place de la tour on substituait une pyramide, elle pourrait s'élever à une hauteur triple.

Si cette tour était portée sur plusieurs piliers, la hauteur à laquelle on pourrait l'élever, serait en raison directe de la section horizontale de ces piliers; en sorte que si la section de

ces piliers était, par exemple, le sixième de la section horizontale de la tour, elle ne pourrait s'élever au-dessus des colonnes qu'à 100 pieds de hauteur, en négligeant le frottement,
et à 200 pieds en y ayant égard. L'on néglige ici le poids des
piliers, il serait facile d'y avoir égard.

Lorsque plusieurs voûtes prennent leur naissance sur le
même pilier, s'arc-boutent et se soutiennent mutuellement,
quant à la pression horizontale; la résultante de leurs forces
étant verticale, et dirigée suivant l'axe du pilier, l'on déterminera facilement par cette méthode la grosseur d'un pilier.
Toutes ces recherches sont simples, d'un usage journalier; il
serait facile de les étendre, mais je n'ai voulu ici qu'en établir
les principes.

De la pression des terres et des revêtemens.

9. Si l'on suppose (*fig.* 43) qu'un triangle CBa rectangle,
solide et pesant, est soutenu sur la ligne Ba par une force A
appliquée en F, perpendiculairement à la verticale CB; qu'en
même temps il est sollicité par sa pesanteur φ, et retenu sur
la ligne Ba, par sa cohésion avec cette ligne, et par le frottement. Soit fait CB...a, Ca...x, $\delta(aa + xx)^{\frac{1}{2}}$ exprimera
l'adhérence de la ligne aB; φ, pesanteur du triangle CBa,
égalera $\frac{gax}{2}$, où g exprime la densité du triangle.

Si l'on décompose la force A et la force φ suivant deux directions, l'une parallèle à la ligne Ba, l'autre qui lui soit perpendiculaire, les triangles φGδ, Fπp, qui expriment ces forces
décomposées, seront semblables au triangle CaB; l'on aura
donc pour ces forces les expressions suivantes,

φG force perpendiculaire à aB dépendante de φ.....$\varphi x : (aa + xx)^{\frac{1}{2}}$.

Gδ force parallèle à aB dépendante de φ.........$\varphi a : (aa + xx)^{\frac{1}{2}}$.

Fπ force perpendiculaire à aB dépendante de A.....A$a : (aa + xx)^{\frac{1}{2}}$.

πp force parallèle à aB dépendante de A.........A$x : (aa + xx)^{\frac{1}{2}}$.

Si $\frac{1}{n}$ exprime le rapport constant du frottement à la pression, l'on aura l'effort que fait le triangle pour couler sur aB, exprimé par

$$\left[\varphi a - Ax - \frac{\varphi x - Aa}{n} - \delta(aa + xx)\right] : (aa + xx)^{\frac{1}{2}};$$

dans le cas d'équilibre, cette expression sera égale à zéro; d'où l'on tire

$$A = \left[\varphi\left(a - \frac{x}{n}\right) - \delta(aa + xx)\right] : \left(x + \frac{a}{n}\right).$$

Mais si l'on suppose que la force appliquée en F, vienne à augmenter, au point qu'elle soit prête à mettre le même triangle en mouvement suivant la direction Ba; pour lors, en nommant A$'$ cette force, l'on aura

$$\left[A'x - \varphi a - \frac{\varphi x - Aa}{n} - \delta(aa + xx)\right] : (aa + xx)^{\frac{1}{2}},$$

pour l'effort suivant Ba; d'où l'on tire, dans le cas d'équilibre,

$$A' = \left[\varphi\left(a + \frac{x}{n}\right) + \delta(aa + xx)\right] : \left(x - \frac{a}{n}\right),$$

quantité qui serait infinie si x égalait $\frac{a}{n}$.

L'on peut remarquer, d'après les deux expressions précédentes, que la force A sera toujours plus petite que la quantité $\frac{ga^2}{2}$, et que la force A$'$ sera toujours plus grande que cette quantité qui exprime la pression, lorsque l'adhérence et le frottement deviennent nuls, ou lorsque le triangle est supposé fluide.

Il est donc démontré que lorsque la cohésion et le frottement contribuent à l'état de repos du triangle, les limites de la force que l'on peut appliquer en F, perpendiculairement à CB, sans mettre le triangle en mouvement, seront comprises entre A et A'.

10. Mais si l'on remarque, comme on l'a déjà fait dans l'Introduction, que dans une masse de terres homogène l'adhérence est égale dans tous les points, il faut, pour soutenir cette masse indéfinie, que non-seulement la force A puisse supporter un triangle donné CBa, mais même que parmi toutes les surfaces CBeg, terminées par une ligne courbe quelconque Beg, celle qui, soutenue par son adhérence et son frottement, et sollicitée par sa pesanteur, produirait la plus grande pression ; car, d'après cette supposition, il serait évident que si l'on appliquait en F une force qui ne différât de celle qui serait suffisante pour soutenir la surface de la plus grande pression, que d'une quantité très petite, la masse des terres ne pourrait se diviser que suivant cette ligne, toutes les autres parties restant unies par la cohésion et le frottement. Il faut donc, pour avoir une force A suffisante pour soutenir toute la masse, chercher parmi toutes les surfaces CBeg, celle dont la pression sur la ligne CB est un *maximum*. De même, si l'on voulait déterminer la plus grande force qui puisse agir en F, sans troubler l'état de repos, il faudrait chercher une autre courbe Be'g', telle, que la force A', suffisante pour faire couler la surface CBe'g suivant Be'g', soit un *minimum*, et les limites de la force horizontale, que l'on peut appliquer en F

sans mettre le fluide en mouvement, seront comprises entre les limites A et A', où A sera un *maximum*, et A' un *minimum*.

Ainsi, il résulte que la différence entre la pression des fluides, dont le frottement et la cohésion sont nuls, et de ceux où ces quantités ne doivent point être négligées, consiste en ce que dans les premiers, le côté CB du vase qui les contient ne peut être soutenu que par une seule force, au lieu que dans les autres, il y a une infinité de forces contenues entre les limites A et A', qui ne troubleront point l'état de repos.

Comme il ne s'agit ici que de déterminer la moindre force horizontale que puisse éprouver le revêtement qui soutient une masse de terre, sans que l'équilibre soit rompu, je ne chercherai que la force A.

Je supposerai d'abord que la courbe qui produit la plus grande pression est une ligne droite; ce qui est conforme à l'expérience, qui donne une surface très approchante de la surface triangulaire, pour celle qui se détache lorsque les revêtemens sont ébranlés par le poids des terres.

D'après cette supposition, et les remarques précédentes, il faut donc, parmi tous les triangles CB*a*, qui ont pour côté invariable CB et l'angle C droit, chercher celui qui demande la plus grande pression A pour l'empêcher de glisser le long de *a*B. Ainsi, comme nous avons pour un triangle quelconque,

$$A = \frac{\frac{g a x}{2}\left(a - \frac{x}{n}\right) - \delta(aa + xx)}{\left(x + \frac{a}{n}\right)},$$

l'on aura pour le triangle de la plus grande pression, par les règles *de maximis et minimis*,

$$\frac{dA}{dx} = \frac{\left(\frac{a}{2n} + \delta\right) \cdot \left(aa - \frac{2ax}{2}xx\right)}{\left(x + \frac{a}{n}\right)^2} = 0,$$

et par conséquent

$$x = -\frac{a}{n} + a\sqrt{\left(1 + \frac{1}{nn}\right)}.$$

Substituant cette valeur de x dans l'expression de A, l'on aura
A $= ma^2 - \delta la$, m et l étant des cofficiens constans, où il
n'entre que des puissances de n; cette force A sera suffisante
pour soutenir une masse indéfinie CBlg.

L'on peut conclure de la formule précédente, que l'adhérence n'influe point sur la valeur de x, ou que les dimensions
du triangle qui produit la plus grande pression, dépendent
absolument du frottement.

Si le frottement est nul, quelle que soit l'adhérence, le
triangle de la plus grande pression sera isoscèle, ou celui dont
l'angle sera de 45 degrés.

11. Dans la formule précédente, A $= ma^2 - \delta la$; si l'on
fait a variable, l'on aura $dA = da(2ma - \delta l)$ qui exprimera
la différence des pressions des surfaces indéterminées CBI,
CBl; et puisque la verticale CB ne peut pas porter une moindre
force que A, la ligne BB' ne pourra point être supposée d'une
moindre force que dA; ainsi, le *momentum* élémentaire de la
force A autour du point E, base du revêtement, en nommant
b la hauteur totale CE; sera $(b - a)(2ma - \delta l)da$, et intégrant, l'on aura pour le *momentum* total autour du point E,
$\frac{mb^3}{3} - \frac{\delta lbb}{2}$. Il faudra égaler cette quantité au *momentum* de

la pesanteur du revêtement pour en déterminer les dimensions.

Quant à la forme et aux dimensions des revêtemens, l'on n'a rien de mieux à consulter dans ce genre que les *Recherches sur la figure des digues,* ouvrage que j'ai déjà cité.

EXEMPLE.

Si l'on suppose que le frottement soit égal à la pression, comme dans les terres qui, abandonnées à elles-mêmes, prennent 45 degrés de talus; si l'on suppose l'adhérence nulle, ce qui a lieu dans les terres nouvellement remuées, pour lors on aura $x = -\frac{a}{n} + a \sqrt{\left(1 + \frac{1}{nn}\right)} = \frac{4}{10}a$ et $A = \frac{3}{35}a^2$; m sera donc égale à $\frac{3}{35}$, et le *momentum* total autour de G sera $\frac{mb^3}{3} = \frac{b^3}{35}$ (*); ainsi, si le mur qui soutient les terres était sans talus, que son épaisseur fût c, et que sa densité fût la même que celle des terres, l'on aurait $c = \frac{24b}{100}$, un peu moindre que le quart de la hauteur.

Mais si le revêtement avait $\frac{1}{6}$ de talus, en nommant c son épaisseur au cordon CD, l'on aura, dans le cas d'équilibre, la formule $\frac{b^3}{35} = cb \left(\frac{c}{2} + \frac{b}{6}\right) + \frac{2b^3}{12.3.6}$; d'où l'on tire à peu près $c = \frac{b}{10}$. Si l'on voulait augmenter la masse de la maçonnerie d'un quart en sus de celle qui serait nécessaire pour l'équilibre, l'on trouverait $c = \frac{b}{7}$; en sorte que si l'on avait 35 pieds

---

(*) Dans cet exemple, comme dans ceux qui suivent, l'on suppose que le revêtement DCEG est solide et indivisible; que son frottement, exprimé par une fraction de sa masse, est plus grand que la poussée horizontale A; l'on cherche donc seulement quelles doivent être ses dimensions, pour qu'il ne puisse point tourner autour de son point G.

de hauteur de terre à soutenir, il faudrait faire CD = 5 pieds, ce qui donne les dimensions usitées dans ce cas par la pratique.

Je crois la quantité $c = \dfrac{b}{7}$ suffisante dans l'exécution, d'autant plus qu'outre l'augmentation de solidité, d'un quart en sus de celle qu'exige l'équilibre, l'on a négligé le frottement qu'éprouve le revêtement, lorsque dans l'instant de rupture les terres sont prêtes à couler le long de CE, ce qui diminue en même temps la force A et augmente le *momentum* du revêtement.

Le maréchal de Vauban, dans presque toutes les places qu'il a fait construire, a donné 5 pieds de largeur au cordon, sur $\frac{1}{5}$ de talus. Comme les revêtemens construits par cet homme célèbre passent rarement 40 pieds, sa pratique se trouve dans ce cas assez d'accord avec notre dernière formule. Il est vrai cependant que Vauban ajoute des contre-forts à ses murs; mais cette augmentation de solidité ne doit point être regardée comme superflue dans les fortifications, dont les enveloppes ne doivent point être culbutées par le premier coup de canon.

Il résulte de cette théorie, que dans les terres homogènes, nouvellement remuées, les épaisseurs des murs qui les soutiennent, mesurées au cordon CD, sont comme les hauteurs CE, ce qui paraît devoir diminuer l'épaisseur que l'on donne ordinairement aux revêtemens qui n'ont que 15 à 20 pieds de hauteur.

12. Dans les terres dont la cohésion est donnée, l'on tire de la formule $A = ma^2 - \delta la$, qui exprime la pression des terres, un résultat assez utile dans leur excavation. Je suppose qu'il s'agit de déterminer jusqu'à quelle profondeur l'on peut creuser un fossé, en coupant les terres suivant un plan verti-

cal, sans qu'elles s'éboulent; car puisque l'on a, en général, $A = maa - \delta la$, si l'on fait $A = 0$, l'on aura $a = \frac{\delta l}{m}$, qui exprimera cette hauteur.

Par des principes analogues, si la hauteur de l'excavation était donnée, l'on trouverait l'angle sous lequel il faudrait couper les terres pour qu'elles se soutinssent par leur propre cohésion.

13. Si la masse de terre CaB était chargée d'un poids P, il faudrait, dans les formules précédentes, à la place de φ (*art.* 10) substituer $P + \frac{gax}{2}$, et l'on aura

$$A = \frac{\left(\frac{gax}{2} + P\right) \cdot \left(a - \frac{x}{n}\right) - \delta(aa + xx)}{\frac{a}{n} + x};$$

d'où il résulte

$$x + \frac{a}{n} = \sqrt{\left[aa\left(1 + \frac{1}{nn}\right) - Pa\left(\frac{1}{nn} + 1\right) : \left(\frac{ga}{2n} + \delta\right)\right]}.$$

Pour avoir les dimensions des revêtemens, il faudra substituer d'abord cette valeur de x dans la formule qui exprime A, et faire le reste comme dans l'article 11.

14. Jusqu'ici nous n'avons point eu égard au frottement qu'éprouve le triangle CBa, en coulant contre CB dans l'instant de rupture; mais pour peu que l'on y fasse attention, l'on voit que ce triangle est non-seulement retenu par son frottement sur Ba, mais encore par le frottement qu'il éprouve, en glissant le long de CB, de la part du revêtement; ce dernier frottement pourra être exprimé par $\frac{A}{v}$, où $\frac{1}{v}$ marque le rapport du frottement et de la pression, lorsque les terres font

effort pour couler sur la maçonnerie. Or, dans le cas d'équilibre, le frottement sur CB équivaut à une force dirigée suivant BC; il faut donc, dans la formule qui donne la valeur
de A (*art.* 10), substituer à la place de φ la quantité $\left(\frac{gax}{2} - \frac{A}{v}\right)$,
ce qui donne

$$A = \frac{\left(\frac{gax}{2} - \frac{A}{v}\right)\left(a - \frac{x}{n}\right) - \delta(aa + xx)}{x + \frac{a}{n}} = \frac{\frac{gax}{2}\left(a - \frac{x}{n}\right) - \delta(aa + xx)}{a\left(\frac{1}{n} + \frac{1}{v}\right) + x\left(1 - \frac{1}{nv}\right)};$$

d'où l'on tirera, en supposant que A est un *maximum*, et
en faisant $\frac{1}{n} + \frac{1}{v} = m$, et $1 - \frac{1}{nv} = \mu$,

$$x = -\frac{ma}{\mu} + \sqrt{\left(\frac{\frac{n}{\mu}\left(\frac{mga^3}{2} + \delta\mu a^2\right)}{\frac{ga}{2} + n\delta} + \frac{mma^2}{\mu\mu}\right)}.$$

Substituant cette valeur de x dans l'expression de A, et
opérant comme ci-dessus, l'on déterminera les dimensions
des revêtemens.

EXEMPLE.

Si l'adhérence δ est supposée nulle, comme dans les terres
nouvellement remuées; si le frottement est égal à la pression,
comme dans toutes celles qui prennent 45° de talus naturel,
abandonnées à elles-mêmes; si n est supposé égal à v, l'on
trouvera pour lors $A = \frac{gx}{4}(a - x)$, et $x = \frac{a}{2}$, l'angle.....
CBa = 36° 34′, et $A = \frac{ga^2}{16}$, le *momentum* total de la pression des terres autour du point G sera $\frac{b^3}{3.16}$; d'où l'on tirerait, pour un mur de terrasse sans talus, dont l'épaisseur
serait c, en ayant égard à la réaction du frottement qui con-

tribue à augmenter le *momentum* de la résistance du revêtement, de la quantité $\frac{cb^2}{16}$, l'équation

$$\frac{b^3}{3.16} = \frac{ccb}{2} + \frac{cb^2}{16} ;$$

et par conséquent $c = \frac{15}{100} b$, à peu près; c'est-à-dire qu'un
mur de 3 pieds de largeur serait, dans cette hypothèse, en
équilibre avec la poussée d'une terrasse de 20 pieds de hauteur.

L'on appliquerait avec la même facilité les hypothèses de
cet exemple à un revêtement qui aurait $\frac{1}{6}$ de talus, comme
on le pratique ordinairement dans les murs de terrasse; mais
les épaisseurs que donnerait cette application seraient beaucoup plus petites que celle que la pratique semble avoir fixée.
Plusieurs causes, en effet, concourent à faire augmenter les
dimensions des revêtemens; en voici quelques-unes.

1°. Le frottement des terres contre la maçonnerie n'est
pas aussi fort que celui des terres sur elles-mêmes.

2°. Souvent les eaux filtrant à travers les terres, se
rassemblent entre les terres et la maçonnerie et forment des
napes d'eau qui substituent la pression d'un fluide sans frottement à la pression des terres; quoique, pour obvier à cet
inconvénient, l'on pratique derrière les revêtemens des tuyaux
verticaux et des égouts au pied de ces mêmes revêtemens,
pour laisser écouler les eaux; ces égouts s'engorgent, ou par
les terres que les eaux entraînent, ou par la gelée, et deviennent
quelquefois inutiles.

3°. L'humidité change encore non-seulement le poids des
terres, mais encore leur frottement. Je puis assurer avoir vu
des terres savonneuses qui, se soutenant d'elles-mêmes, lors-

qu'elles étaient sèches, sur une inclinaison de 45 degrés, avaient de la peine, quand elles étaient mouillées, à se soutenir sur une inclinaison de 60 à 70 degrés. Enfin, il faut, pour que l'on puisse compter sur les dimensions fixées par les formules, que l'eau ne pénètre point les terres dont on cherche la pression, ou qu'en les pénétrant, elle en augmente peu le volume. Cette augmentation de volume que l'humidité procure aux terres, et dont nous avons un exemple dans les lézardes que la sécheresse occasionne à la surface de nos campagnes, produit contre les revêtemens une pression que l'expérience seule peut déterminer.

Ces remarques sont encore indépendantes de la bonté de la maçonnerie, qu'il faut toujours laisser sécher avec soin avant de la charger : elles sont encore indépendantes de la gelée, ennemi sans contredit le plus dangereux dont les maçonneries aient à craindre les effets ; car, outre l'augmentation de pression que la gelée produit dans les terres humides, par l'augmentation de volume, outre les engorgemens des tuyaux d'écoulement, l'on peut être sûr que tout mur qui éprouvera de fortes gelées avant d'être sec, perdra nécessairement la plus grande partie de son adhérence, et sera incapable de résistance.

Malgré toutes ces remarques, qui paraissent conduire à conclure qu'il faut des dimensions particulières aux revêtemens, suivant la nature des remblais dont ils éprouvent la pression ; que dans les pays secs et chauds il y a moins d'inconvénient à diminuer les murs de terrasse, que dans les pays humides et froids ; je crois cependant que dans toutes les espèces de terre l'on pourra sans danger fixer les revêtemens à $\frac{1}{6}$ de talus, sur le septième de la hauteur, pour l'épaisseur au cordon (conformément à l'*article* 11).

De la surface de plus grande pression dans les fluides cohérens.

15. Jusqu'ici nous avons supposé que la surface qui produit la plus grande pression était une surface triangulaire; la simplicité des résultats que donne cette supposition, la facilité de leur application à la pratique, le désir d'être utile et entendu des artistes, sont les raisons qui nous ont décidé; mais si l'on voulait déterminer d'une manière exacte la surface courbe qui produit la plus grande pression : voici, je crois, comment on pourrait s'y prendre.

Que CBg (*fig.* 44) représente la surface courbe qui produit la plus grande pression sur CB, le frottement des terres et la cohésion étant supposés les mêmes que ceux du fluide indéfini gCBl. Si l'on prend une portion de la surface CBg, comme PMg, il est évident que cette portion PMg sera, de toutes les surfaces que l'on peut construire sur PM, celle qui produirait sur cette ligne la plus grande pression; mais pour avoir la valeur de cette pression, on verra que dans le moment où l'équilibre est prêt à se rompre, cette surface PgM est soutenue par son frottement et sa cohésion sur gM, son frottement et sa cohésion sur PM, et sollicitée par sa pesanteur φ. Ce que l'on dit par rapport à la portion PMg, on peut le dire par rapport à la portion P'M'g. Or, comme dans l'instant de rupture toute la masse est en équilibre, il s'ensuit qu'une portion PMP'M', soit élémentaire ou non, sollicitée par sa pesanteur, et retenue par ses frottemens, sa cohésion et les différentes pressions qu'elle éprouve de la part du fluide qui l'entoure, doit aussi être en équilibre; mais pour peu que l'on y fasse attention, l'on remarquera qu'une masse PMg ne peut être retenue par

44

son adhérence et son frottement, qui l'empêche de glisser le long de PM, sans que le même frottement et la même adhérence n'agisse par sa réaction sur la masse CBPM, dans le sens contraire. Ainsi en nommant A la pression horizontale qu'éprouve la ligne PM, et A′ celle qu'éprouve la ligne P′M′; un élément quelconque PMP′M′, qui doit être en équilibre, sera retenu suivant une ligne horizontale Fe, par la pression (A′—A), sera sollicité suivant la ligne verticale PM, par la réaction du frottement exprimé par $\frac{A}{n}$, par la réaction de l'adhérence δ.PM, et retenu par le frottement et la cohésion de P′M′, par le frottement et la cohésion de MM′; l'on peut donc regarder cette surface élémentaire PP′MM′ comme un triangle MM′q, chargé du poids de l'élément sollicité par toutes les forces verticales que nous venons de détailler. Soit fait

$$g\mathrm{P} \dots\dots\dots\dots x, \qquad \mathrm{PM} \dots\dots\dots\dots y,$$
$$g\mathrm{P}' \dots\dots\dots\dots x', \qquad \mathrm{P}'\mathrm{M}' \dots\dots\dots\dots y',$$
$$g\mathrm{P}'' \dots\dots\dots\dots x'', \qquad \mathrm{P}''\mathrm{M}'' \dots\dots\dots\dots y''.$$

Nous avons trouvé (*art.* 9 et 10) qu'une surface triangulaire dont a serait le côté vertical et x le côté horizontal, sollicitée par une puissance verticale φ, donnerait la pression horizontale $A = \dfrac{\varphi\left(a-\dfrac{x}{n}\right)}{x+\dfrac{a}{n}} - \dfrac{\delta(aa+xx)}{x+\dfrac{a}{n}}$; en comparant cette équation avec celle qui aurait lieu pour l'élément PP′MM′, l'on trouvera que A représente (A′ — A), que

$$\varphi = y \cdot (x'-x) + \frac{A-A'}{n} + \delta(y-y');$$

que $a = (y'-y)$ et $x = (x'-x)$; ainsi l'équation qui exprime l'état d'équilibre deviendra

$$(A' - A) = \left[y(x'- x) + \frac{A-A'}{n} + \delta(y-y')\right]\left(\frac{y'-y-\left(\frac{x'-x}{n}\right)}{x'-x+\frac{y-y}{n}}\right).$$

Supposons, pour simplifier, $\delta = 0$, ce qui a lieu pour les terres nouvellement remuées; l'on aura

$$A' - A = \frac{y(x'-x)\left(y'-y-\frac{(x'-x)}{n}\right)}{\frac{2(y'-y)}{n} + (x'-x)\left(1-\frac{1}{nn}\right)}.$$

Par le même raisonnement, l'on trouvera

$$A'' - A' = \frac{y'(x''-x')\left(y''-y'-\frac{(x''-x')}{n}\right)}{\frac{2(y''-y')}{n} + (x''-x')\left(1-\frac{1}{nn}\right)};$$

et par conséquent, en ajoutant ensemble ces deux équations, l'on aura

$$A'' - A = \frac{y(x'-x)\left(y'-y-\frac{(x'-x)}{n}\right)}{\frac{2(y'-y)}{n} + (x'-x)\left(1-\frac{1}{nn}\right)} + \frac{y'(x''-x')\left(y''-y'-\frac{(x''-x')}{n}\right)}{\frac{2(y''-y')}{n} + (x''-x')\left(1-\frac{1}{nn}\right)};$$

mais puisque la pression horizontale de la surface PMg doit être un *maximum*, de même que la pression horizontale de la surface P''M''g, il suit que les quantités y, y', y'' et x, x'' restant constantes, x', seul variable, doit être tel qu'il rende $A'' - A'$ un *maximum*, ce qui donne, en différentiant et faisant $y' - y = y'' - y' = dy$,

$$\frac{d(A''-A)}{dx'} = \frac{y\left(dy-\frac{(x'-x)}{n}\right)}{\frac{2dy}{n}+(x'-x)\left(1-\frac{1}{nn}\right)} - \frac{\frac{y}{n}(x'-x)}{\frac{2dy}{n}+(x'-x)\left(1-\frac{1}{nn}\right)}$$

$$-\frac{\left(1-\frac{1}{nn}\right)y(x'-x)\left(dy-\frac{(x'-x)}{n}\right)}{\left[\frac{2dy}{n}+(x-x')\left(x-\frac{1}{nn}\right)\right]^2} - \frac{y'\left(dy-\frac{(x''-x)}{n}\right)}{\frac{2dy}{n}+(x''-x')\left(1-\frac{1}{nn}\right)}$$

$$+\frac{\frac{y'}{n}(x''-x')}{\frac{2dy}{n}+(x''-x')\left(1-\frac{1}{nn}\right)}+\frac{\left(1-\frac{1}{nn}\right)y'(x''-x')\left(dy-\frac{(x''-x')}{n}\right)}{\left[\frac{2dy}{n}+(x''-x)\left(1-\frac{1}{nn}\right)\right]^2};$$

mais comme les différentes parties correspondantes de cette équation sont des fonctions consécutives semblables, il suit, en intégrant et substituant dx à la place de $x'-x$,

$$\mathbf{B}=\frac{y\left(dy-\frac{dx}{n}\right)}{2\frac{dy}{n}+dx\left(1-\frac{1}{nn}\right)} - \frac{y\frac{dx}{n}}{\frac{2dy}{n}+dx\left(1-\frac{1}{nn}\right)} - \frac{\left(1-\frac{1}{nn}\right)ydx\left(dy-\frac{dx}{n}\right)}{\left[\frac{2dy}{n}+dx\left(1-\frac{1}{nn}\right)\right]^2}.$$

Si, dans cette équation, l'on fait $zdy = dx$, l'on trouvera

$$\frac{y\left(1-\frac{z}{n}\right)}{\frac{2}{n}+z\left(1-\frac{1}{nn}\right)} - \frac{y\frac{z}{n}}{\frac{2}{n}+z\left(1-\frac{1}{nn}\right)} - \frac{\left(1-\frac{1}{nn}\right)yz\left(1-\frac{z}{n}\right)}{\left[\frac{2}{n}+z\left(1-\frac{1}{nn}\right)\right]^2} = \mathbf{B}.$$

Comme, dans cette équation réduite, z n'est élevé qu'à la deuxième puissance, elle aura la forme suivante

$$zz+\frac{F'+G'y}{F+Gy}\,z+\frac{F''+G''y}{F+Gy}=0,$$

et par conséquent,

$$z+\frac{F'+G'y}{2(F+Gy)}=\pm\left[\left(\frac{F'+G'y}{2(F+Gy)}\right)^2-\frac{F''+G''y}{F+Gy}\right]^{\frac{1}{2}};$$

F, F', F'', de même que G, G' et G'', sont des coefficiens constans.

Si l'on avait eu égard à l'adhérence, l'on aurait eu précisément une équation de la même forme, et l'on n'y trouverait de différence que dans les coefficiens.

L'on peut conclure de cette dernière recherche, que si un fluide dont la cohésion et le frottement seraient donnés, était contenu dans un vase CBg, la pression contre la paroi CB serait la même, quelle que fût la figure de Bg, si l'on pouvait y inscrire la surface courbe Beg, qui produirait un *maximum* dans une masse de fluide indéfinie; mais si la courbe Beg, qui produit la plus grande pression, était extérieure au vase, pour lors il faudrait déterminer, de toutes les surfaces que l'on pouvait inscrire dans ce vase, celle qui produirait la plus grande pression.

Cependant, il faut remarquer que si l'adhérence et le frottement du vase et du fluide étaient plus petits que ceux du fluide avec lui-même; pour lors, il se pourrait que la pression du fluide contenu dans le vase fût plus grande que celle du fluide indéfini. Le développement de ces remarques, de même que l'application des formules qui précèdent, demandent un travail exprès et m'éloignerait de la simplicité que je me suis prescrite dans ce Mémoire; j'espère cependant pouvoir une autre fois traiter cette matière dans la théorie des mines, qui, dépendant en partie des principes que je viens d'expliquer, demande encore la solution de quelques problèmes assez curieux.

Des Voûtes.

16. Soit (*fig.* 45) la courbe FAD, décrite sur l'axe FD; soit une seconde courbe *fad*, décrite extérieurement à la première; soit divisée la courbe FAM en une infinité de

parties MM′, et de chaque point M, soit tirée la ligne M*m*, perpendiculaire à la courbe intérieure en M, ou formant avec l'élément MM′ un angle suivant une loi donnée; si l'on suppose les deux lignes FAD, *fad*, telles qu'une portion quelconque A*a*M*m*, sollicitée par la pesanteur et retenue par la cohésion et le frottement, soit en équilibre, l'on aura formé le profil d'une voûte. Si l'on suppose ensuite que ce profil se meut parallèlement à lui-même et forme une enveloppe solide, comprise entre le tracé du mouvement des deux courbes, l'équilibre, démontré par rapport à ce profil, sera encore vrai par rapport à cette enveloppe, et la voûte ainsi formée sera celle que l'on appelle *voûte en berceau*. C'est celle dont je me suis occupé dans les recherches qui suivent. Les principes que l'on y explique pourront s'appliquer à toutes les autres espèces de voûtes.

Des Voûtes dont les joints n'ont ni frottement, ni cohésion.

17. Soit *a*B (*fig.* 46) le profil d'une voûte, d'une épaisseur infiniment petite, dont les joints soient perpendiculaires à la courbe *a*B; l'on demande la figure de cette voûte, sollicitée par des puissances quelconques.

Que toutes les forces qui agissent sur la portion *a*M soient décomposées suivant deux directions, l'une verticale et l'autre horizontale; que la résultante de toutes les forces verticales soit QZ, que je nomme φ; que la résultante de toutes les forces horizontales soit Q*h*, que je nomme π; soit, de plus, *a*P...*y*, PM...*x*, M*q*...*dx*, *q*M′...*dy*; il est évident (*art.* 1) que la résultante de toutes les forces qui agissent sur la portion *a*M doit être perpendiculaire au joint en M; et par *l'article* 3, que toutes les forces qui sollicitent cette partie de voûte, étant décomposées suivant deux directions, l'une verticale et l'autre horizontale, perpendiculaires l'une à l'autre, la somme des forces, suivant chaque direction, doit être nulle ; ainsi, si l'on nomme P la pression du joint en M, et que l'on décompose cette pression en deux forces, l'une horizontale $\frac{P dx}{ds}$, et l'autre verticale $\frac{P dy}{ds}$, l'on aura les deux équations suivantes $\frac{P dx}{ds} = \pi$, et $\frac{P dy}{ds} = \varphi$, et par conséquent, en divisant l'une par l'autre, pour faire disparaître P, l'on aura $\frac{dx}{dy} = \frac{\pi}{\varphi}$; équation qui exprime la figure d'une voûte, sollicitée par des puissances quelconques.

Cette formule se trouve exactement la même que celle qui a été déterminée par Euler (dans le troisième volume de l'*Académie de Pétersbourg*), pour la figure d'une chaîne, sollicitée par des puissances quelconques, ce qui doit effectivement arriver ; car en renversant la courbe et substituant la tension à la pression, la théorie précédente s'applique également à l'un ou l'autre cas et donne précisément la même expression. Au reste, la méthode d'Euler n'a rien de commun avec celle-ci, que le résultat.

COROLLAIRE PREMIER.

Si la puissance horizontale était constante et égale à la pression en a, et si la résultante des forces verticales était égale à la pesanteur de la portion de la voûte aM, pour lors l'on aurait $\frac{dx}{dy} = \frac{A}{\int p ds}$, d'où l'on tirera la valeur de p, si la courbe est donnée, et de même l'expression de la courbe lorsque la loi de pesanteur p est donnée.

COROLLAIRE II.

Si l'épaisseur de la voûte (*fig.* 47) était finie, les mêmes suppositions existantes que dans le corollaire précédent, soit R le rayon de la développée au point M; soit z le joint Mm; l'on aura MM'$mm'= \frac{ds(2R+z)}{2R}$, et par conséquent

$$\frac{dx}{dy} = \frac{A}{\int \frac{zds(2R+z)}{2R}}, \quad \text{d'où} \quad \frac{Addy}{dx} = \frac{zds(2R+z)}{2R};$$

mais

$$R = \frac{ds^3}{ddy.dx}, \quad \text{et} \quad \frac{ddy}{dx} = \frac{ds^3}{Rdx^2};$$

ainsi, l'on aura

$$\frac{A(ds)^2}{Rdx^2} = \frac{z(2R+z)}{2R},$$

ce qui donne

$$R + z = \left(RR + \frac{2A(ds)^2}{dx^2}\right)^{\frac{1}{2}},$$

équation générale pour une voûte quelconque, dans le système de la pesanteur.

EXEMPLE.

Si la courbe intérieure aMB était un cercle dont le rayon fût 1, et qu'on cherchât la valeur de z, il est clair que $\frac{ds}{dx} = \frac{\text{MM}'}{q\text{M}'} = \frac{1}{\cos s}$; ainsi $1 + z = \left(1 + \frac{2A}{(\cos s)^2}\right)^{\frac{1}{2}}$. Si l'on suppose qu'au sommet de la courbe le joint G$a = b$, l'on aura pour lors $\cos s = 1$, et $A = \frac{2b + bb}{2}$.

PREMIÈRE REMARQUE.

Par cette théorie, je n'ai cherché qu'à remplir la première condition d'équilibre, qui exige que toutes les forces qui agissent sur une portion de voûte GaM*m*, aient leur résultante perpendiculaire au joint M*m*; mais il est facile de prouver que l'on a satisfait en même temps à la deuxième condition, qui demande que cette résultante tombe entre les points M et *m*; car, puisque la force constante A agit perpendiculairement au joint vertical G*a*, en un point quelconque S, il s'ensuit que puisque, par la condition d'équilibre que l'on vient de remplir, la ligne des résultantes doit couper tous les joints perpendiculairement, elle formera une courbe parallèle à la ligne supérieure *a*B; ainsi, dans le cas où la force A serait appliquée en *a*, la ligne des pressions serait exactement la même que *a*M*b*.

Jacques Bernoulli (*Op.*, vol. II, p. 1119), en cherchant la figure d'une voûte dont les voussoirs seraient égaux et très petits, trouve, par les différentes conditions d'équilibre, deux expressions différentes; mais une fausse estimation dans les angles de cotangence, a donné lieu à l'erreur de Bernoulli, et la remarque en a été déjà faite dans les notes, par les éditeurs de ses Ouvrages.

IIe REMARQUE.

Il suit encore de la formule générale

$$R + z = \left(RR + \frac{2A\,(ds)^2}{dx^2}\right)^{\frac{1}{2}},$$

que toutes les fois que la voûte *a*B forme au point B un angle droit avec son axe EB, parallèle à l'horizon, le joint, dans ce point, devient infini; ou que ce joint est l'asymptote de la courbe extérieure CD; car puisque, dans l'équation fondamentale, *ds* devient infini par rapport à *dx*, il suit que R + *z* devient aussi une quantité infinie. Ce résultat

45

se trouve peu conforme avec ce que nous voyons exécuter tous les jours, puisque dans la pratique, les joints horizontaux, au lieu d'être infinis, sont souvent assez petits. Dans la théorie, en outre, la courbe intérieure étant donnée, la longueur du joint est toujours une quantité donnée, quantité cependant que les architectes varient à l'infini dans l'exécution. Mais le frottement et l'adhérence conservent par leur résistance l'équilibre, que la force de la gravité tend à détruire. Nous chercherons dans la suite la manière de faire entrer dans l'expression des voûtes ces nouvelles forces coercitives; mais l'on peut, en attendant, inférer de cette remarque, que dans l'exécution, la théorie qui précède ne peut être, comme nous l'avons déjà dit, dans l'Introduction, que d'une faible utilité.

COROLLAIRE III.

Si la courbe extérieure, de même que la courbe intérieure, étaient données, l'on pourrait déterminer, dans le cas d'équilibre, la direction des joints de la manière suivante.

Fig. 48. Soit supposé, comme plus haut, le joint aG vertical, prolongé indéfiniment en l; soit qM le joint en M, qui, prolongé, rencontre la verticale al en C; soit φ le centre de gravité de la partie aGMq; soit sp la direction de la force horizontale constante A qui rencontre en p une verticale passant par le centre de gravité φ; la résultante de toutes les forces sera exprimée par une ligne pn, qui (*art.* 1) doit être perpendiculaire au joint Mq et passer entre les points M et q; soit tiré PM parallèle à l'axe AB, et soit nommé h l'angle PMC. La courbe aMB étant donnée, de même que la courbe GqD, la pesanteur de la masse GaMq sera exprimée par une fonction de PM et de h; mais les deux triangles semblables *prn*, PCM, dont les côtés du premier sont proportionnels aux forces qui agissent sur la portion de voûte Ga*Mq*, donnent l'analogie suivante : P pesanteur de la portion de la voûte Ga*Mq* : Λ :: cos *h* : sin *h*, ou $P = \frac{A \cos h}{\sin h}$. Nous verrons dans la suite quels sont les points *s* entre *a* et G, où l'on peut appliquer la pression A, quantité déterminée par l'équation précédente, pour satisfaire à la deuxième condition d'équilibre, c'est-à-dire pour que la résultante *pn* passe toujours entre les points M et *q*.

EXEMPLE.

Si l'on voulait déterminer la direction des joints d'une plate-bande d'une épaisseur constante et donnée; que *a*GB*b* (*fig.* 49) représente cette voûte comprise entre deux lignes droites parallèles. La direction du joint vertical *a*G, de même que la direction du dernier joint B*b*, par lequel la voûte s'appuie sur le mur BLKO, étant données, l'on cherche la direction de tous les autres joints M*m*; soit *a*G = *a*, *a*M = *x*, que la direction du joint M*m* rencontre la verticale *a*G en C, l'on aura Ga*Mm* = P = $ax + \frac{a^2 \cos h}{2 \sin h}$. Substituant cette valeur de P dans l'équation fondamentale $\frac{A \cos h}{\sin h}$ = P, il en résulte $ax = \left(A - \frac{a^2}{2}\right) \frac{\cos h}{\sin h}$. Pour avoir la valeur de la constante A, soit supposé que lorsque $x = a$B = *b*, $\frac{\cos h}{\sin h}$ égale C. L'on trouvera A = $\frac{2ab + a^2 C}{2C}$; et par conséquent $x = \frac{b \cos h}{C \sin h}$; d'où l'on conclut que tous les joints d'une plate-bande passent par le même point C, ce qui donne une construction très facile.

Pour satisfaire, dans cet exemple, à la deuxième condition de l'*article* 1, qui exige que la résultante des forces qui tiennent en équilibre la portion de voûte GaMm, passe entre les points M et *m*; soit φ*r* une ligne verticale passant par le centre de gravité de la masse totale GaB*b*. Si sur le joint *b*B l'on élève au point B une perpendiculaire B*n*, qui rencontre la verticale φ*r* en *n*, et si, par ce point *n*, on tire une ligne horizontale *ns*, le point *s* où le joint vertical Ga sera rencontré par cette ligne, sera le point le plus bas sur le joint Ga, où l'on puisse appliquer la force A, sans que la plate bande se rompe. Ainsi, si la direction du joint B*b* était telle, que la ligne B*n* rencontrât la verticale φ*r*, en un point *n*, au-dessus de la ligne G*b*, il n'y aurait aucun point sur le joint Ga où l'on pût appliquer la force A, pour conserver l'équilibre, et la plate – bande se briserait nécessairement. Il est très facile, d'après ces remarques, de déterminer la limite de l'inclinaison B*b*, lorsque l'épaisseur Ga est donnée.

Je crois inutile d'avertir que si la résultante B*n*, pour la masse totale, passe par le point B, la résultante, pour une masse particulière GaMm, passera nécessairement entre M et *m*, puisque la quantité A restant constante, les masses GaMm diminuent. Ainsi, dès que l'on a satisfait à la deuxième condition d'équilibre pour le point B, l'on a nécessairement satisfait à cette même condition pour un point quelconque M.

De l'équilibre des voûtes, en ayant égard au frottement et à la cohésion.

PROBLÈME.

18. *Dans une voûte* (fig. 5o), *la courbe intérieure* aB, *la courbe extérieure* Gb *étant données, les joints* Mm, *perpendiculaires aux élémens de la courbe intérieure, seront aussi donnés; l'on demande les limites de la pression horizontale en* f, *qui soutiendra cette voûte, en supposant qu'elle soit sollicitée par sa propre pesanteur, et retenue par la cohésion et le frottement des joints.*

Soit prise une portion de cette voûte, telle que GaMm, soit prolongé mM jusqu'en R; soit nommé l'angle R, h; soit la force de pression appliquée en f sur le joint vertical aG, exprimée par A.

Je suppose d'abord la portion GaMm solide, en sorte qu'elle ne puisse se diviser que suivant Mm. Il faut donc, pour que cette portion de voûte soit en équilibre, que la force A soit telle, qu'elle l'empêche de glisser suivant Mm; mais la force dépendante de A, décomposée suivant Mm, et dirigée suivant cette même ligne, est. . . . . $A \sin h$.
La force parallèle à mM, dépendante de φ. . . . . . $\varphi \cos h$.
La force perpendiculaire à mM, dépendante de A. . $A \cos h$.
La force perpendiculaire à mM, dépendante de φ. . $\varphi \sin h$.

Ainsi, l'on aura, en ayant égard au frottement et à l'adhérence,

$$\varphi \cos h - A \sin h - \frac{\varphi \sin h}{n} - \frac{A \cos h}{n_{|}} - \mathcal{J} . Mm,$$

pour exprimer l'effort que fait cette portion de voûte pour

glisser selon mM; et dans le cas que A sera seulement suffisant pour la soutenir, l'on aura

$$A = \frac{\varphi\left(\cos h - \dfrac{\sin h}{n}\right) - \delta Mm}{\sin h + \dfrac{\cos h}{n}}.$$

Or, comme par sa construction, la voûte peut non-seulement glisser sur le joint mM, mais même sur tout autre, il suit que pour que la voûte ne se rompe point, A ne doit jamais être moindre que la quantité $\dfrac{\varphi\left(\cos h - \dfrac{\sin h}{n}\right) - \delta Mm}{\sin h + \dfrac{\cos h}{n}}$, quelle que soit la valeur de h. Ainsi, si l'on prend la valeur de h, telle qu'elle donne pour A un *maximum*, pour lors la constante A, ainsi déterminée, sera suffisante pour soutenir toute la voûte.

Je suppose que A, exprime ce *maximum*.

Si l'on cherchait à déterminer la force en f, de manière qu'elle fût prête à faire couler la portion de voûte qui opposerait la moindre résistance, suivant Mm, pour lors, l'on aurait, dans le cas d'équilibre, pour une portion quelconque $A = \dfrac{\varphi\left(\cos h + \dfrac{\sin h}{n}\right) + \delta Mm}{\sin h - \dfrac{\cos h}{n}}$; mais comme aucune portion de voûte ne doit glisser sur un joint quelconque Mm, il faut que A soit toujours plus petit que cette dernière quantité. Ainsi il faut chercher le *minimum* de A qui exprimera la plus grande force que l'on puisse appliquer en f, sans rompre la voûte, suivant un joint Mm; je suppose que A′ soit ce *minimum*.

Ainsi, comme dans le cas de repos, qui est celui que

nous cherchons à fixer, la voûte, en tout ou en partie, ne doit point glisser sur ses joints dans aucun sens, il suit que les limites des forces que l'on peut appliquer en f, sont comprises entre $A_{,}$ et A', ou $A_{,}$ exprime la moindre force qui puisse presser le point f, et A' la plus grande force qui puisse presser ce même point; d'où l'on peut conclure que si $A_{,}$ est plus grand que A', il ne peut y avoir d'équilibre, puisque la pression en f ne pouvant point être plus grande que A', ne peut point être non plus plus petite que $A_{,}$, que nous supposons plus grand que A'.

Pour satisfaire à présent à la deuxième condition d'équilibre, il faut que la résultante de toutes les forces qui agissent sur la portion de voûte $GaMm$, passe au-dessus du point M et au-dessous du point m. Il faut, par conséquent, en nommant B la force qui agit en f, que $B\ MQ$ soit toujours égal ou plus grand que $\varphi g M - \delta' zz$ (δ' étant une fraction constante de la cohésion du mortier, *art.* 7); et dans le cas où la résultante passerait par le point M, l'on aurait

$$B = \frac{\varphi . g M - \delta' . zz}{MQ}.$$

Si la quantité B était supposée plus petite que $\frac{\varphi . g M - \delta' . zz}{MQ}$, pour lors la résultante passerait au-dessous du point M, et la voûte se romprait. Ainsi, pour avoir la force B, suffisante pour soutenir toute la voûte, il faut chercher le *maximum* de B, d'après l'équation précédente, et ce *maximum* exprimera la plus petite force que l'on puisse appliquer en f; que $A_{,}$ exprime ce *maximum*.

Comme il faut encore, pour satisfaire à la deuxième condition, que la même résultante passe au-dessous du point m, il suit que $B . mq$ doit être plus petit, ou tout au plus égal à $\varphi \cdot g'q + \delta' \cdot zz$. Ainsi, d'après l'équation

$$B = \frac{\varphi \cdot g'q + \delta' \cdot zz}{mq};$$

il faut déterminer la constante B, telle qu'elle représente le *minimum* de $\frac{\varphi \cdot g'q + \delta' \cdot zz}{mq}$; et B', déterminé d'après cette considération, donnera pour B . mq une quantité égale à $\varphi \cdot qg' + \delta' \cdot zz$, dans un point seulement, et plus petite dans tous les autres points m, et par conséquent B exprimera la plus grande force que l'on puisse supposer agir en f; d'où l'on conclut que pour remplir la deuxième condition, la force appliqué en f ne peut point être plus petite que B, ni plus grande que B'. Par conséquent, pour joindre les deux conditions ensemble, si $A_{,}$ ou $B_{,}$ étaient plus grands que A' ou B', l'équilibre ne pourrait point avoir lieu, et la voûte, dont les dimensions seraient données, se romprait nécessairement.

Pour avoir actuellement les vraies limites, il suffit de prendre entre $A_{,}$ et $B_{,}$ la quantité la plus grande, et entre A' et B' la quantité la plus petite, en sorte que si $B_{,}$ était plus grand que $A_{,}$, et B' plus petit que A', $B_{,}$ et B' seraient les véritables limites des forces que l'on pourrait appliquer en f sans rompre la voûte.

PREMIÈRE REMARQUE.

Le frottement est souvent assez considérable dans les matériaux que l'on emploie à la construction des voûtes, pour que les différens voussoirs ne puissent point glisser l'un contre l'autre; en ce cas, l'on peut négliger la première condition d'équilibre; et il n'est plus nécessaire que la résultante des forces qui agit sur une portion quelconque de voûte soit perpendiculaire aux joints qui la terminent, mais qu'elle tombe seulement sur ces joints. Ainsi, en négligeant la cohésion des joints; ce qui doit se faire dans les voûtes nouvellement construites, il suffit de chercher le *maximum* de $\frac{\varphi g M}{MQ}$, pour déterminer la force $B_{,}$, et le *minimum* de $\frac{\varphi \cdot q g'}{mq}$, pour déterminer B'; l'on doit en outre supposer que la force B agit en G, sommet du joint, pour rendre la force $B_{,}$ aussi petite qu'elle puisse être. Il faut cependant remarquer que lorsqu'on cherche à fixer l'état d'équilibre par cette seconde condition, en supposant les forces passant par les points G et M, il faut supposer que ces points sont assez éloignés de l'extrémité des joints, pour que l'adhérence des voussoirs ne permette pas à ces forces d'en rompre les angles; ce qui se détermine par les méthodes que nous avons employées en cherchant la force d'un pilier.

REMARQUE II.

Dans la pratique, il sera toujours plus simple de déterminer les limites de la force B par tâtonnement, que par des moyens exacts. Je suppose, par exemple, que l'on prenne la portion GaM de la voûte, telle que le joint Mm fasse un angle de 45 degrés avec une ligne horizontale; l'on calculera la force $B_{,}$ dans cette supposition; l'on cherchera ensuite cette même force par rapport à un second joint, peu distant du premier, en s'approchant de la clef; si cette deuxième force est plus grande que la première, l'on sera sûr que l'angle de rupture de la voûte est entre la clef et le premier joint; ainsi, en remontant, par cette même opération, vers cette clef, l'on déterminera facilement la vraie force $B_{,}$. Ce calcul ne saurait jamais être bien long, parce que d'après la propriété

46

de maximis et minimis, il y aura, vers un point M, où l'on trouve la limite cherchée $B_{,}$, très peu de variations sur un assez grand développement de la courbe; et qu'ainsi, pour déterminer cette force $B_{,}$, il ne sera nécessaire que d'avoir à peu près le point de rupture M; l'on déterminera par les mêmes moyens la plus grande force B′ que puisse soutenir une voûte sans se rompre. Par conséquent, si les dimensions de la voûte étaient données, comme nous le supposons ici, de même que la hauteur du pied-droit BE, sur lequel elle porte, l'on déterminera facilement quelle doit être l'épaisseur Bb de ce pied-droit, pour que la résultante de la force $B_{,}$, qui agit en G, et de la pesanteur totale de la voûte, et de son pied-droit, passe entre E et e, ou passe par le point e, ce qui satisfera à la deuxième condition de solidité.

La destination de ce Mémoire, peut-être déjà trop long, ne me permet pas d'étendre cette théorie, ni de l'appliquer à toutes les espèces de voûtes; ainsi, je me contenterai d'avoir essayé de donner des moyens exacts, et tels que je les crois absolument nécessaires pour constater l'état de solidité.

En comparant les principes qui précèdent avec les différentes méthodes d'approximation usitées dans la pratique, l'on s'apercevra facilement que leurs auteurs n'ont point assez distingué les deux conditions d'équilibre nécessaires pour l'état de repos. Dans celle, par exemple, que l'on attribue à La Hire, rapportée par Bélidor et pratiquée par presque tous les artistes, l'on divise la voûte en trois parties, et l'on calcule la pression de la partie supérieure, en se conformant à la première condition d'équilibre, et l'on détermine ensuite les dimensions des pieds-droits, par la deuxième condition d'équilibre. Or, pour peu que l'on y fasse attention, l'on verra que si l'on divise la partie supérieure vers la clef, et que l'on suppose que cette voûte se rompe en quatre parties, au lieu de se rompre en trois, la force de pression des parties supérieures sera souvent, dans les voûtes plates, beaucoup plus grande que celle qui se détermine par la méthode de La Hire, et que les dimensions des pieds-droits, fixés par cette méthode, seront souvent insuffisantes.

FIN.

TABLE DES MATIÈRES.

THÉORIE DES MACHINES SIMPLES, EN AYANT ÉGARD AU FROTTEMENT DE LEURS PARTIES ET A LA ROIDEUR DES CORDAGES.

PREMIÈRE PARTIE.

DU FROTTEMENT DES SURFACES PLANES QUI GLISSENT L'UNE SUR L'AUTRE, page 4

CHAPITRE PREMIER. *Du premier effort nécessaire pour vaincre le frottement, ou pour faire glisser une surface après un temps donné,* 7

SECTION PREMIÈRE. *Des frottemens des surfaces qui glissent à sec l'une sur l'autre, suivant le fil du bois, sans aucune espèce d'enduit, mais seulement avec le degré de poli que l'art peut leur donner,* 8

Bois de chêne sur bois de chêne, *ibid.*

Frottement du chêne et du sapin, 12

————du sapin contre le sapin, 13

————du bois d'orme contre lui-même, 14

Du frottement entre les bois et les métaux, après un certain temps de repos, 18

Fer sur bois de chêne, *ibid.*

Du frottement entre les métaux après un certain temps de repos, 19

Fer contre fer, 20

Fer contre cuivre jaune, 21

Frottement du fer et du cuivre jaune, en réduisant les surfaces de contact aux plus petites dimensions possibles, 22

SECTION II. *Du frottement des surfaces garnies d'un enduit, et du premier degré de force nécessaire pour les faire glisser l'une sur l'autre, après un certain temps de repos,* 25

Du frottement du bois de chêne, lorsque les surfaces sont enduites de nouveau suif à chaque opération, *ibid.*

Du frottement du bois de chêne, lorsque l'enduit de suif est usé par des opérations antérieures, 28

Du frottement des lames de cuivre sur des lames de fer enduites de suif neuf, 33

CHAPITRE II. *Du frottement des surfaces en mouvement,* page 36

SECTION PREMIÈRE. *Du frottement des surfaces en mouvement, glissant l'une sur l'autre sans aucun enduit,* 38

Frottement du bois de chêne, ibid.

Du frottement des bois de chêne glissant à sec, et le fil du bois se recoupant à angle droit, 47

Des frottemens des différentes espèces de bois glissant suivant le fil du bois, 52

Chêne et sapin, ibid.

Du frottement des bois et des métaux, 54

Frottement du fer et du chêne, ibid

Frottement du cuivre glissant sans enduit sur le bois de chêne, suivant le fil du bois, 57

SECTION II. *Des surfaces qui glissent l'une sur l'autre, garnies d'un enduit,* 62

Du frottement du bois de chêne enduit de suif, renouvelé à chaque essai, 64

Frottement du bois de chêne enduit de suif, lorsque les surfaces de contact sont nulles, 71

Des métaux glissant sur les bois enduits de suif, 75

Frottement du fer contre le chêne garni d'un enduit de suif, que l'on renouvelle à chaque opération, 76

Frottement du cuivre contre le chêne garni d'un enduit de suif, que l'on renouvelle à chaque opération, 77

De l'augmentation du frottement des bois et des métaux, à mesure que les enduits vieillissent, 79

Du frottement des bois et des métaux, lorsque les surfaces sont réduites à de très petites dimensions, 80

Frottement du fer et du chêne enduits de suif; les surfaces de contact réduites aux plus petites dimensions, et marchant par le travers du fil du bois, 82

SECTION III. *Du frottement des métaux,* 85

Du frottement du fer contre le fer sans enduit, 86

Du frottement du fer et du cuivre sans enduit, 87

Du frottement des métaux glissant l'un sur l'autre, avec un enduit interposé, 89

Frottement du fer contre le fer, avec enduit de suif renouvelé à chaque essai, 90

Frottement du fer et du cuivre enduits de nouveau suif à chaque essai, 91

Fer et cuivre enduits d'huile sur enduit de suif, 92

Cuivre et fer enduits, les surfaces de contact réduites aux plus petites dimensions possibles, 96

CHAPITRE III. *Essai sur la théorie du frottement,* 99

DEUXIÈME PARTIE.

DE LA FORCE NÉCESSAIRE POUR PLIER LES CORDES, ET DU FROTTEMENT DES AXES,   page 106

CHAPITRE PREMIER. *De la roideur des cordes,*   107

SECTION PREMIÈRE. *Expériences pour déterminer la roideur des cordes, en employant l'appareil de M. Amontons,*   108

Table pour déterminer la roideur des cordes à trois torons non goudronnées,   110

Câble blanc de cent douze fils de carret à quatre torons,   115

Table pour évaluer la roideur des cordes blanches imbibées d'eau,   117

Évaluation de la roideur des cordes goudronnées,   118

Forces nécessaires pour plier les cordes blanches autour d'un rouleau, dans la méthode de M. Amontons,   122

SECTION II. *Deuxième méthode pour déterminer, par l'expérience, la force nécessaire pour plier les cordes, et pour vaincre le frottement d'un cylindre, ou d'une roue qui roule sur un plan,*   125

Frottement des rouleaux,   126

Évaluation de la roideur des cordes, d'après les expériences de cette nouvelle méthode,   128

CHAPITRE II. *Du frottement des axes,*   133

SECTION PREMIÈRE. *Frottement des axes de fer dans des boîtes de cuivre,*   135

Calcul du frottement d'après la poulie en mouvement,   137

Du frottement des axes de fer dans des chapes de cuivre garnies de différens enduits, avec enduit de suif,   139

Frottement des axes de fer dans des chapes de cuivre, avec enduit de vieux oing,   143

Calcul du frottement suivant le degré de vitesse,   145

Du frottement des axes de fer dans des boîtes de cuivre enduites d'huile d'olive, ou seulement onctueuses, et telles à peu près qu'elles se trouvent dans l'usage des machines qui n'ont pas été enduites depuis long-temps,   147

SECTION III. *Résultat de plusieurs expériences pour connaître le frottement des différentes espèces de bois qui entrent ordinairement dans les machines de rotation,*   148

SECTION IV. *Expériences pour déterminer la résistance due à la roideur des cordes, dans les Machines en mouvement,*   154

CHAPITRE III. *Théorie de la roideur des cordes; application des expériences qui précèdent, au calcul des Machines.*   160

SECTION PREMIÈRE. *De la roideur des cordes,*   ibid.

SECTION II. *Application des expériences qui précèdent, au calcul des Machines,*   164

TABLE DES MATIÈRES. 367

Théorie du plan incliné,   page 165
Théorie des machines de rotation,   171
Calcul d'un palan composé d'un nombre quelconque de poulies, les directions de toutes les cordes étant parallèles et verticales,   175
Calcul du frottement des axes, lorsque les directions des puissances ne sont pas parallèles entre elles,   180
Du cabestan,   183

DU FROTTEMENT DE LA POINTE DES PIVOTS.

Expériences pour déterminer le frottement qu'éprouvent les corps qui tournent sur la pointe d'un pivot. Théorie de ce frottement,   187
Formules qui représentent le ralentissement d'un corps qui se meut autour d'un axe fixe, le mouvement étant retardé par une force constante,   190
Momentum du frottement des pivots sous différentes natures de contact,   194
De la forme plus ou moins aigüe qu'il faut donner à la pointe des pivots, 196
Du *momentum* du frottement des pivots comparés sous différens degrés de pression, 199
Plan de grenat,   201
Application de la théorie aux résultats des expériences qui précèdent,   205

RECHERCHES THÉORIQUES ET EXPÉRIMENTALES

Sur la force de torsion et sur l'élasticité des fils de métal. Application de cette théorie à l'emploi des métaux dans les arts et dans différentes expériences de Physique. Construction de différentes balances de torsion, pour mesurer les plus petits degrés de force. Observations sur les lois de l'élasticité et de la cohérence,   212

SECTION PREMIÈRE. *Formules du mouvement oscillatoire, en supposant la réaction de la force de torsion proportionnelle à l'angle de torsion, ou altérée par un terme très petit,*   214
Expériences pour déterminer la force de torsion,   219
Expériences sur la torsion des fils de fer,   220
De la force de torsion relativement aux longueurs des fils,   228
De la force de torsion relativement à la grosseur des fils,   229
Comparaison de la roideur de torsion de deux métaux différens,   233
Balance pour mesurer le frottement des fluides contre les solides,   235
SECTION II. *De l'altération de la force élastique dans les torsions des fils de métal. Théorie de la cohérence et de l'élasticité,*   239
Déplacement du centre de torsion,   245

RÉSULTAT DE PLUSIEURS EXPÉRIENCES

Destinées à déterminer la quantité d'action que les hommes peuvent fournir par leur travail journalier, suivant les différentes manières dont ils emploient leurs forces,   page 255

De la quantité d'action que les hommes peuvent fournir lorsqu'ils montent, pendant une journée de travail, une rampe ou un escalier, avec un fardeau ou sans fardeau,   259

Comparaison de la quantité d'action que les hommes peuvent fournir lorsqu'ils voyagent dans un chemin horizontal, avec une charge ou sans charge,   270

De la quantité d'action que les hommes peuvent fournir dans leur travail journalier, lorsqu'ils transportent des fardeaux sur des brouettes,   280

De la quantité d'action que les hommes peuvent fournir en sonnant, mouvement qui s'exécute lorsqu'ils élèvent le mouton pour battre et enfoncer les pilots,   282

Des hommes agissant sur des manivelles,   285

De la quantité d'action que les hommes consomment dans leur travail journalier, lorsqu'ils labourent avec la bêche,   287

OBSERVATIONS THÉORIQUES ET EXPÉRIMENTALES

Sur l'effet des moulins à vent et sur la figure de leurs ailes,   298

Quantité d'effet produit par les moulins à vent, d'après l'expérience,   301

ESSAI

Sur une application des règles de maximis et minimis à quelques problèmes de Statique, relatifs à l'Architecture. Introduction,   318

Du frottement,   323
De la cohésion,   ibid.
Remarques sur la rupture des corps,   326
Résistance des piliers de maçonnerie,   329
De la pression des terres et des revêtemens   334
De la surface de plus grande pression dans les fluides cohérens,   345
Des voûtes,   349
Des voûtes dont les joints n'ont ni frottement, ni cohésion,   350
De l'équilibre des voûtes, en ayant égard au frottement et à la cohésion,   357

FIN DE LA TABLE DES MATIÈRES.

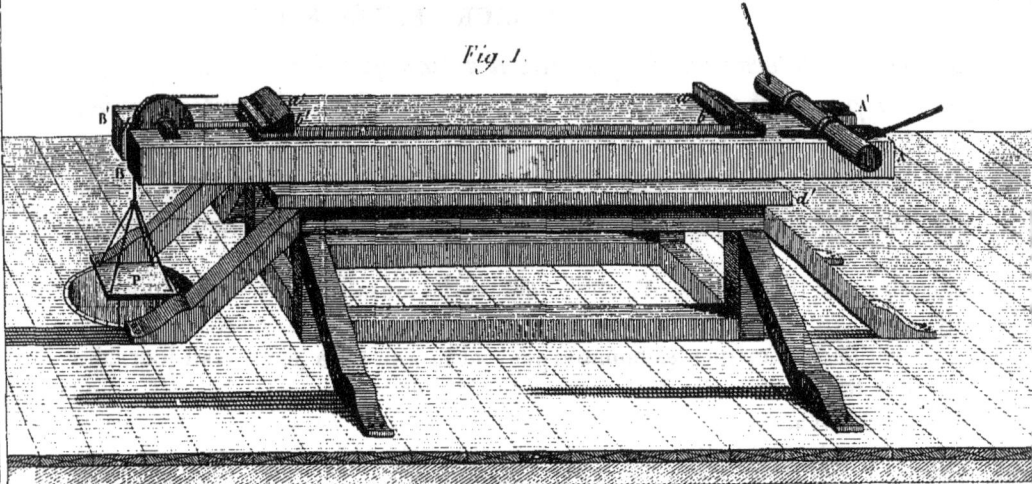

Fig. 1.

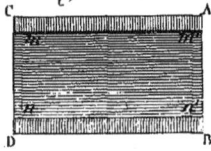

Fig. 2 N.º 1.

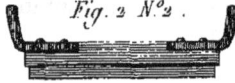

Fig. 2 N.º 2.

Fig. 3.

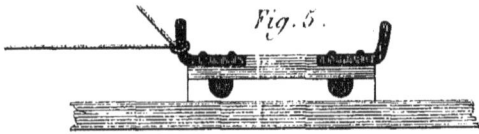

Fig. 5.

Fig. 4.

Fig. 6.

Fig. 7.

Fig. 8.

Fig. 9.

Fig. 10.

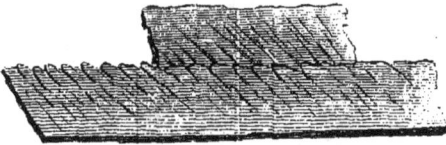

Fig. 11.

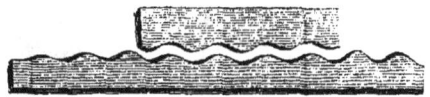

Fig. 13. N.º 1.

Fig. 13. N.º 2.

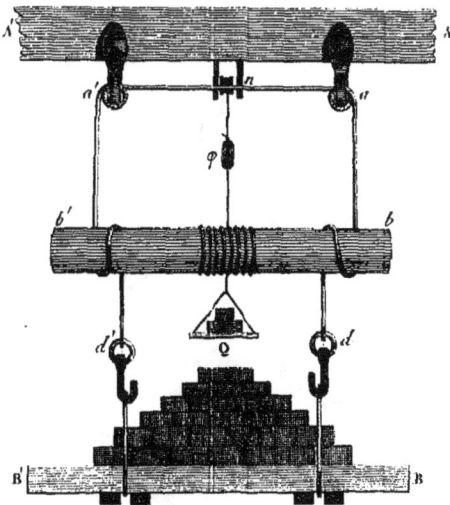

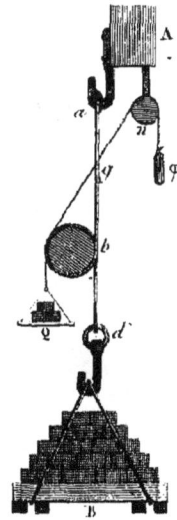

Fig. 14. N.º 1.

Fig. 14. N.º 2.

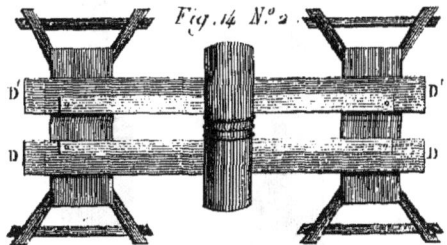

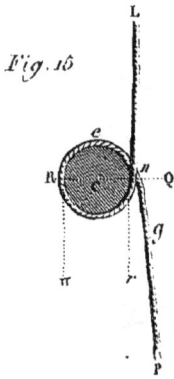

Fig. 15

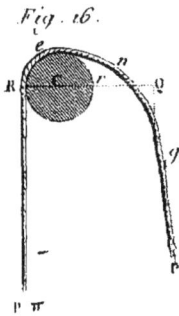

Fig. 16.

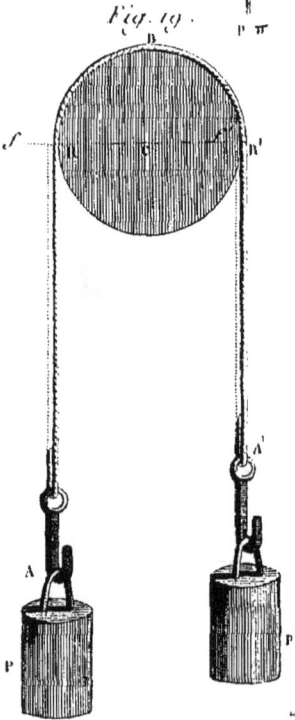

Fig. 19.

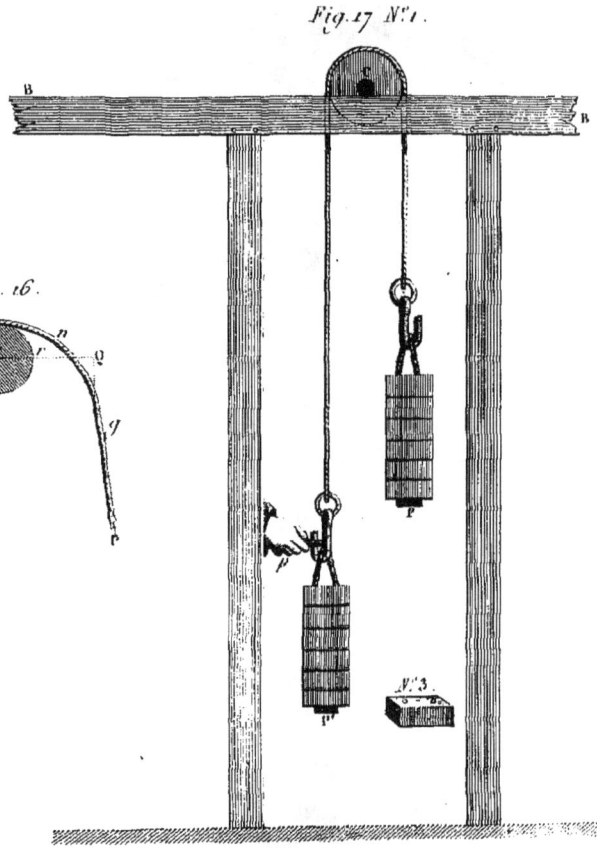

Fig. 17. N.º 1.

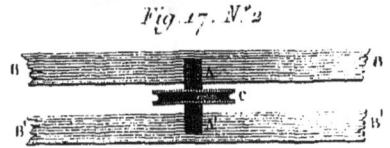

Fig. 17. N.º 2

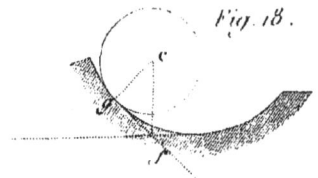

Fig. 18.

Fig. 20 N.º 1.

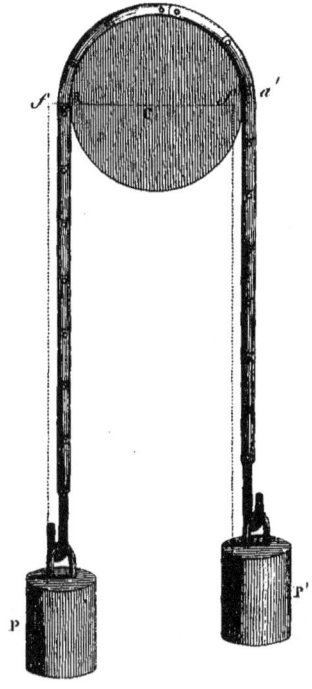

Fig. 23.

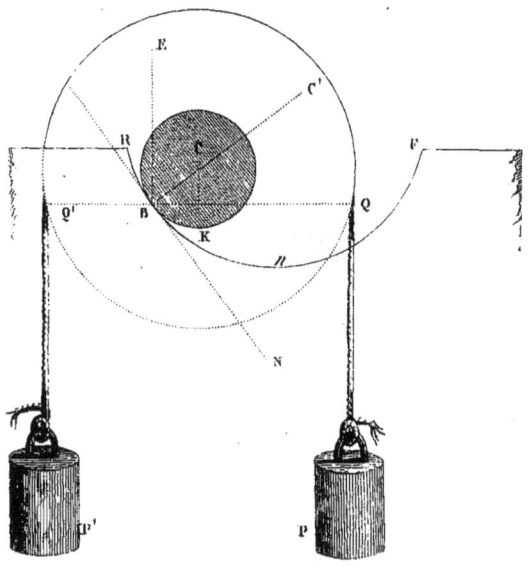

Fig. 20. N.º 2.

Fig. 24.

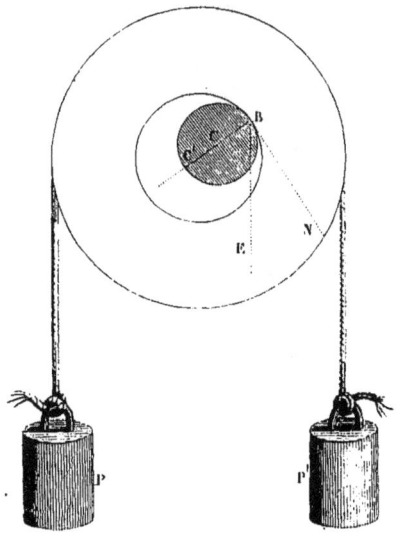

Fig. 21.

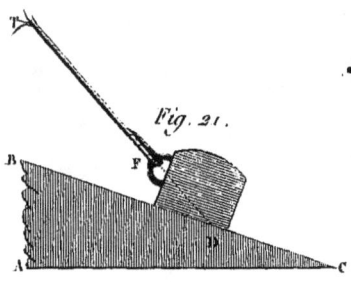

Fig. 22.

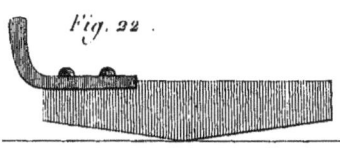

Fig. 25

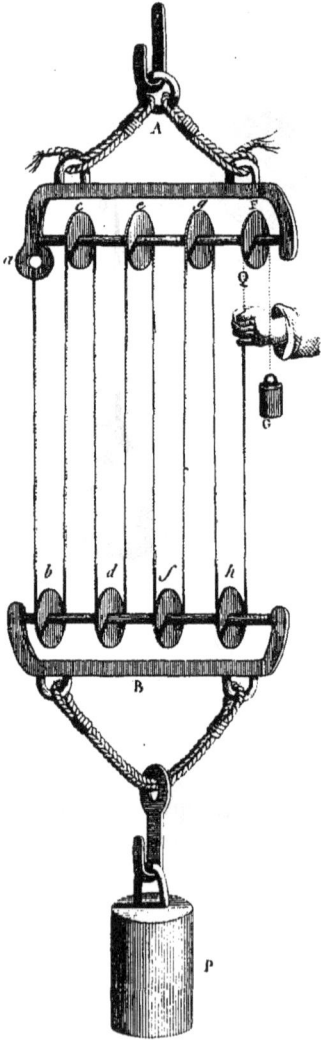

Fig. 26.

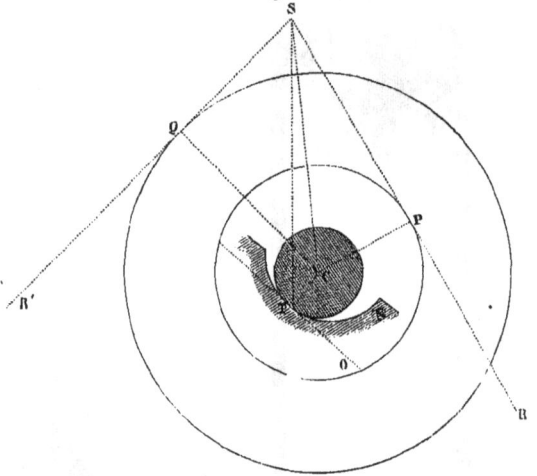

Fig. 27.

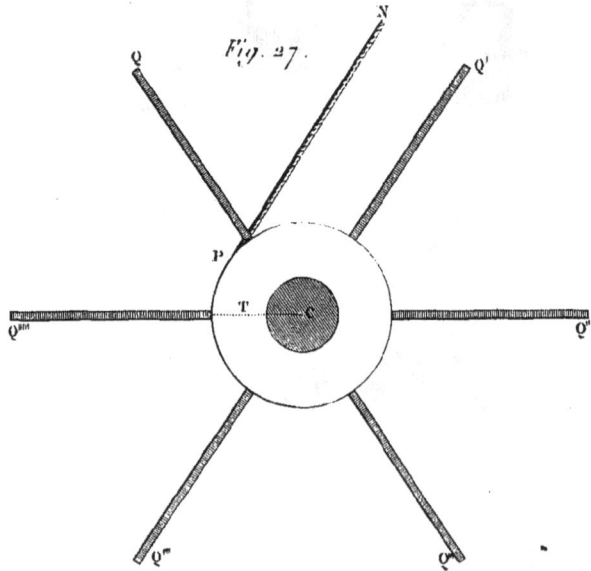

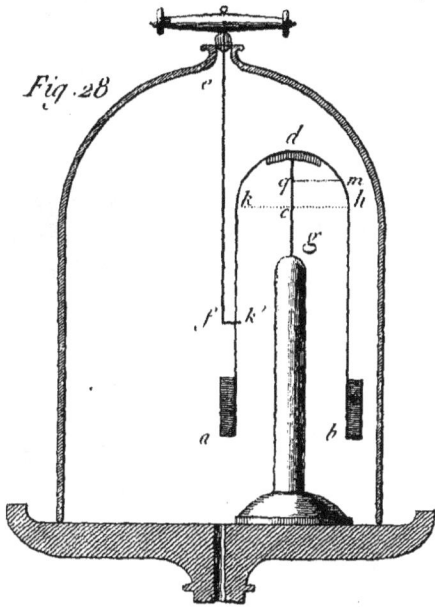

Fig. 28

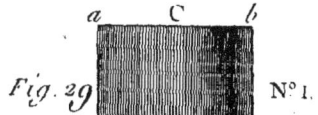

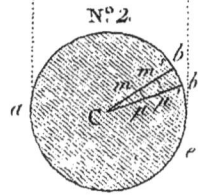

Fig. 29   N.º 1.

N.º 2.

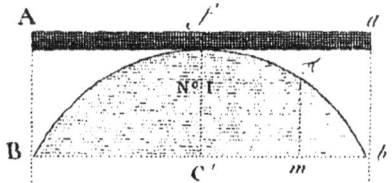

Fig. 30

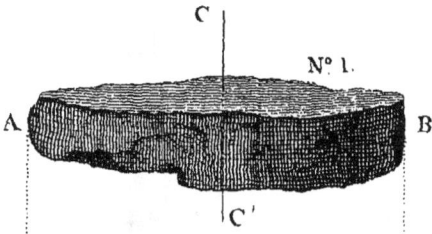

N.º 1.

Fig. 31

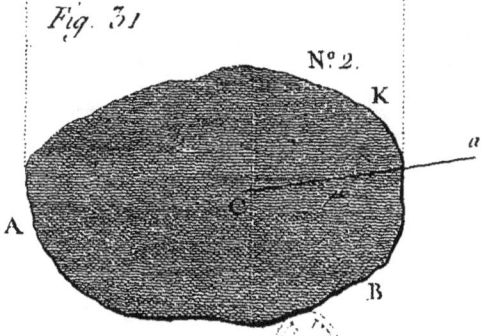

N.º 2.

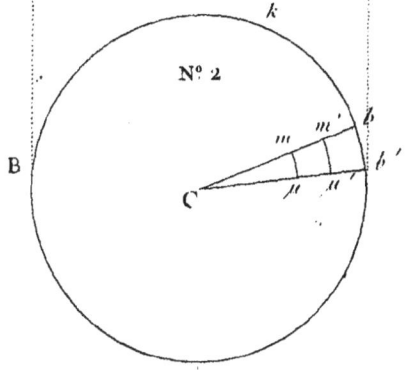

N.º 2

Fig. 32. N.° 1.

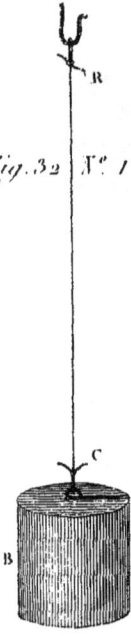

Fig. 33.

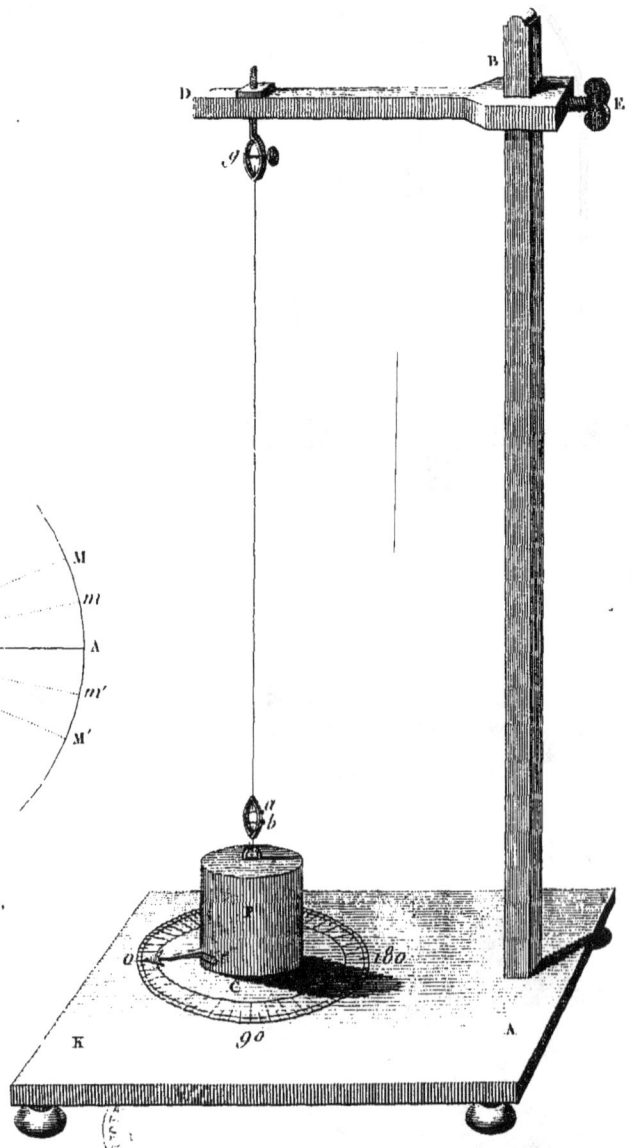

Fig. 32. N.° 2.

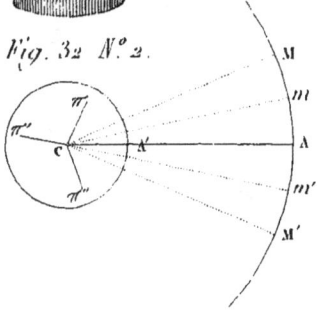

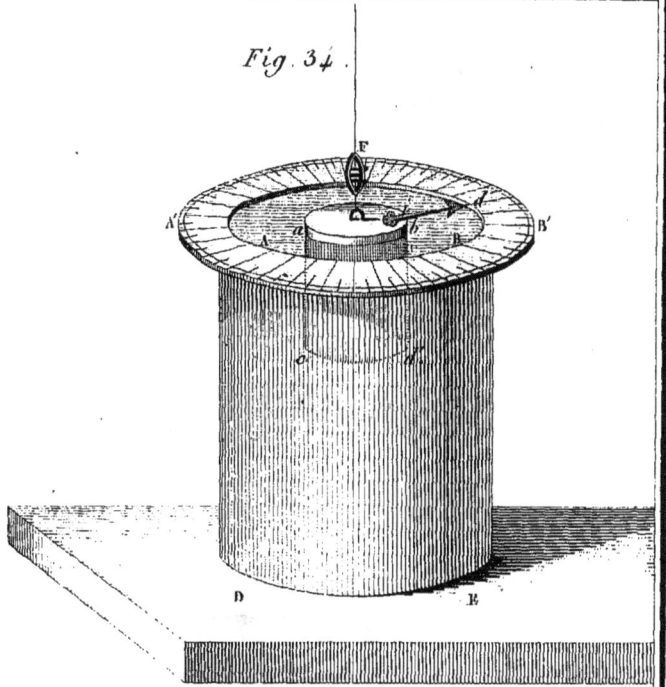

Fig. 34.

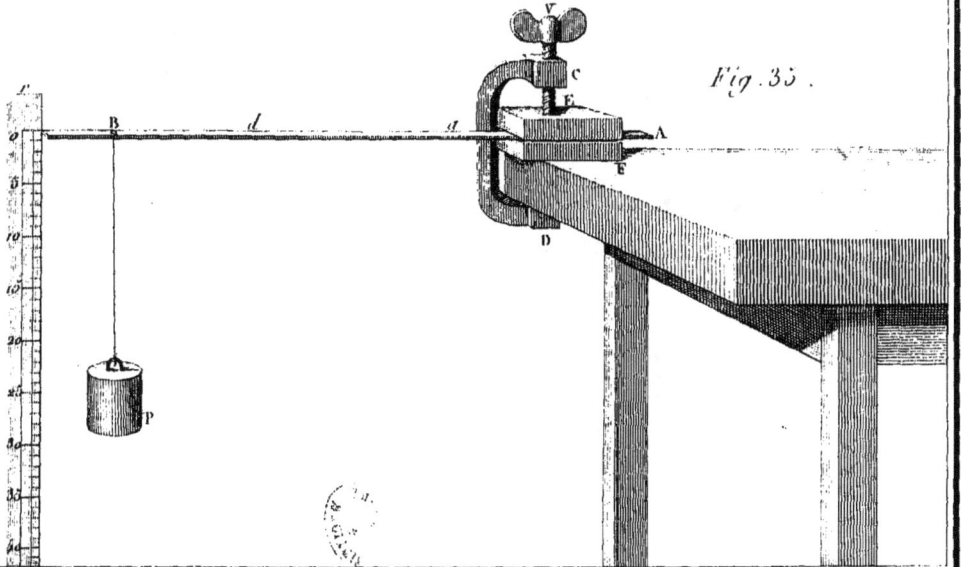

Fig. 35.

Fig. 40

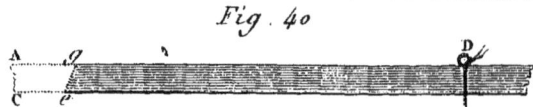

Fig. 37

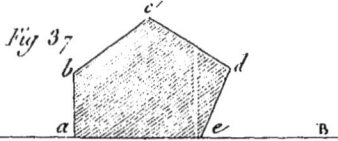

Fig. 39

Fig. 42

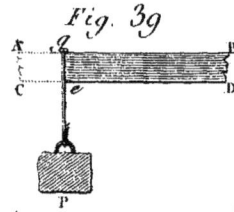

Fig. 38

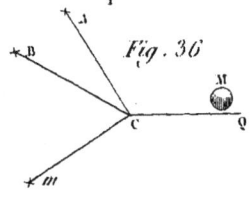

Fig. 36

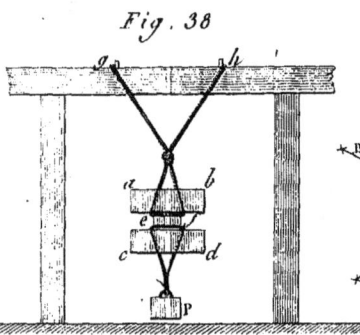

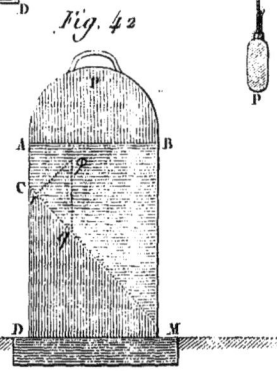

Fig. 41.

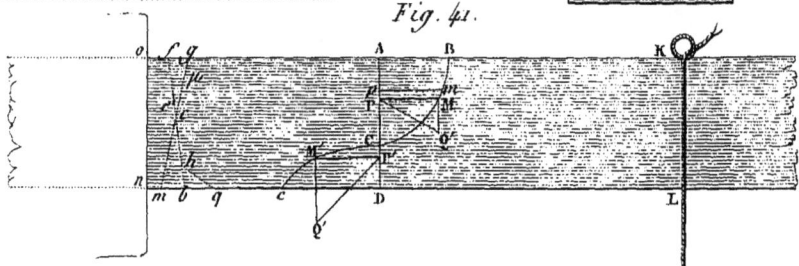

Fig. 43.

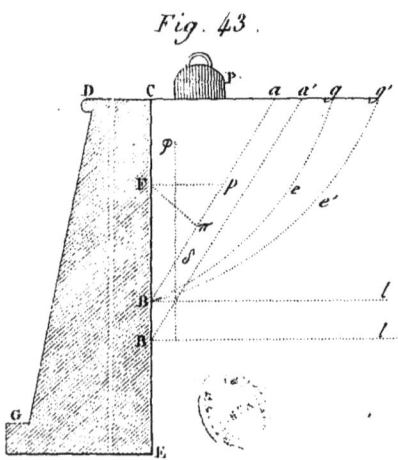

Fig. 44

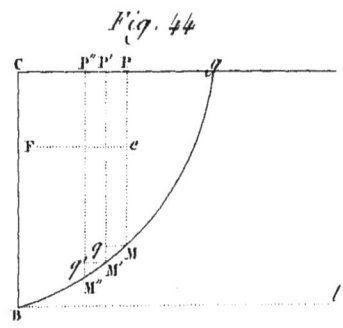

Fig. 45

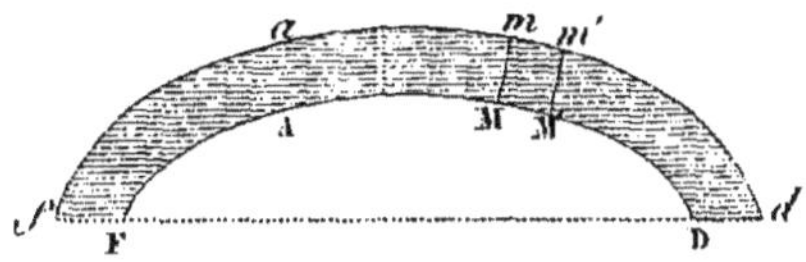

Fig. 46

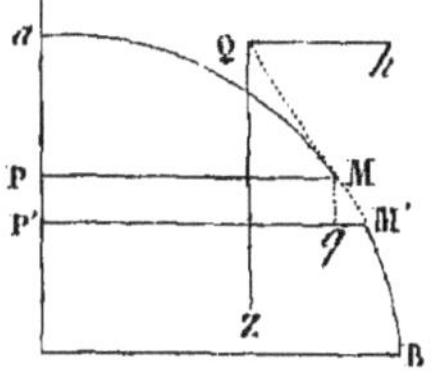

Fig. 47

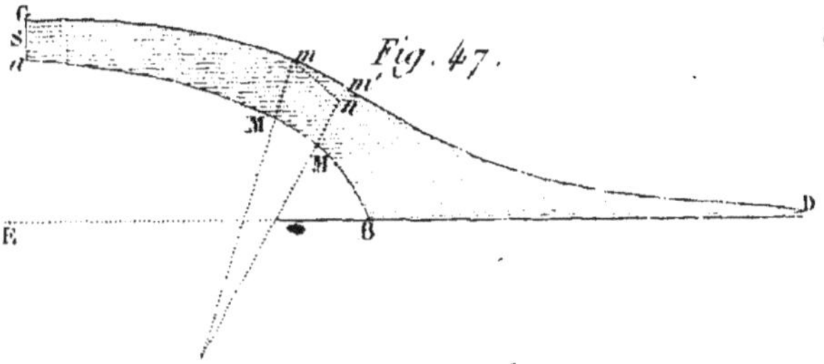

Fig. 48

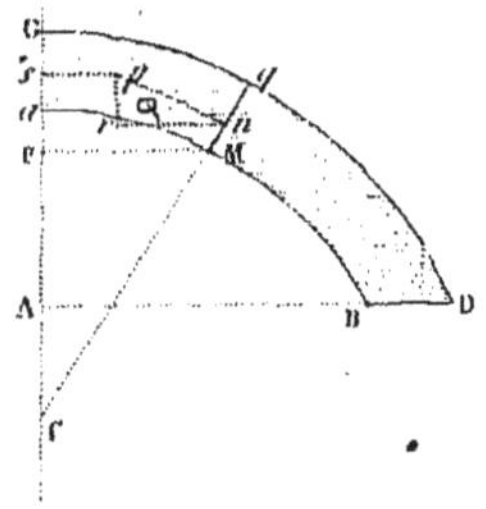

Fig. 50

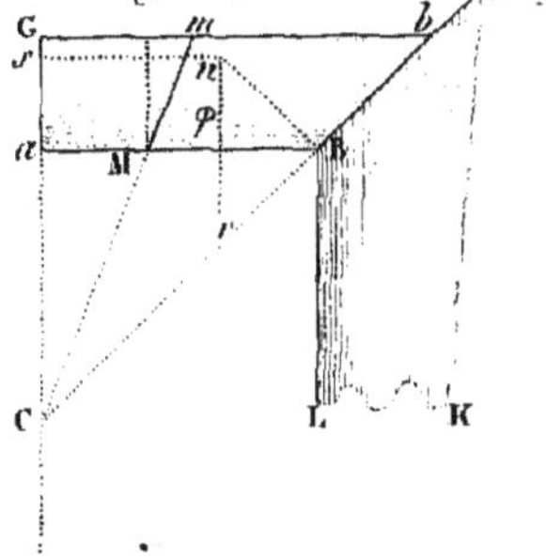

Fig. 49

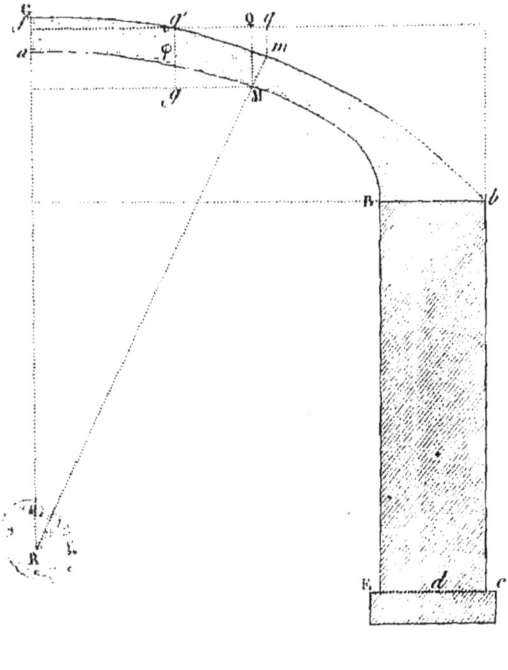

www.ingramcontent.com/pod-product-compliance
Lightning Source LLC
Chambersburg PA
CBHW061114220326
41599CB00024B/4036